U0150915

逆合成孔径雷达成像
（MATLAB 算法设计）

Inverse Synthetic Aperture Radar Imaging With MATLAB Algorithms

【美】Caner Özdemir（奥兹德米尔·坎纳） 著

韩国强 王振兴 罗 强 李志鹏 译

国防工业出版社
·北京·

著作权合同登记　图字：01-2023-2621 号

图书在版编目（CIP）数据

逆合成孔径雷达成像：MATLAB 算法设计/（美）奥
兹德米尔·坎纳著；韩国强等译．—北京：国防工业
出版社，2023.8
书名原文：Inverse Synthetic Aperture Radar
Imaging with MATLAB Algorithms
ISBN 978-7-118-13040-9

Ⅰ．①逆…　Ⅱ．①奥…　②韩…　Ⅲ．①逆合成孔径雷
达–雷达成像　Ⅳ．①TN958

中国国家版本馆 CIP 数据核字（2023）第 140146 号
（根据版权贸易合同著录原书版权声明等项目）

※

国防工业出版社出版发行
（北京市海淀区紫竹院南路 23 号　邮政编码 100048）
北京虎彩文化传播有限公司印刷
新华书店经售

*

开本 710×1000　1/16　印张 22½　字数 398 千字
2023 年 8 月第 1 版第 1 次印刷　印数 1—1500 册　定价 189.00 元

（本书如有印装错误，我社负责调换）

国防书店：（010）88540777　　书店传真：（010）88540776
发行业务：（010）88540717　　发行传真：（010）88540762

献给：

我的妻子，

我的三个女儿，

我的兄弟，

我的父亲，

以及我记忆中深爱的母亲。

致　谢

　　我要特别感谢以下这些人，感谢他们在本书编写期间提供的帮助和支持。首先，我要感谢我的妻子和三个孩子，感谢他们在本书编写期间对我给予的耐心和一如既往的支持；我也要特别感谢德克萨斯大学奥斯汀分校的郝玲博士，她给我提供了很多宝贵的写作素材、思路及灵感。

　　我想对我以前的研究生，贝图尔·耶尔马兹、德尼兹·乌斯图恩、埃内斯·伊吉特、斯维奇·代米尔吉、奥詹卡·卡拉亚克表示衷心的感谢，他们帮助我完成了书中很多内容的研究。

　　最后，我要特别感谢常凯博士邀请我撰写本书，没有他的盛情邀约，我的研究也就不可能完成。

前　言

逆合成孔径雷达（Inverse Synthetic Aperture Radar，ISAR）是一个非常有用的信号处理工具，可以在距离和横向距离上对运动目标进行二维成像。ISAR 成像有着非常重要的应用，尤其是在军事领域，如目标识别、分类等；在距离和横向距离上获取高的分辨率对这些应用是至关重要的。通常获取二维 ISAR 成像的方法是在频率和方位上将目标的多个散射回波数据综合处理得到。对于合成孔径雷达（SAR）和 ISAR 在距离分辨率和频率带宽之间必须选取一个平衡点。相对于 SAR，ISAR 的目标几何关系和距离分辨率是和目标的转动相关的，但是这个相对运动对于雷达是未知的。

为了得到 ISAR 成像，目标在雷达系统驻留时间内应当相对于雷达视线方向具有一定的转动分量。但是在一些场景下，特别是当目标沿着雷达视线方向运动时，目标的视线角转动角度将不足以形成 ISAR 成像。采用收发分置或者多基地配置可以得到适当的目标视线转动角以消除上述限制。另外，如果目标的转动速度非常大，在雷达驻留时间内目标的视线转动角会非常大，这也是 ISAR 成像中的巨大挑战。最后，目标的平动带来的影响在形成最终的 ISAR 图像前也要考虑，必须通过运动补偿算法来消除或者减轻目标的平动效应。

本书对 ISAR 成像的概念和算法研究进行了讲解，适合于电子工程和物理领域的研究生和相关研究人员阅读，希望对从事雷达研究及其相关专业的人员有所帮助。本书给出了相关算法理论模型、实例的 MATLAB 代码，希望可以帮助读者对其有更好的理解。

本书的组织结构如下。

傅里叶理论是雷达成像的非常重要的理论，第 1 章对其进行了概述，可以为读者提供一个傅里叶处理的基础。ISAR 成像可以看作是信号处理的典型应用，理解基于傅里叶理论的信号处理过程可以更好地理解本书的内容。

第 2 章为雷达基础，在本章中将对 ISAR 成像的一些关键参数进行讲解，包括电磁散射场、雷达截面积、雷达方程和雷达波形等。

在第 3 章中对 SAR 相关内容进行回顾。SAR 和 ISAR 是相关的，在某些问题上它们之间的算法具有双向性，抛开 SAR 的概念是无法深入的理解 ISAR 成像的。本章还给出了一些 SAR 相关的重要概念如分辨率、脉冲压缩、成像等，并给出了相关的 MATLAB 代码，同时还提到了 SAR 的一些先进概念和研究发展方向。

在给出了 SAR 成像的相关理论后，第 4 章中给出了 ISAR 成像的相关概念和处理方法及其 MATLAB 代码。包含了距离包络概念、距离/横向距离分辨率、小角度小带宽 ISAR 成像、大角度大带宽 ISAR 成像、极坐标格式算法和三维 ISAR 成像。

在第 5 章中，给出了一些改进的 ISAR 成像算法，包括下采样/上采样、图像折叠、点分布函数以及平滑处理。本章还提到了一些好的成像方法和处理过程，如采用补零和加窗技术提高成像质量。

本书第 6 章详细讲解了距离多普勒 ISAR 成像处理。ISAR 波形及其对应的 ISAR 接收机、正交检波、多普勒偏移和距离多普勒 ISAR 成像算法都包含在本章中，同时本章还给出了实例及其 MATLAB 代码。

散射中心表示是一个稀疏但是非常有效的 ISAR 成像模型，在第 7 章中将对其进行讲解，并给出了从散射中心重构图像和场数据的算法，具有很好的精度。

在第 8 章中，对 ISAR 成像中最重要的运动补偿问题进行了讲解，介绍了目标运动带来的多普勒效应、平动和运动补偿过程、目标距离跟踪和多普勒跟踪的概念，同时还给出了当前最常用的运动补偿算法的实例和代码，包括互相关法、最小熵值法和 JFT 法。

在第 9 章中讲述了 ISAR 成像的一些应用，论述了天线平台散射成像和天线间成像耦合问题，给出了相关的成像算法和实例，并对地表下目标的散射成像进行了论述。

Caner Özdemir

目 录

IX

第❶章
傅里叶变换基础

🔲 1.1　傅里叶变换及其逆变换

傅里叶变换（FT）是一种广泛应用于科学技术领域的数学工具，特别是在描述非线性系统的非线性功能、分析随机信号以及解决线性问题等方面，FT 尤为有效。在本书后续章节涉及的雷达成像领域中，FT 也是一种非常重要的工具。在开始研究傅里叶变换及逆傅里叶变换（IFT）之前，先简要介绍一下这种实用线性算法的历史和创始人。

1.1.1　傅里叶变换简介

J・B・J. 傅里叶（Jean Baptiste Joseph Fourier），伟大的数学家，1768 年出生于法国奥克斯雷（Auxerre）。他对热传导有浓厚的兴趣，因此提出了一种由 sin 函数和 cos 函数组成的数学序列，用于分析热量在固体内部的传播和扩散。1807 年，他试图将这种新思想与其他学者分享，撰写了一篇题为 "*The Analytic Theory of Heat*" 的论文。Lagrange、Laplace、Monge 和 Lacroix 对论文进行了评审。由于 Lagrange 的反对，该论文最终被拒。这个不幸的决定致使学术界晚 15 年以上时间才得以了解这个在数学、物理，尤其是信号分析领域有着非凡影响的思想——傅里叶变换，该思想直到 1822 年才在《*The Analytic Theory of Heat*》一书中公布于众[1]。

离散傅里叶变换（DFT）当前已经是计算傅里叶变换的有效工具。不过在 19 世纪，利用 DFT 来计算傅里叶变换经历了很长一段时间的发展历程。1903 年，Carl Runge 研究了傅里叶变换运算所需的最小计算时间[2]；1942 年，Danielson 和 Lanczos 利用 FT 的对称性减少了 DFT 的运算次数[3]；在进入数字计算时代之前，James W. Cooley 和 John W. Tukey 提出了一种减少 DFT 计算时间的快速方法，即他们于 1965 年公开发表的后来称为快速傅里叶变换（FFT）的技术。

1.1.2　傅里叶变换（FT）

FT 可以简单理解为是一种线性算法，该算法将一个域中的函数或信号映射为另一个域中的函数或信号。在电子工程领域，FT 常用于将信号从时域变换到频域，或者从频域变换到时域。更确切地说，正向傅里叶变换通过将一个信号分解为由其频率分量组成的连续谱，从而将时域信号变换为频域信号。在雷达应用中，这两个相反的域通常称为"空间频率"（或波数）和"距离"，对 FT 的应用将贯穿于本书。

连续信号 $g(t)$ 在 $-\infty < t < \infty$ 区间内的正向傅里叶变换为

$$
\begin{aligned}
G(f) &= \mathcal{F}\{g(t)\} \\
&= \int_{-\infty}^{\infty} g(t) \cdot e^{-j2\pi ft} dt
\end{aligned}
\tag{1.1}
$$

对式（1.1）中等号右侧的相乘项 $e^{-j2\pi ft}$ 和运算符号（乘法和积分）进行仔细分析：$e^{-j2\pi f_i t}$ 项表征了频率为 f_i 的正弦函数的复相位，该信号只包含频率为 f_i 的分量，不包含其他任何频率分量。将感兴趣的信号 $g(t)$ 乘以 $e^{-j2\pi f_i t}$ 项，给出了这两个信号之间的相似性，表征了 $g(t)$ 具有多少比例的频率 f_i 分量。将上述乘积在整个时间区间 $(-\infty, \infty)$ 上进行积分即得到 $G(f_i)$。$G(f_i)$ 是 $g(t)$ 的频率分量在所有时间点上的和，更确切的说是信号在特定频点上的幅值。在从 $-\infty$ 到 ∞ 的所有频率上重复上述步骤，即可得信号的频谱 $G(f)$。因此，变换后的信号是描述所有频率分量的一个连续谱，即信号在"频域"的表示。

1.1.3　逆傅里叶变换（IFT）

IFT 是 FT 的逆运算，它将频域信号从其频谱形式转换为时域形式。连续信号 $G(f)$ 在 $-\infty < t < \infty$ 区间内的 IFT 为

$$
g(t) = \mathcal{F}^{-1}\{G(f)\} = \int_{-\infty}^{\infty} G(f) \cdot e^{j2\pi ft} df
\tag{1.2}
$$

1.2　傅里叶变换的性质

在应用 FT 和 IFT 解决实际问题时，一些实用的傅里叶变换定理能给予很大帮助。这里对这些定理和变换对进行简要回顾，以加深读者对 FT 性质的记忆。式（1.1）和式（1.2）分别给出了 FT 和 IFT 的定义，傅里叶变换对表示为

$$
g(t) \xrightarrow{\mathcal{F}} G(f)
\tag{1.3}
$$

式中：$\mathcal{F}$ 表示从时域到频域的正向 FT 运算。

IFT 运算由 $\mathcal{F}^{-1}$ 表示，相应的变换对为

$$G(f) \xleftarrow{\mathcal{F}^{-1}} g(t) \tag{1.4}$$

式 (1.4) 是从频域到时域的变换，下面将基于上述符号简要列出 FT 的性质。

1.2.1　线性

设 $G(f)$ 和 $H(f)$ 分别为时域信号 $g(t)$ 和 $h(t)$ 的傅里叶变换，a 和 b 为常数，则下列式子成立：

$$a \cdot g(t) + b \cdot h(t) \xleftarrow{\mathcal{F}} a \cdot G(f) + b \cdot H(f) \tag{1.5}$$

由式 (1.5) 可见，FT 为线性算法。

1.2.2　时移

若信号在时域平移了 t_0，则其频域信号对应的变化为与一个相位项相乘：

$$g(t-t_0) \xleftarrow{\mathcal{F}} \mathrm{e}^{-\mathrm{j}2\pi f t_0} \cdot G(f) \tag{1.6}$$

1.2.3　频移

若时域信号与相位项 $\mathrm{e}^{\mathrm{j}2\pi f t}$ 相乘，则该时域信号的 FT 的对应的变化为产生一个频移量 f_0：

$$\mathrm{e}^{\mathrm{j}2\pi f t_0} \cdot g(t) \xleftarrow{\mathcal{F}} G(f-f_0) \tag{1.7}$$

1.2.4　尺度变换

若时域信号进行了变换因子为常数 a 的尺度变换，则其频谱也要进行相应的尺度变换：

$$g(at) \xleftarrow{\mathcal{F}} \frac{1}{|a|} G\left(\frac{f}{a}\right) \quad a \in \boldsymbol{R}, a \neq 0 \tag{1.8}$$

1.2.5　对称性

若将频域信号 $G(f)$ 视为时域信号 $G(t)$，则该时域信号相应的频域信号将由原时域信号 $g(t)$ 进行等效时间反褶得到，即

$$G(t) \xleftarrow{\mathcal{F}} g(-f) \tag{1.9}$$

1.2.6　时间反褶

若时域信号进行了时间反褶，则其频域信号也将发生反褶，即

$$g(-t) \xleftarrow{\mathcal{F}} G(-f) \tag{1.10}$$

1.2.7　共轭

若时域信号进行了共轭，则其频域信号也将发生共轭，并且频率发生了反褶：

$$g^*(t) \overset{\mathscr{F}}{\longleftrightarrow} G^*(-f) \tag{1.11}$$

1.2.8　乘法

若时域信号 $g(t)$ 和 $h(t)$ 在时域相乘，则其频域信号 $G(f)$ 和 $H(f)$ 在频域进行卷积：

$$g(t) \cdot h(t) \overset{\mathscr{F}}{\longleftrightarrow} G(f) * H(f) \tag{1.12}$$

1.2.9　卷积

若时域信号 $g(t)$ 和 $h(t)$ 在时间域进行卷积，则其频域信号 $G(f)$ 和 $H(f)$ 在频域进行相乘：

$$g(t) * h(t) \overset{\mathscr{F}}{\longleftrightarrow} G(f) \cdot H(f) \tag{1.13}$$

1.2.10　调制

若使用正弦函数对时域信号进行调制，则其频域信号将发生了平移，平移量为该正弦函数的频率：

$$\begin{cases} g(t) * \cos(2\pi f_0 t) \overset{\mathscr{F}}{\longleftrightarrow} \dfrac{1}{2}(G(f+f_0) + G(f-f_0)) \\[2mm] g(t) * \sin(2\pi f_0 t) \overset{\mathscr{F}}{\longleftrightarrow} \dfrac{j}{2}(G(f+f_0) - G(f-f_0)) \end{cases} \tag{1.14}$$

1.2.11　微分和积分

若对时域信号进行微分或积分，则相应的频域信号为

$$\begin{cases} \dfrac{\mathrm{d}}{\mathrm{d}t} g(t) \overset{\mathscr{F}}{\longleftrightarrow} 2\pi f \cdot G(f) \\[2mm] \displaystyle\int_{-\infty}^{t} g(\tau)\,\mathrm{d}\tau \overset{\mathscr{F}}{\longleftrightarrow} \dfrac{1}{\mathrm{j}2\pi f} G(f) + \pi G(0) \cdot \delta(f) \end{cases} \tag{1.15}$$

1.2.12　帕斯瓦尔定理

FT（或 IFT）是将信号从一个域映射至另一个域，因此这两个域中信号具有相等的能量，即满足如下关系：

$$\int_{-\infty}^{\infty} \left| g(t) \right|^2 \mathrm{d}t \xleftrightarrow{\;\mathscr{F}\;} \int_{-\infty}^{\infty} \left| G(f) \right|^2 \mathrm{d}f \tag{1.16}$$

1.3　信号的时–频分析

FT 可满足静态信号的分析需求，但现实世界中有许多信号的频率是随时间变化的，要分析信号频率随时间的动态变化情况，则需要使用联合时–频（joint time-frequency，JTF）变换进行信号分析。

1.3.1　信号时域分析

"时域"一词用于描述函数或物理信号关于时间的连续或离散变化。由于现实世界中的大多数信号都是根据时间完成记录和显示的，因此时域信号通常比频域信号更容易为人们所理解。分析时域信号的常用工具是示波器。图 1.1 显示了一个时域声音信号。该信号记录了一名女士发出单词"prince"的声音[5]。查看 y 轴上信号幅度随 x 轴上时间的变化，便能分析出单词"prince"的重音字母。

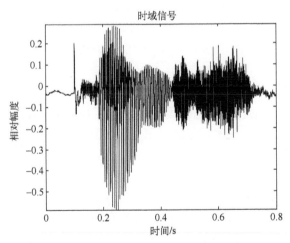

图 1.1　一名女士发音 "prince" 的时域波形图

1.3.2　信号频域分析

"频域"一词用于描述函数或物理信号关于频率的连续或离散变化。信号的频域表示在描述、解释和识别信号时是非常有用的，这在众多工程应用领域中已经得以证明，在微分方程组求解、通信系统信号电路分析等诸多应用领域，频域表示比时域表示更有用。通常使用傅里叶变换将时域信号转换为频域信号；变换方法已在 1.1 节作了简要说明，即用一组基函数来表示一个信号，其中每个基函数都是有特定频率的正弦函数。傅里叶变换后的信号（即频域信号），显示了原始时域信号和各特定频率基函数之间的相似度。分析频域信号的常用设备有频谱分析仪和网络分析仪。与时域信号相比，频域信号并不十分容易理解。将图 1.1 中所示声音信号进行傅里叶变换可得到该信号的频域信号，如图 1.2 所示。通过 y 轴可查看各个频率分量对应的信号强度，信号的频率信息也称为该信号的频谱。

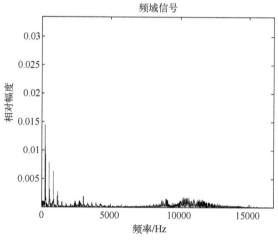

图 1.2 "prince" 发音的频谱图

1.3.3 信号联合时频域分析

FT 在分析信号的频率信息时很有效，但它不能给出频率随时间变化的信息。而在现实世界中，很多信号的频率信息是随时间而变化的，如说话声、音乐等。在这种情况下，使用单一频率正弦基函数进行信号的详细分析是不合适的，于是产生了 JTF 变换方法：该方法分析信号频率随时间的变化情况，同时展现了信号的时域和频域信息。

将时域或频域信号映射到 JTF 域的方法有许多，其中最有名 JTF 变换方法包括短时傅里叶变换（STFT）[6]、Wigner-Ville 分布[7]、Choi-Willams 分布[8]、Cohen 序列[9]和时频分布序列（TFDS）等。在这些方法中，最重要、最常用的是 STFT 或频谱图。在多数情况下，运用 STFT 即能以足够分辨率显示出信号的频率和相位信息随时间的变化。

频谱图根据下式将信号变换到二维（2D）时频域：

$$\text{STFT}\{g(t)\} \triangleq G(t,f)$$
$$= \int_{-\infty}^{\infty} g(\tau) \cdot w(\tau - t) e^{-j2\pi f\tau} d\tau \tag{1.17}$$

式（1.17）实际上是由式（1.1）所示的傅里叶变换的短时版本，主信号

$g(t)$ 与短持续时间的窗信号 $w(t)$ 相乘。通过将窗信号在某个时间点上与 $g(t)$ 相乘，然后对乘积进行傅里叶变换，从而获得原始信号在该窗信号持续期内的频率信息。在整个时间区间上对时域信号 $g(t)$ 进行滑窗处理，并将相应的傅里叶变换结果依次排列，即可得 $g(t)$ 的二维短时傅里叶变换。

显然，使用不同持续时间的窗函数，STFT 将得到不同的结果。窗函数的持续时间影响着两个域的分辨率。持续时间很短的窗函数，可提供好的时域分辨率，但频域分辨率将变差，这是由于信号的持续时间和频率带宽成反比关系所导致。反之，持续时间长的窗函数可提供好的频域分辨率，但时域分辨率将变差。因此，为了同时在两个域获得足够的分辨率，必须对窗函数的持续时间进行合理折中。

窗函数的形状也会对分辨率产生影响。若选择的窗函数边缘不平滑，另一个域将会产生很强的副瓣。因此，为了获得好的成像效果，通常会选择形状比较平滑的窗函数，但其代价是主瓣展宽，即分辨率下降。常用的窗类型有 Hanning 窗、Hamming 窗、Kaiser 窗、Blackman 窗和 Gauss 窗。

下面列举一个使用 STFT 的例子。使用 Hanning 窗对图 1.1 中的声音信号进行 STFT 运算，可得如图 1.3 所示的联合时频图，图中可清晰地展示单词 "prince" 中不同音节的发音频率，如 "prin⋯" 部分的发音为低频，而 "⋯ce" 部分的发音为高频。

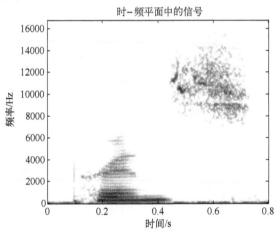

图 1.3 单词 "prince" 的时–频图

在分析雷达应用中的散射、谐振等物理现象时，JTF 变换是非常有用的工具[11-14]。尤其是对不同结构的电磁散射体进行二维成像时，应用 JTF 变换可以将一些有用的物理特性显示出来。如图 1.4 中 a 所示，离散点（如点目标或镜面点目标）在 JTF 域中表现为竖线。因此，这些散射中心在时间上仅出现一次，却覆盖了所有频率。如图 1.4 中 b 所示，谐振行为（如来自于开放谐振腔结构体的散射）在 JTF 域上则表现为一条横线，此类过程仅在离散的频率点上发生，但在时间上却一直存在。另外，色散机理在 JTF 域上表现为倾斜的曲线。如果色散是由介质引起的，则如图 1.4 中 c、d 所示，曲线的斜率为正。关于这种色散的一个很好的例子是介电涂层结构体，这种介质内会激发电磁波模式，从而使得曲线会发生倾斜。随着频率的增加，介质内的不同模式的波速度也将变化，因而在 JTF 域上表现为倾斜的曲线。如果色散是由结构体几何结构引起的，则其机理表现为负斜率的斜线。例如，在波导类的结构体内，随着频率的变化，存在着不同波速的不同模式电磁波（图 1.4 中 e、f）。

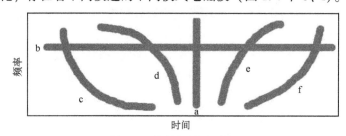

图 1.4　散射机制时–频图

a—中心散射；b—谐振；c、d—介质引起的色散；e、f—结构体几何形状引起的色散。

图 1.5 所示为一个 JTF 处理在雷达应用中的示例，该图给出了绝缘涂层线天线的后向散射仿真数据的频谱[14]。散射场由特氟纶涂层导线（相对介电常

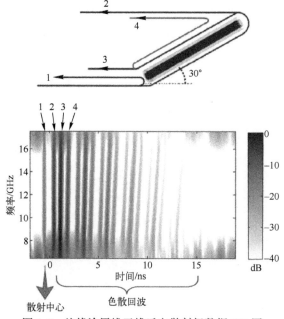

图 1.5　绝缘涂层线天线后向散射场数据 JTF 图

数 $\varepsilon_r = 2.1$）产生，顶端的电场方向与天线轴线的夹角为 60°。入射场到达导线后，发生了无限次的连续散射，图 1.5 的上部给出了前四次散射示意图。第一次散射从导线的近端返回，发生于一个离散时间点，频率覆盖了整个频带，该回波演示了中心散射机理。同时，其他回波至少沿着导线传输了一次，发生了色散现象。电磁波沿着特氟纶涂层导线传输时，要受被称为 Goubau 的主色散表面模式的影响[15]，波速随频率增大而减小，因此在 JTF 域上色散回波向后续时间方向倾斜。图 1.5 中标号 2、3 和 4 给出了主要色散射过程的示意图。时频图与预期结果相符，随着电磁波沿着特氟纶涂层导线一遍遍传输，其他色散回波的能量级别逐渐降低，并且在 JTF 面上越来越倾斜。

1.4　运用傅里叶变换进行卷积和乘法

雷达信号处理中经常对信号进行卷积和乘法运算。如式（1.12）和式（1.13）所示，在 FT 算法的作用下，卷积是乘法的逆运算，反之亦然。FT 的这项有用功能，在信号处理和图像处理中得到了广泛的应用。显然，与卷积运算相比，乘法运算要快得多，也容易得多；尤其是在处理长信号时，这种优势更加明显。不直接在时域对两个信号做卷积，取而代之的是对二者频谱的乘积进行 IFT，这种处理方式更容易并且更快，如下式所示：

$$g(t) * h(t) = \mathcal{F}^{-1}\{\mathcal{F}\{g(t)\} \cdot \mathcal{F}\{h(t)\}\}$$
$$= \mathcal{F}^{-1}\{G(f) \cdot H(f)\} \tag{1.18}$$

与之对应，两个频域信号的卷积同样能以更快更容易的方式计算，即对二者时域信号的乘积进行傅里叶变换：

$$G(f) * H(f) = \mathcal{F}\{\mathcal{F}^{-1}\{G(f)\} \cdot \mathcal{F}^{-1}\{H(f)\}\}$$
$$= \mathcal{F}\{g(t) \cdot h(t)\} \tag{1.19}$$

1.5　滤波/加窗

滤波是信号处理的一项常见操作，用于去除信号中不想要的成分（如噪声）或者提取信号中的有用特性。滤波函数一般表现为频域窗函数的形式。根据窗函数允许通过频率在频率轴上范围的不同，滤波器通常分为低通（low-pass，LP）、高通（high-pass，HP）和带通（band-pass，BP）三种。

图 1.6 中的点线描述了理想低通滤波器的频率特性。理想情况下，低通滤波器允许通过从直流信号到截止频率为 f_c 的低频信号，阻止高频信号；不过现实中不可能得到这种理想的低通滤波器。根据傅里叶变换理论，信号不能同时在时、频两个域中都是有限的，即为了实现如图 1.6 所示的理想有限频带滤波

器, 理论上与之相应的时域信号应当覆盖了整个时间轴, 显然, 这在现实中是不可实现的。现实中所有人工信号都是时间有限的, 有着确定的开始和结束时间, 但其频率范围通常趋于无限。因此, 如图 1.6 所示的具有理想特性的滤波器是不可实现的, 实际应用中只能近似地实现。Butterworth [16] 和 Chebyshev[17] 给出了实际低通滤波器的一种最优实现方法, 实际的 Butterworth 低通滤波器特性如图 1.6 中的实线所示。

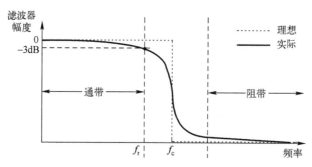

图 1.6 理想/实际低通滤波器特性

加窗处理通常作用于平滑的时域信号, 用于滤除高频分量。一些常用的窗函数如 Kaiser 窗、Hanning 窗、Hamming 窗、Blackman 窗和 Gauss 窗, 在信号和图像处理中得到了广泛应用。图 1.7 给出了部分窗函数的比较。

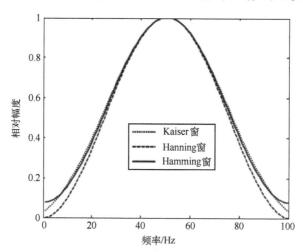

图 1.7 部分常用窗函数特性

加窗处理的影响如图 1.8 所示。图 1.8 (a) 给出了矩形窗的时域信号; 图 1.8 (b) 给出了该信号的傅里叶变换, 即 sinc 函数, 包含了主要的副瓣。对于 sinc 函数, 最高副瓣比主瓣低约 13dB。当然, 对于某些成像应用, 这种程度的差值是不够的。对原矩形时域信号加 Hanning 窗处理，可得的信号如图 1.8（c）所示，该信号的频谱如图 1.8（d）所示。得益于加窗处理，信号副瓣得到了很好的抑制。与原未加窗的信号相比，加窗后信号的最高副瓣比主瓣低约 32dB，获得了更优的副瓣抑制效果。

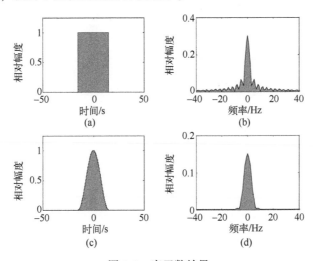

图 1.8　窗函数效果

（a）矩形时域信号；（b）矩形时域信号的频谱；（c）加 Hanning 窗后的时域信号；
（d）加 Hanning 窗后的频域信号。

加窗处理的一个主要缺点是信号的频域分辨率下降。与原时域信号相比，经加窗处理后信号的傅里叶变换分辨率变差了。从图 1.8 所给出的例子中也能看出这一特点。比较图 1.8（b）、图 1.8（d）两幅图像的主瓣，加窗后频域信号的分辨率几乎恶化了两倍。对加窗处理的详细分析将在第 5 章中论述。

1.6　数 据 采 样

采样可以认为是将连续模拟信号转换为离散数字信号过程的预处理。当必须采用数字计算机通过数值计算来完成信号分析时，应当将连续信号转换为数字形式，而采样过程即可完成这一工作。模/数转换（A/D）设备是完成这一过程的常见电子器件。采样过程的典型实现方式如图 1.9 所示，时域信号 $s(t)$ 每隔时间 T_s 采样一次，如此可得到离散信号：

$$s[n] = s(nT_s) \quad n = 0, 1, 2, 3, \cdots \tag{1.20}$$

因此，采样频率 $f_s = 1/T_s$，其中，T_s 称为采样间隔。

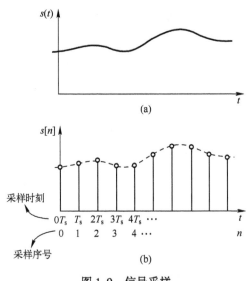

图 1.9　信号采样

(a) 连续时间信号；(b) 采样后的离散时间信号。

如图 1.10 所示，采样信号也可以认为是连续信号 $s(t)$ 和梳状脉冲波形 $c(t)$ 乘积的数字形式。

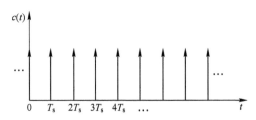

图 1.10　理想冲激信号组成的梳状冲激波形

根据香农采样定理，只有当采样率 f_s 大于或等于采样信号最大频率的两倍时，才能完全重构出该信号[18]。否则，将发生信号混叠，重构得到的是原信号的失真版本。

1.7　DFT 与 FFT

1.7.1　DFT

如同 1.1 节中介绍的，FT 用于将连续信号从一个域变换到另一个域，通常用于描述非周期信号的连续谱。将 FT 应用于采用数字信号的场合时，需要使用 DFT。

设 $s(t)$ 为周期 $T_0 = 1/f_0$ 的连续周期信号，则该信号的采样（或离散）版本为 $s[n] \triangleq s(nT_s)$，其周期为 $NT_s = T_0$，其中 N 为一个周期的采样次数。则式 (1.1) 中的傅里叶积分变为下面的求和：

$$
\begin{aligned}
S(kf_0) &= \sum_{n=0}^{N-1} s(nT_s) \cdot e^{-j2\pi(kf_0)\cdot(nT_s)} \\
&= \sum_{n=0}^{N-1} s(nT_s) \cdot e^{-j2\pi\left(\frac{k}{NT_s}\right)\cdot(nT_s)} = \sum_{n=0}^{N-1} s(nT_s) \cdot e^{-j2\pi\frac{k}{N}n}
\end{aligned}
\tag{1.21}
$$

为简化表示，去掉式 (1.21) 的括号中 f_0 和 T_s，采用离散表示法，则离散信号 $s[n]$ 的 DFT 可表示为

$$
S[k] = \sum_{n=0}^{N-1} s(n) \cdot e^{-j2\pi\frac{n}{N}k}
\tag{1.22}
$$

采用同样的方法，设 $s(f)$ 为连续周期频域信号，周期为 $Nf_0 = N/T_0$；$s[k] \triangleq s(kf_0)$ 为采样信号，采样周期为 $Nf_0 = f_s$，则频域信号 $S[k]$ 的逆离散傅里叶变换（IDFT）为

$$
\begin{aligned}
S\left(\frac{n}{f_s}\right) &= \sum_{k=0}^{N-1} s(kf_0) \cdot e^{j2\pi(kf_0)\cdot\left(\frac{n}{f_s}\right)} \\
S(nT_s) &= \sum_{k=0}^{N-1} s(kf_0) \cdot e^{j2\pi(kf_0)\cdot\left(\frac{n}{Nf_0}\right)} \\
&= \sum_{k=0}^{N-1} s(kf_0) \cdot e^{j2\pi\frac{n}{N}k}
\end{aligned}
\tag{1.23}
$$

使用离散符号，去掉括号中的 f_0 和 T_s，则离散频域信号 $S[k]$ 的 IDFT 为

$$
S[n] = \sum_{k=0}^{N-1} s[k] \cdot e^{j2\pi\frac{k}{N}n}
\tag{1.24}
$$

1.7.2　FFT

FFT 以高效而快速的方式计算信号的 DFT。一般计算 DFT 需要 N^2 次运算。而快速算法如 Cooley-Tukey 提出的 FFT 技术，只需要 $N\log(N)$ 次算数运算[9,19,20]。图 1.11 给出了 DFT 的一个例子，图 1.11（a）为一个在时间域呈斜坡状的离散信号，应用 FFT 算法可以得到其频域信号如图 1.11（b）所示。

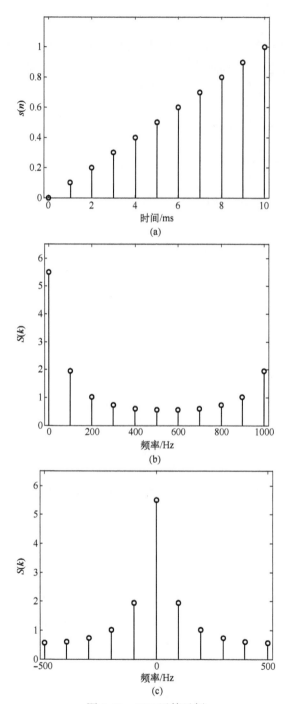

图 1.11　DFT 运算示例

（a）离散时域信号；（b）FFT 移位前的离散信号频谱；（c）FFT 移位后的离散信号频谱。

1.7.3 带宽与分辨率

信号在时域和频域间相互变换时，信号的持续时长、带宽和分辨率都是重要的参数。考虑一个持续时长为 $T_0 = 1/f_0$、采样点数为 N、采样间隔为 $T_s = T_0/N$ 的离散时域信号，对其进行 DFT 运算，则频率分辨率（或称频率采样间隔）为

$$\Delta f = \frac{1}{T_0} \tag{1.25}$$

该离散频域信号的频率带宽为

$$B = N \cdot \Delta f$$
$$= \frac{N}{T_0} \tag{1.26}$$

对于图 1.11 中的例子，信号持续时长为 1ms，采样点数 $N = 10$，则采样间隔为 0.1ms。由式（1.25）和式（1.26）可得，频率分辨率为 100Hz，频率带宽为 1000Hz。对该离散时域信号进行 DFT 运算，所得离散频域信号如图 1.11（b）所示，第一个点对应零频，信号的后半部分为负频率。因此，为了形成如图 1.11（c）所示的正确的频率轴，应当在 DFT 运算之后，需要以中间点为分界交换信号的前半部分和后半部分。第 5 章将进一步探讨 DFT 的这种性质在逆合成孔径雷达（inverse synthetic aperture radar，ISAR）成像中的应用。

类似的结论同样可用于 IDFT。考虑一个带宽为 B、采样点数为 N、采样间隔为 Δf 的离散频域信号，对其进行 IDFT，则时间分辨率（或者说采样时间间隔）为

$$\Delta t = T_s$$
$$= \frac{1}{B} \tag{1.27}$$
$$= \frac{1}{N\Delta f}$$

该信号的持续时长为

$$T_0 = \frac{1}{\Delta f} \tag{1.28}$$

对于图 1.11（b）或图 1.11（c）中的频域信号，其频率带宽为 1000Hz，采样点数为 10，因此，频率采样间隔为 100Hz。对该信号进行 IDFT，可得如图 1.11（a）所示的时域信号，由式（1.27）和式（1.28）可得，该信号的时间分辨率为 0.1ms，持续时长为 1ms。

◪ 1.8　混叠现象

混叠是一种由信号欠采样引起的信号失真现象。根据香农采样定理[18]，为了正确重构一个信号，采样频率 f_s 应当大于或等于该信号最高频率 f_{max} 的 2 倍：

$$f_s \geq 2f_{max} \tag{1.29}$$

由于在处理雷达模拟信号的过程中需要对接收到的数据进行采样，因此，混叠是处理雷达信号时应当考虑的问题。

◪ 1.9　FT 在雷达成像中的重要性

应用雷达发射的电磁波对目标进行成像时，主要依据的是目标散射回波所包含的相位信息，这是因为相位与目标的径向距离直接相关。对于如图 1.12（a）所示的单站雷达，设目标散射中心与雷达的距离为 R。

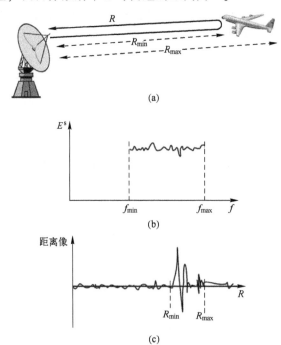

图 1.12　（a）单基雷达配置；（b）散射场与频率的关系曲线；（c）目标距离像。

来自目标散射中心的散射场 E^s 由复数散射振幅 A 和含有目标距离信息的相位因子组成：

$$E^s(k) \cong A \cdot e^{-j2kR} \tag{1.30}$$

　　根据式（1.30）易得，波数 k 和距离 R 之间存在着傅里叶变换关系。散射场由获取一定频域带宽内的信息（图 1.12（b））所得。如图 1.12（c）所示，对该散射场数据进行傅里叶变换，则可能精确定位距离 R。散射场沿距离维的图像被称为距离像，是雷达成像的一种重要结果。实际上，距离像就是目标的一维距离像。图 1.13 给出了一架飞机距离像的示例。距离像的概念将在 4.3 节进行深入研究。

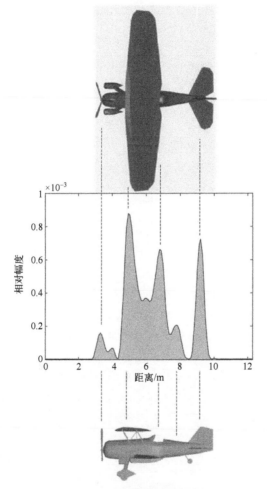

图 1.13　飞机的仿真距离像

　　FT 在雷达成像中另一个主要用途是 ISAR 成像。事实上，可以认为 ISAR 是获取目标距离包络和横向距离包络二维像的雷达。采用频率分集的回波信号可以获得距离分辨能力，而通过获取不同雷达视角下的目标回波可获得方位分辨能力。图 1.14 给出了前面所讨论的飞机 ISAR 图像示例，该图同时给出了该飞机的 CAD 图和 ISAR 图像。ISAR 成像的概念将在第 4 章进行详细论述。

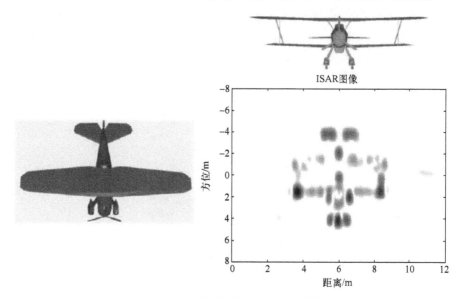

图 1.14　飞机的二维 ISAR 仿真图像

合成孔径雷达（Synthetic Aperture Radar，SAR）成像中也大量使用了 FT 运算。通常，SAR 的数据量巨大，处理非常耗时；FT 主要用于完成距离向和方位向压缩。

图 1.15 给出了一幅 SAR 图像的示例，该图是由 Endeavour 卫星上的星载 C/X 波段合成孔径成像雷达获得的[21]，成像时间为 1994 年，成像区域为马萨诸塞州的科德角；该图像的细节信息将在第 3 章给出。

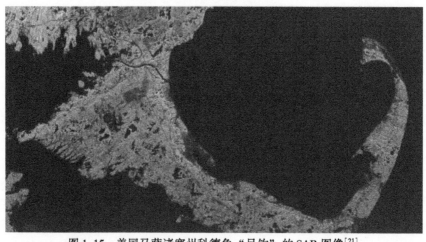

图 1.15　美国马萨诸塞州科德角"吊钩"的 SAR 图像[21]

📓 1.10　雷达成像中的混叠效应

雷达是在有限频带内采集数据的。根据采样理论，设雷达信号 $g(t)$ 的频谱为 $G(f)$，在频带 B 之外的频率成分为零，即

$$G(f) = \begin{cases} \neq 0 & |f| < B \\ 0 & |f| \geqslant B \end{cases} \tag{1.31}$$

对时域信号 $g(t)$ 的采样速率应至少等于信号的两倍频率带宽，即

$$f_s = 2B \tag{1.32}$$

式中：f_s 为采样率。

雷达成像时，散射场由式（1.30）给出，应当按照如下方式应用采样理论。

如图 1.16（b）所示，设待成像目标在最大距离为 R_{max} 的一定范围内，即

$$-\frac{R_{max}}{2} \leqslant r \leqslant \frac{R_{max}}{2} \tag{1.33}$$

对于成像雷达，该图描述了目标的距离像。对 $g(r)$ 进行 FT 可得其频谱，理论上该频谱在频率轴上将无限延伸（图 1.16（a））。为避免发生混叠现象，应使用足够的采样率从数字（或采样）形式的 $G(k)$ 或 $G(f)$ 中获取数字（或采样）形式的 $g(r)$；这里 k 为波数，与工作频率的关系为

$$k = 2\pi f / c \tag{1.34}$$

式中：c 为光速。利用式（1.30）中给出的波数 k 与距离 R 的关系，波数域的采样应满足下列不等式：

$$d_k \leqslant \frac{2\pi}{2R_{max}} = \frac{\pi}{R_{max}} \tag{1.35}$$

式（1.35）是由奈奎斯特采样条件所决定的，最小采样率为

$$(d_f)_{min} = \frac{c}{2\pi}(d_k)_{min} = \frac{c}{2\pi} \cdot \frac{\pi}{R_{max}} = \frac{c}{2R_{max}} \tag{1.36}$$

将频域信号 $G(f)$ 与下面梳状冲激函数作乘积可得 $G(f)$ 的频域采样形式：

$$\text{comb}(f) = \sum_n \delta(f - n \cdot d_f) \tag{1.37}$$

该梳状冲激函数如图 1.16（c）所示，通过进行 IFT 变换，可以得到距离域的梳状冲激函数：

$$\begin{aligned} \text{comb}(r) &= \mathcal{F}^{-1}\{\text{comb}(f)\} \\ &= \mathcal{F}^{-1}\Big\{\sum_n \delta(f - n \cdot d_f)\Big\} \\ &= \frac{c}{2d_f}\sum_n \delta\Big(r - n \cdot \frac{c}{2d_f}\Big) \end{aligned} \tag{1.38}$$

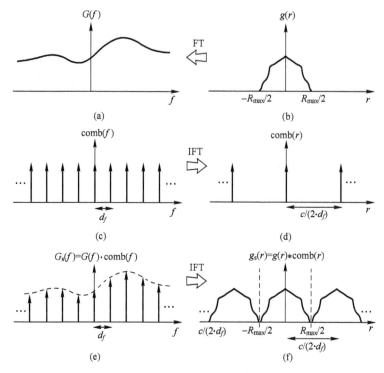

图 1.16 应用奈奎斯特采样程序获取非混叠的距离像

(a) 距离加窗数据对应的频域雷达信号；(b) 距离域信号；(c) 频域梳状采样信号；
(d) 对应的距离域信号；(e) 临界采样频率下的频域信号；(f) 对应的距离域信号。

通过将原始频域信号 $G(f)$ 与图 1.16（c）中的梳状函数相乘，可得如图 1.16（e）所示的 $G(f)$ 的采样形式：

$$G_s(f) = G(f) \cdot \mathrm{comb}(f)$$
$$= \sum_n G(f) \cdot \delta(f - n \cdot d_f) \qquad (1.39)$$

与频域采样信号等价的距离域信号可通过 IFT 得到：

$$
\begin{aligned}
g_s(r) &= \mathcal{F}^{-1}\{G_s(f)\} \\
&= \mathcal{F}^{-1}\{G(f) \cdot \mathrm{comb}(f)\} \\
&= g(r) * \mathrm{comb}(r) \\
&= g(r) * \frac{c}{2d_f} \sum_n \delta\left(r - n \cdot \frac{c}{2d_f}\right) \\
&= \frac{c}{2d_f} \sum_n g\left(r - n \cdot \frac{c}{2d_f}\right)
\end{aligned}
\qquad (1.40)
$$

式中："$*$"为卷积运算。

经过上述步骤，所得的距离域信号为周期信号，时间间隔为 $c/2d_f$。若取 d_f 等于 $(d_f)_{min}=c/2R_{max}$，则 $g_s(r)$ 的周期变为 R_{max}，如图 1.16（f）所示。若采用优于 $(d_f)_{min}$ 的采样率对 $G(f)$ 采样，即进行过采样，则不会出现混叠现象，所得信号 $g_s(r)$ 将与图 1.17（a）所示的结果类似。此时，原始距离域信号包含于 $g_s(r)$ 的一个周期内，使用 DFT 能够无失真地还原该信号。若使用的采样率为 $d_f \geqslant (d_f)_{min}$，则信号 $g_s(r)$ 将会出现混叠，如图 1.17（b）所示，原始信号在一个周期 $(c/2d_f)$ 内发生了混叠。因此，从欠采样的 $G(f)$ 中复原 $g(r)$ 是不可能的。ISAR 成像中的混叠效应将在 5.2 节中讨论。

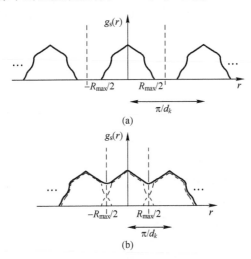

图 1.17　采样速率的影响

（a）过采样时无混叠现象；（b）欠采样引起的距离域波形失真或混叠现象。

▧ 1.11　MATLAB 代码

下面给出的 Matlab 源代码用于产生第 1 章中的所有 Matlab 图像。

Matlab code 1.1: Matlab file "Figure1-1. m"

```
%----------------------------------------------------
% This code can be used togenerate Figure 1_1
%----------------------------------------------------
% This file requires the following files to be present in the same
% directory:
%
%prince. wav
clear all
```

```
close all
% Read the sound signal "prince. wav"
[y,Fs,bits] =wavread('prince. wav');
sound(y,Fs);
N = length(y);
% TIME DOMAIN SIGNAL
t = 0:.8/(N-1):.8;
plot(t,y,'k'); %downsample for plotting
set(gca,'FontName', 'Arial', 'FontSize',14,'FontWeight','Bold');
axis tight;
xlabel('Time [s]');
ylabel('Amplitude');
title('time domain signal');
```

Matlab code 1. 2: Matlab file "Figure1−2. m"

```
%---------------------------------------------------------
% This code can be used to generate Figure 1. 2
%---------------------------------------------------------
% This file requires the following files to be present in the same
% directory:
%
%prince. wav
clear all
close all
% Read the sound signal "prince. wav"
[y,Fs,bits] = wavread('prince. wav');
sound(y,Fs); %play the sound
N = length(y);
t = 0:.8/(N-1):.8; %form time vector
% FREQUENCY DOMAIN SIGNAL
Y = fft(y)/N;
% Calculate the spectrum of the signal
df = 1/(max(t)-min(t)); % Find the resolution in frequency
f = 0:df:df*(length(t)-1); % Form the frequency vector
plot(f(1:2:N),abs(Y(1:(N+1)/2)),'k') %downsample for plotting
```

set(gca,'FontName', 'Arial', 'FontSize',14,'FontWeight','Bold') ;
axis tight;
xlabel('Frequency [Hz]') ;
ylabel('Amplitude') ;
title('frequency domain signal') ;

Matlab code 1.3: Matlab file "Figure1-3. m"

```
%-------------------------------------------------
% This code can be used to generate Figure 1. 3
%-------------------------------------------------
% This file requires the following files to be present in the same
% directory:
%
%prince. wav
clear all
close all
% Read the sound signal "prince. wav"
[y,Fs,bits] = wavread('prince. wav') ;
sound(y,Fs) ;
N = length(y) ;
t = 0:.8/(N-1):.8; %form time vector
% TIME FREQUENCY PLANE SIGNAL
A = spectrogram(y,256,250,400,1e4) ; % Calculate the
spectrogram
matplot(t,f, (abs(A)),30) ; %Display the signal in T-F
domain
colormap(1-gray) ; % Change the colormap to grayscale
set(gca,'FontName', 'Arial', 'FontSize',14,'FontWeight','Bold') ;
xlabel('Time [s]') ;
ylabel('Frequency [Hz]') ;
title('signal in time-frequency plane') ;
```


Matlab code 1.4:Matlab file "Figure1-5. m"

```
%-------------------------------------------------
% This code can be used to generate Figure 1. 5
```

```
%---------------------------------------------------
% This file requires the following files to be present in the same
% directory:
%
% tot30. mat
clear all
close all
load tot30; % load the measured back-scattered E-field
% DEFINITION OF PARAMETERS
f = linspace(6,18,251) * 1e9; %Form frequency vector
BW = 6e9; % Select the frequency window size
d = 2e-9;%Select the time delay
% DISPLAY THE FIELD IN JTF PLANE
[B,T,F] = stft(tot30,f,BW,50,d);
xlabel('--->Time (nsec)');
ylabel('--> Freq. (GHz)');
colorbar;
colormap(1-gray)
set(gca,'FontName', 'Arial', 'FontSize',14,'FontWeight','Bold');
axis tight;
xlabel('Time [ns]');
ylabel('Frequency [GHz]');
```

Matlab code 1.5: Matlab file "Figure1-8. m"

```
%---------------------------------------------------
% This code can be used to generate Figure 1. 8
%---------------------------------------------------
clear all
close all
%% DEFINE PARAMETERS
t = linspace(-50,50,1001); % Form time vector
df = 1/(t(2)-t(1)); %Find frequency resolution
f = df * linspace(-50,50,1001);% Form frequency vector
%% FORM AND PLOT RECTANGULAR WINDOW
b(350:650) = ones(1,301);
```

```
b( 1001) =  0;
subplot(221) ;
h = area(t,b) ;
set( gca,'FontName', 'Arial', 'FontSize',14,'FontWeight','Bold') ;
xlabel('Time [s]') ;
axis([-50 50 0 1.25])
set(h,'FaceColor',[.5 .5 .5])
subplot(222) ;
h = area(f,fftshift(abs(ifft(b)))) ;
set( gca,'FontName', 'Arial', 'FontSize',14,'FontWeight','Bold') ;
xlabel('Frequency [Hz]')
axis([-40 40 0 .4])
set(h,'FaceColor',[.5 .5 .5])
%% FORM AND PLOT HANNING WINDOW
bb = b;
bb(350:650) = hanning(301)';
subplot(223) ;
h = area(t,bb) ;
set( gca,'FontName', 'Arial', 'FontSize',14,'FontWeight','Bold') ;
xlabel('Time [s]') ;
axis([-50 50 0 1.25])
set(h,'FaceColor',[.5 .5 .5])
subplot(224) ;
h = area(f,fftshift(abs(ifft(bb)))) ;
set( gca,'FontName', 'Arial', 'FontSize',14,'FontWeight','Bold') ;
xlabel('Frequency [Hz]')
axis([-40 40 0 .2])
set(h,'FaceColor',[.5 .5 .5])
```

Matlab code 1.6: Matlab file "Figure1-11. m"

```
%-------------------------------------------------------
% This code can be used to generate Figure 1.11
%-------------------------------------------------------
clear all
close all
```

```
%--- Figure 1. 11(a) -------------------------------------------
% TIME DOMAIN SIGNAL
a = 0:.1:1;
t = (0:10) * 1e-3;
stem(t * 1e3,a,'k','Linewidth',2);
set(gca,'FontName', 'Arial', 'FontSize',14,'FontWeight','Bold');
xlabel('time [ms]'); ylabel('s[n]');axis([-0.2 10.2 0 1.2]);
% FREQUENCY DOMAIN SIGNAL
b = fft(a);
df = 1./(t(11)-t(1));
f = (0:10) * df;
ff = (-5:5) * df;
%--- Figure 1. 11(b) -------------------------------------------
Figure;
stem(f,abs(b),'k','Linewidth',2);
set(gca,'FontName', 'Arial', 'FontSize',14,'FontWeight','Bold');
xlabel('frequency [Hz]'); ylabel('S[k]');axis([-20 1020 0 6.5]);
set(gca,'FontName', 'Arial', 'FontSize',12,'FontWeight','Bold');
%--- Figure 1. 11(c) -------------------------------------------
Figure;
stem(ff,fftshift(abs(b)),'k','Linewidth',2);
set(gca,'FontName', 'Arial', 'FontSize',14,'FontWeight','Bold');
xlabel('frequency [Hz]'); ylabel('S[k]');axis([-520 520 0 6.5]);
set(gca,'FontName', 'Arial', 'FontSize',12,'FontWeight','Bold');
```

参考文献

[1] J. Fourier. The analytical theory of heat. Dover Publications, New York, 1955.

[2] C. Runge. Zeit für Math und Physik 48 (1903) 433.

[3] G. C. Danielson and C. Lanczos. Some improvements in practical Fourier analysis and their application to X-ray scattering from liquids. J Franklin Inst 233 (1942) 365.

[4] J. W. Cooley and J. W. Tukey. An algorithm for the machine calculation of complex Fourier series. Math Comput 19 (1965), 297-301.

[5] From http://www. ling. ohio - state. edu/~ cclopper/courses/prince. wav (accessed at 08. 10. 2007).

[6] J. B. Allen. Short term spectral analysis, synthesis, and modification by discrete Fourier trans-

form. IEEE Trans Acoust ASSP-25 (1977), 235-238.

[7] A. T. Nuttall. Wigner distribution function: Relation to short-term spectral estimation, smoothing, and performance in noise, Technical Report 8225, Naval Underwater Systems Center, 1988.

[8] L. Du and G. Su. Target number detection based on a order Choi-Willams distribution, signal processing and its applications. Proceedings, Seventh International Symposium on Volume 1, Issue, 1-4 July 2003, 317-320, vol. 1, 2003.

[9] L. Cohen. Time frequency distribution—A review. Proc IEEE 77 (7) (1989), 941-981.

[10] S. Qian and D. Chen. Joint time-frequency analysis: Methods and applications. Prentice Hall, New Jersey, 1996.

[11] V. C. Chen and H. Ling. Time-frequency transforms for radar imaging and signal processing. Artech House, Norwood, MA, 2002.

[12] L. C. Trintinalia and H. Ling. Interpretation of scattering phenomenology in slotted waveguide structures via time-frequency processing. IEEE Trans Antennas Propagat 43 (1995), 1253-1261.

[13] A. Filindras, U. O. Larsen, and H. Ling. Scattering from the EMCC dielectric slabs: Simulation and phenomenology interpretation. J Electromag Waves Appl 10 (1996), 515-535.

[14] C. demir and H. Ling. Joint time-frequency interpretation of scattering phenomenology in dielectric-coated wires. IEEE Trans Antennas Propagat 45 (8) (1997), 1259-1264.

[15] J. H. Richmond and E. H. Newman. Dielectric-coated wire antennas. Radio Sci 11 (1976), 13-20.

[16] R. W. Daniels. Approximation methods for electronic filter design. McGraw-Hill, New York, 1974.

[17] A. B. Williams and F. J. Taylors. Electronic filter design handbook. McGraw-Hill, New York, 1988.

[18] C. E. Shannon. Communication in the presence of noise. Proc Inst Radio Eng 37 (1) (1949), 10-21.

[19] N. Brenner and C. Rader. A new principle for fast Fourier transformation. IEEE Trans Acoust 24 (1976), 264-266.

[20] P. Duhamel. Algorithms meeting the lower bounds on the multiplicative complexity of length-2n DFTs and their connection with practical algorithms. IEEE Trans Acoust 38 (1990), 1504-1511.

[21] From internet, http://www.jpl.nasa.gov/radar/sircxsar/capecod2.html (accessed at 01.07. 2008).

第 ② 章

雷达基础

◤ 2.1　电磁（EM）散射

电磁（EM）散射是入射波遇到不连续/不均匀的界面或物体时发生的物理现象，其传播路径是可预知的。

雷达信号的散射类型是由入射波波长和散射体尺寸决定的。根据散射体大小和入射波波长的比值可以将散射现象分为 3 类。当入射波波长远小于散射体大小时，与光照射在平面上一样，入射波将被反射回来，这个区域通常称为光学区[1]。当入射波波长与散射体大小相当时，散射强度将出现一定的振荡，在不同的频率下，散射强度也会发生波动，这个区域称为 Mie 区（振荡区）[2,3]，这种散射称为 Mie 散射，其散射方向主要取决于入射波的方向。当入射波的波长远大于散射体的大小时，电磁波将散布在散射体的周围，这种散射称为瑞利散射[2,3]。

散射类型也可以依据电磁波经不同结构散射体散射之后的路径进行分类。常见的散射体结构有平面、曲面、角、边缘或者尖端等。下面介绍雷达应用中常见的一些散射类型。

（1）镜面散射。入射电磁波在平面处发生的类似镜像反射的现象，也称为全反射（图 2.1（a））。若入射波与反射面之间角度为 θ_i，则反射波与反射面之间的夹角遵循 Snell 定理，与入射角相等，即 $\theta_r = \theta_i$，电磁波在面积非常大的理想导体平面上将发生镜面反射。

（2）多重散射。如果入射波在反射体内发生了多次反射，即称为多重散射。入射波在二面角（图 2.1（b））或三面角（图 2.1（c））中的反射就是典型的多重反射。如果反射体为理想导体，电磁波在反射体的边缘或表面处的反射将遵循镜面反射规律。当入射角为 90°时，大部分能量将沿着与入射方向相反的方向被反射回去。

（3）表面散射。图 2.1（d）描绘了表面散射的机理，由于散射体表面大体上并不是平坦的，电磁波将向多个方向散射。对于理想导体，反射波的方向

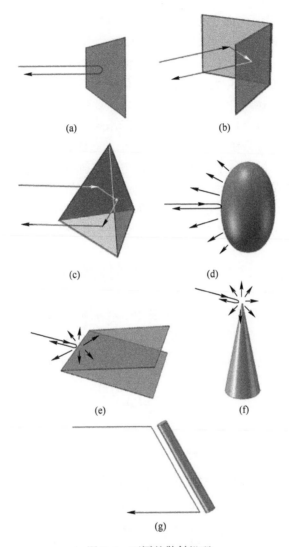

图 2.1 不同的散射机理
(a) 镜面散射;(b) 两面角散射;(c) 三面角散射;(d) 表面散射;
(e) 边缘散射;(f) 尖端散射;(g) 行波散射。

遵循 Snell 定理,由于散射体上不同点处表面的法线方向各不相同,因此散射波的方向也各不相同。

(4) 边缘、尖端散射。入射波在反射体的边缘、角(图 2.1 (e))或者尖端(图 2.1 (f))处发生的反射。此时入射波将向所有方向散射,这种散射也称为衍射。散射体边缘发生散射时,将有一部分能量被反射回来,其中一部分散射与边缘的其中一个面之间遵循 Snell 定理,另一部分散射与边缘的另一个面之间成 Snell 角，剩下的能量则向其他方向散射。

（5）行波散射。当入射波波长与反射体大小为同一数量级时，将在反射体周围产生行波。如图 2.1（g）所示，电磁波将沿着散射体传播，直到遇到散射体不连续的边缘时才发生散射。线缆的多次散射就是典型的行波散射。

电磁散射是雷达理论和雷达成像中非常重要的理论基础。事实上，成像雷达只是将一个目标或者场景的散射能量显示出来。基于这一点，成像雷达可以类比为一个光学成像系统。光学图像中显示的是物体或者场景的光学反射率，而雷达图像中显示的是一个物体或场景的电磁反射率。在雷达图像中，大部分的反射波都是规则目标（通常是人造目标）产生的。因此，图像包含了大量的能量点，这些点称为散射中心。对散射中心进行建模分析具有很多优点，尤其是在高频情况下，在第 7 章中将对此进行进一步分析。

▣ 2.2 理想导体散射

本节将从理想导体的散射公式推导远场的电磁散射公式，这与参考文献 [4] 和文献 [5] 中的公式推导相似。如图 2.2 所示，可用时间相关性为 $\exp(\mathrm{j}\omega t)$、波矢量为 $\boldsymbol{k}^{\mathrm{i}}=k_0\hat{\boldsymbol{k}}^{\mathrm{i}}=k_x^{\mathrm{i}}\hat{\boldsymbol{x}}+k_y^{\mathrm{i}}\hat{\boldsymbol{y}}+k_z^{\mathrm{i}}\hat{\boldsymbol{z}}$ 的平面波来表示照射理想导体的入射波，其电场和磁场分别为

$$\boldsymbol{E}^{\mathrm{i}}(\boldsymbol{r})=\hat{\boldsymbol{u}}E_0\mathrm{e}^{-\mathrm{j}\boldsymbol{k}^{\mathrm{i}}\cdot\boldsymbol{r}} \tag{2.1}$$

和

$$\boldsymbol{H}^{\mathrm{i}}(\boldsymbol{r})=\frac{1}{\omega\mu}\boldsymbol{k}^{\mathrm{i}}\times\boldsymbol{E}^{\mathrm{i}}(\boldsymbol{r}) \tag{2.2}$$

式中：E_0 和 $\hat{\boldsymbol{u}}$ 为入射电场的幅值和极化方向。

根据物理学理论，电流将在导体的表面传导，因此电流密度公式为

$$\boldsymbol{J}_{\mathrm{s}}(\boldsymbol{r}')=\begin{cases}2\hat{\boldsymbol{n}}(\boldsymbol{r}')\times\boldsymbol{H}^{\mathrm{i}}(\boldsymbol{r}') & \text{亮区}\\ 0 & \text{暗区}\end{cases} \tag{2.3}$$

式中：$\hat{\boldsymbol{n}}(\boldsymbol{r}')$ 为物体表面的单位向量，向量 $\boldsymbol{r}'$ 定义为原点到物体上任意一点的矢量，因此沿着观测向量 $\boldsymbol{r}$ 的远场散射电场为

$$\boldsymbol{E}^{\mathrm{s}}(\boldsymbol{r})=-\mathrm{j}\omega\mu\iint_{S_{\mathrm{lit}}}\boldsymbol{J}_{\mathrm{s}}(\boldsymbol{r}')\left(\frac{\mathrm{e}^{-\mathrm{j}k_0 r}}{4\pi r}\mathrm{e}^{\mathrm{j}\boldsymbol{k}^{\mathrm{s}}\cdot\boldsymbol{r}'}\right)\mathrm{d}^2\boldsymbol{r}' \tag{2.4}$$

式中：$\boldsymbol{k}^{\mathrm{s}}=k_0\hat{\boldsymbol{r}}$ 为在传播方向上的波数向量。

将式（2.3）代入式（2.4）中，散射电场公式为

$$\boldsymbol{E}^{\mathrm{s}}(\boldsymbol{r})=-\frac{\mathrm{j}k_0 E_0}{4\pi r}\mathrm{e}^{-\mathrm{j}k_0 r}\iint_{S_{\mathrm{lit}}}2\hat{\boldsymbol{n}}\times(\hat{\boldsymbol{k}}^{\mathrm{i}}\times\hat{\boldsymbol{u}})\mathrm{e}^{\mathrm{j}(\boldsymbol{k}^{\mathrm{s}}-\boldsymbol{k}^{\mathrm{i}})\cdot\boldsymbol{r}'}\mathrm{d}^2\boldsymbol{r}' \tag{2.5}$$

式（2.5）是经物理近似后推导出的远场散射电场公式。从第 4 章的论述

中可以看出该公式是 ISAR 成像的理论基础。

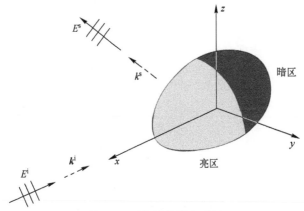

图 2.2 理想导体的电磁场

2.3 雷达截面积（RCS）

雷达截面积可以认为是对目标截取、再辐射电磁能量能力的表征，雷达截面积的单位是平方米（m^2）。雷达截面积表征了在一定方向一定频率下目标对电磁波的反射率或者对电磁能量的散射能力。

雷达截面积是用于检测飞机、舰船、坦克或者其他通用军事目标的主要参数。低可探测飞机（隐身飞机）具有非常小的雷达截面积而使敌方雷达无法检测。为了减小平台的可探测性，通常会采取一些特殊的设计，如采用平滑的表面将入射波反射至其他方向或者采用特殊的雷达波吸收材料作为表面涂层。客运飞机具有较大的雷达截面积，因为其表面为裸露的金属材料，可以将绝大部分入射能量反射回来；同时其圆筒形的机身会将电磁波向多个方向散射，规则的形状和腔体会将入射波能沿相反方向反射回去，所以其雷达截面积远大于那些经特殊设计的隐身飞机。

雷达截面积对雷达成像也是一个非常重要的概念。单基地 ISAR 对一个目标的成像实际上就是对其散射场的测量和重构。如果将目标在不同频率不同视角下的雷达截面积测量值转化至电磁散射现象发生源点处，就可以得到目标基础的 ISAR 图像。

2.3.1 雷达截面积定义

雷达截面积可以简洁的描述为当电磁波照射到目标时（图 2.3），目标的有效反射面积。雷达截面积可以认为是目标在雷达接收方向对入射电磁波散射能力的表示。根据 IEEE 标准，雷达截面积（或反射面积）的定义：对于给定散射体，对其入射一个平面波，其在特定极化分量上散射波对应的那一部分散射截面积（SCS）[7]。

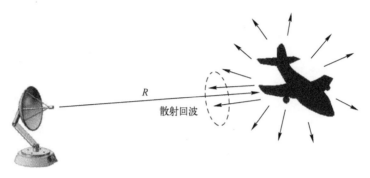

图2.3 电磁波遇到目标时将向所有方向散射

目标雷达截面积的一个更加正式的定义为：雷达截面积是这样的一个等效面积，当这个面积所截获的雷达照射能量各向同性地向周围散射时，在单位立体角内的散射功率恰好等于目标向接收天线方向单位立体角内散射的功率[4]。

RCS 的公式的推导如下：如图 2.3 中所示，物体（或目标）位于距离雷达 R 处，雷达发射一个平面波，在目标处产生的功率密度为 W^i，如果目标的雷达截面积为 σ，则目标反射的信号功率为

$$P_r = \sigma \cdot W^i \qquad (2.6)$$

根据上述 RCS 的定义，反射功率将再次各向同性地向所有方向辐射，因此，雷达接收机处的反射波功率密度为

$$W^s = \frac{P_r}{4\pi R^2}$$
$$= \sigma \cdot \frac{W^i}{4\pi R^2} \qquad (2.7)$$

由此，可以从式（2.7）中得到 σ，即

$$\sigma = 4\pi R^2 \frac{W^s}{W^i} \qquad (2.8)$$

RCS 的计算公式可以由此推导出：

$$\sigma = \lim_{R \to \infty} \left(4\pi R^2 \frac{W^s}{W^i} \right) \qquad (2.9)$$

RCS 也可以表示为，在雷达照射方向上的单位立体角内，目标截获入射功率后再反射回来的比例值：

$$\sigma = \frac{4\pi \cdot \text{返回接收机每单位立体角内的回波功率}}{\text{入射功率密度}} \qquad (2.10)$$

如果用 W^{s} 表示目标散射的功率密度，则 $R^2 W^{\mathrm{s}}$ 为在雷达接收机处单位立体角内的散射功率；如果用 W^{i} 表示发射功率，则 RCS 可以表示为

$$\sigma = 4\pi R^2 \frac{W^{\mathrm{s}}}{W^{\mathrm{i}}} \qquad (2.11)$$

当目标位置满足远场条件，式（2.11）中 $R \to \infty$，RCS 可以用目标处和雷达接收机处的电场强度和磁场强度来表示：

$$\begin{cases} \sigma = \lim_{R \to \infty} \left(4\pi R^2 \dfrac{|\boldsymbol{E}^{\mathrm{s}}|^2}{|\boldsymbol{E}^{\mathrm{i}}|^2} \right) \\ \qquad\qquad \text{或} \\ \sigma = \lim_{R \to \infty} \left(4\pi R^2 \dfrac{|\boldsymbol{H}^{\mathrm{s}}|^2}{|\boldsymbol{H}^{\mathrm{i}}|^2} \right) \end{cases} \qquad (2.12)$$

如图 2.3 所示，当入射波遇到目标时，能量将向所有方向散射，而只有在雷达接收机方向的散射能量在计算 RCS 时才会被考虑。如果雷达的发射机和接收机在一起，雷达接收到的能量称为后向散射能量。在这种雷达配置下，将计算得到单基地雷达的目标 RCS。而如果雷达发射机和接收机位于不同地点，则将计算出收发分置雷达的目标 RCS。

目标的 RCS 和目标的物理剖面之间并没有一定的直接联系，但却与其他的一些参数相关。除了被雷达照射的目标孔径大小（或者投影截面积），目标表面电磁反射率和目标几何形状导致的雷达反射方向性也是决定 RCS 的重要参数。因此，RCS 可以近似认为是投影截面积 S、反射率 $\varGamma$ 和方向性 D 的乘积：

$$\sigma \approx S \cdot \varGamma \cdot D \qquad (2.13)$$

这里，投影截面积指目标沿着雷达照射角方向的截面积，入射波对目标的照射区域将决定投影面积大小；目标反射率为目标吸收和反射电磁能量之比；方向性是指各向同性散射时，雷达接收方向上的能量占散射能量的比例（各向同性散射始终向所有方向散射）。

RCS 表示的是在一定的极化条件下目标对能量的反射。如果雷达发射信号为垂直极化，则使用垂直极化散射能量计算 RCS。相似地，如果雷达发射信号为水平极化，则使用水平极化散射能量计算 RCS。SCS 一词涉及到的是各种极化方向下目标对电磁能量的接收和发射。因此，SCS 表示了所有可能的极化类型，包括 V–V、V–H、H–V 和 H–H。

需要指出的是，物体的 RCS 是随角度和频率变化的。当指向目标的视角发生变化时，目标的投影面积一般也会发生变化。目标的结构和材料不同时，

其电磁反射率也是不同的。总而言之，RCS 将随着视角变化而变化。同理，入射波的频率改变时，目标有效电体积（投影面积）也将改变。因为电磁反射率是一个受频率影响的变量，所以目标的 RCS 也会随着雷达频率变化而变化。可见，目标的 RCS 是受视角和频率同时影响的，但目标 RCS 并不受目标与雷达距离影响。

2.3.2　简单形状目标的 RCS

如球体、圆柱体、椭圆体或者盘状体等简单形状目标的 RCS 可以通过分析计算得到，且这些简单形状目标的 RCS 计算也已经得到了很好的验证；一些在雷达成像中非常重要物体的 RCS 计算公式已经在图 2.4 中进行了列举。例如，飞机、舰艇、坦克等常用目标的物理结构中均包含了一些规则的结构：

反射体	RCS
球体	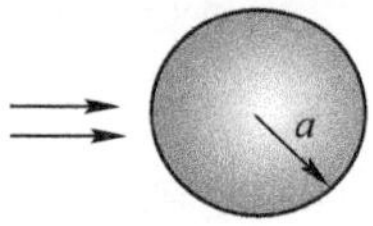 $\sigma = \pi a^2$ $(a \gg \lambda)$
圆柱体	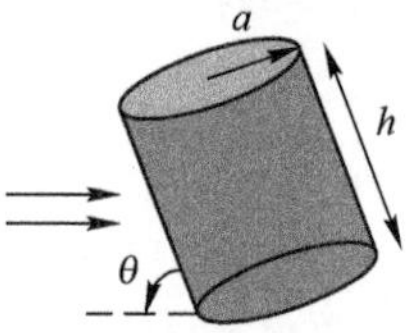 $\sigma = \dfrac{a\lambda}{2\pi} \cdot \dfrac{\cos\theta\sin^2(kh\sin\theta)}{\sin^2\theta}$ $\sigma = \dfrac{2\pi a h^2}{\lambda}$ $(\theta=90°)$
平板	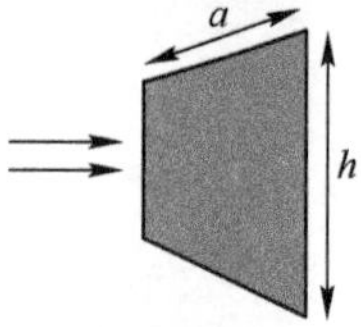 $\sigma_{\max}=4\pi\left(\dfrac{ab}{\lambda}\right)^2$ $(ab \gg \lambda)$
两面角反射体	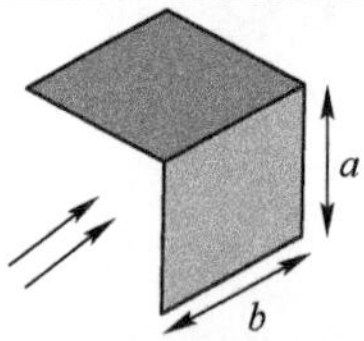 $\sigma_{\max}=8\pi\left(\dfrac{ab}{\lambda}\right)^2$ $(ab \gg \lambda)$
三面矩形角反射体	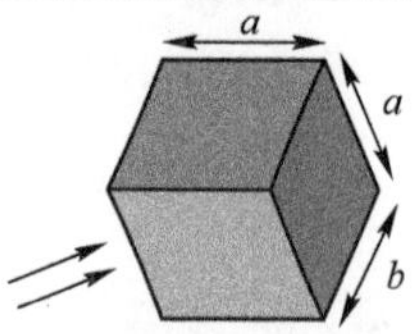 $\sigma_{\max}=12\pi\left(\dfrac{ab}{\lambda}\right)^2$ $(ab \gg \lambda)$

图 2.4　简单形状理想导体 RCS 计算公式

如角反射器、圆柱体、平面和曲面。因此，理解规则形状目标的 RCS 对于理解复杂形状的 RCS 是非常重要的。

2.3.3　复杂形状目标的 RCS

如图 2.4 所示，对规则形状物体的 RCS 可以通过公式计算，但复杂目标的 RCS 计算是一件非常困难的工作。目前，任意形状目标的 RCS 均可以通过数学近似来计算。基于电场积分方程（EFIE）或磁场积分方程（MFIE）的全波方法[13,14]可用于计算电小目标的 RCS。著名的矩量法（MoM）[15]就是常见的实现这些计算的数学方法。当目标的电尺寸约为几个波长时，采用 MoM 算法是非常有效的；而在高频时，散射体的大小远大于波长，MoM 算法的计算量将变得非常庞大，因此，在对电大尺寸或复杂目标（如坦克、飞机和舰船）的 RCS 进行仿真时所需计算时间和计算储存将变得非常巨大。

为了在高频下计算这些目标的 RCS，通常要采用一些综合计算方法[16,17]，即在同一仿真中采用不同的电磁计算方法。最著名的是弹跳射线法（SBR），它将几何光学和物理光学[19]有效的结合在一起，可以准确地估算大型复杂目标在高频及超高频下的电磁散射（或者 RCS）[18,20,21]。图 2.5 表示的是一个复杂飞机模型的 RCS 计算结果，图中仿真计算了 14m 长飞机模型在频率 2GHz 时的单基地雷达全方位 RCS。

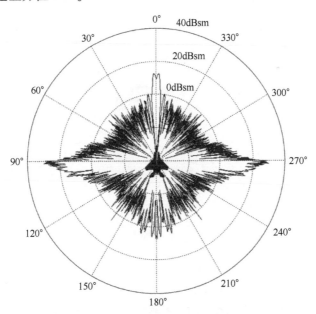

图 2.5　频率 2GHz 时飞机模型的全方位 RCS 仿真图

2.4 雷 达 方 程

典型雷达系统的主要功能是对目标散射的电磁回波进行检测并从中提取出目标相关信息。电磁波在从发射机发出到被接收机接收之间按时间顺序将有以下过程：

（1）微波产生器（或信号源）产生雷达信号；

（2）产生的信号经过传输线传输至发射机；

（3）发射机将信号从天线发射出去；

（4）雷达信号在空中传播并遇到目标；

（5）一部分雷达发射信号被目标截获并反射回来，这与目标的 RCS 有关；

（6）反射信号在空中传播，其中仅有一部分反射能量被雷达接收天线截获；

（7）接收天线截获目标反射的能量，并将其传输雷达接收机；

（8）雷达接收机分析截获的散射信号，以获取目标相关信息，包括位置、大小和速度。

雷达作用距离公式就是用数学表达式对上述过程中的雷达信号进行分析表示。

2.4.1 双基地雷达

双基地雷达如图 2.6 所示。

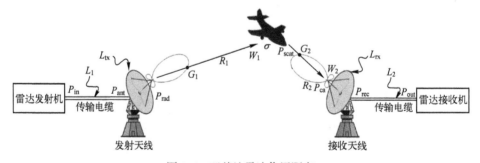

图 2.6　双基地雷达作用距离

首先，微波产生器（通常是电子速调管或者行波管）产生一定功率的雷达信号，并通过传输线和波导将其传输至雷达发射天线，由于线缆和微波元件的传导性是有限的，传输过程中将损失掉一部分信号功率。因此，传输到发射天线的信号功率为

$$P_{\text{out}} = \frac{P_{\text{in}}}{L_1} \tag{2.14}$$

式中：L_1 为传输损失，主要由线缆有限的传导性和其他非传导性损失导致。

当能量被传输至天线时，其功率为

$$P_{\text{rad}} = (1 - |\Gamma_{\text{tx}}|^2) \cdot P_{\text{ant}}$$

$$= \frac{P_{\text{ant}}}{L_{\text{tx}}} \tag{2.15}$$

式中：Γ_{tx} 为天线末端的反射系数，其值为

$$\Gamma_{\text{tx}} = \frac{Z_a - Z_0}{Z_a + Z_0} \tag{2.16}$$

式中：Z_a 为天线辐射阻抗；Z_0 为与天线末端相连接的传输线的特性阻抗。

由于阻抗不匹配带来的相关损失 $1/(1 - |\Gamma_{\text{tx}}|^2) \triangleq L_{\text{tx}}$ 称为传导损失。如果，天线满足阻抗匹配，则辐射功率将和传导到天线的功率相等，即

$$P_{\text{rad}} = P_{\text{ant}} \tag{2.17}$$

天线将信号沿特定方向发射出去，在距离 R_1 处（目标位置处）的功率密度为

$$W_1 = \frac{G_1 \cdot P_{\text{rad}}}{4\pi R_1^2} \tag{2.18}$$

式中：G_1 为发射天线增益。

发射功率被一定的反射面积或 RCS 的目标散射，散射信号功率为

$$P_{\text{scat}} = \sigma \cdot W_1$$

$$= \frac{\sigma \cdot G_1 \cdot P_{\text{rad}}}{4\pi R_1^2} \tag{2.19}$$

当目标散射的功率到达距离其 R_2 处的接收天线时，接收机处的散射功率密度变为

$$W_2 = \frac{P_{\text{scat}}}{4\pi R_2^2}$$

$$= \frac{\sigma \cdot G_1 \cdot P_{\text{rad}}}{(4\pi R_1 R_2)^2} \tag{2.20}$$

此时，仅很小一部分的功率被天线接收，因此，采用大孔径天线以接收更大功率的信号是至关重要的。所以，实际中应优先采用大的天线孔径以尽可能多的接收入射信号功率。需要指出的是，接收信号天线的有效孔径 A_{eff} 并非其实际孔径；对于大多数天线，其有效孔径均小于它们的实际孔径。因此，接收天线接收到的信号功率为

$$P_{cap} = A_{eff} \cdot W_2$$

$$= \frac{A_{eff} \cdot \sigma \cdot G_1 \cdot P_{rad}}{(4\pi R_1 R_2)^2} \tag{2.21}$$

天线的有效孔径 A_{eff} 可以用其增益 G_2 表示[15]，即

$$G_2 = \frac{4\pi \cdot A_{eff}}{\lambda^2} \tag{2.22}$$

用接收天线增益 G_2 和有效孔径 A_{eff} 的关系式来代替有效孔径 A_{eff}，可以得到接收信号功率的表达式：

$$P_{cap} = \frac{\lambda^2 \cdot \sigma \cdot G_1 \cdot G_2 \cdot P_{rad}}{(4\pi)^3 \cdot (R_1 R_2)^2} \tag{2.23}$$

如果接收天线与传输线之间并非阻抗匹配，则仅有一部分的信号功率将传输至接收机的传输线，因此传输线前端的信号功率为

$$P_{rec} = (1 - |\Gamma_{rx}|^2) \cdot P_{cap}$$

$$= \frac{P_{cap}}{L_{rx}} \tag{2.24}$$

式中：Γ_{rx} 为接收天线末端的反射系数，其值为

$$\Gamma_{rx} = \frac{Z_b - Z_0}{Z_b + Z_0} \tag{2.25}$$

式中：Z_a 为接收天线的辐射阻抗；Z_0 为与天线末端连接的传输线的特性阻抗。

由于阻抗不匹配带来的相关损失 $1/(1 - |\Gamma_{tx}|^2) \triangle L_{tx}$ 称为传导损失。如果，天线满足阻抗匹配，则接收信号功率将和天线获取的功率相等，即

$$P_{rec} = P_{cap} \tag{2.26}$$

至此，重写式（2.18），可以得到接收信号功率的表达式为

$$P_{rec} = \frac{P_{cap}}{L_{rx}} = \frac{\lambda^2 \cdot \sigma \cdot G_1 \cdot G_2 \cdot P_{rad}}{(4\pi)^3 \cdot (R_1 R_2)^2 \cdot L_{rx}} \tag{2.27}$$

接收信号将通过传输线传导至雷达接收机，若传输线中出现一些电或非电的损失，则最终输出到雷达接收机的功率为

$$P_{rec} = \frac{P_{rec}}{L_2} = \frac{\lambda^2 \cdot \sigma \cdot G_1 \cdot G_2 \cdot P_{rad}}{(4\pi)^3 \cdot (R_1 R_2)^2 \cdot L_{rx} \cdot L_2} \tag{2.28}$$

将式（2.26）代入式（2.28），可以得到雷达作用距离公式：

$$\frac{P_{out}}{P_{in}} = \frac{\lambda^2 \cdot \sigma \cdot G_1 \cdot G_2}{(4\pi)^3 \cdot (R_1 R_2)^2 \cdot L_{tot}} \tag{2.29}$$

式中：L_{tot} 为所有的信号损失，其值为

$$L_{tot} = L_1 \cdot L_{tx} \cdot L_{rx} \cdot L_2 \tag{2.30}$$

如果雷达发射机和雷达接收机与天线是完美阻抗匹配的且传输路径没有传导损失，则 $L_{\text{tot}} = 1$，雷达作用距离公式可以简化为

$$\frac{P_{\text{out}}}{P_{\text{in}}} = \frac{\lambda^2 \cdot \sigma \cdot G_1 \cdot G_2}{(4\pi)^3 \cdot (R_1 R_2)^2} \tag{2.31}$$

2.4.2　单基地雷达

在单基地雷达中，发射雷达信号和接收目标反射回波信号使用的天线为同一部天线（图 2.7）。因此，式（2.31）中，天线增益 G_1 和 G_2 是相同的，统一用 G 表示（$G = G_1 = G_2$）。相似地，目标与发射机和接收机之间的距离也是相同的，均为 R（$R = R_1 = R_2$）。因此，单基地雷达的作用距离公式（2.31）可以简化为

$$\frac{P_{\text{out}}}{P_{\text{in}}} = \frac{\lambda^2 \cdot \sigma \cdot G^2}{(4\pi)^3 \cdot R^4} \tag{2.32}$$

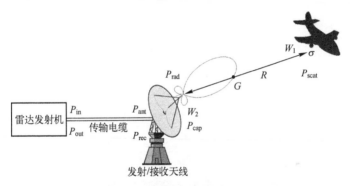

图 2.7　单基地雷达作用距离

📡 2.5　雷达作用距离

在雷达使用中，另一个需要认真考虑的重要参数是雷达的作用距离，也就是在背景噪声条件下雷达能够检测出目标的最远距离，这个距离可以通过雷达方程计算出。根据式（2.32），天线的有效孔径为 $A_{\text{eff}} = 4\pi \cdot G_2/\lambda^2$，则

$$P_{\text{out}} = \frac{P_{\text{in}} \cdot A_{\text{eff}}^2 \cdot \sigma}{4\pi \cdot \lambda^2 \cdot R^4} \tag{2.33}$$

如图 2.8 所示，只有当雷达接收机输出信号的最小信号功率大于背景噪声功率时目标才可以被检测到。如果雷达接收机输出的信号功率小于背景噪声功率，目标回波信号将与环境和电子元器件产生的噪声混杂在一起，难以区分，将被当作噪声或杂波。

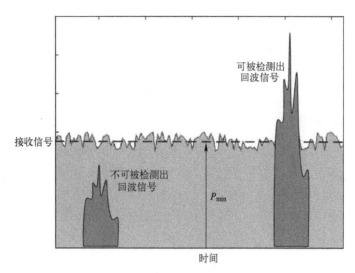

图2.8 最大接收信号功率对应的最大作用距离

设传输至雷达的信号功率不发生变化，则雷达接收机输出的信号功率为式（2.33）中的最小可检测信号功率 P_{min} 时，雷达的作用距离最大。

$$(P_{out})_{min} \triangleq P_{min}$$
$$= \left(\frac{P_{in} \cdot A_{eff}^2 \cdot \sigma}{4\pi \cdot \lambda^2 \cdot R^4} \right)_{min} \qquad (2.34)$$
$$= \frac{P_{in} \cdot A_{eff}^2 \cdot \sigma}{4\pi \cdot \lambda^2 \cdot R_{max}^4}$$

从式（2.34）中将 R_{max} 提取出来，得到雷达的最大作用距离为

$$R_{max} = \left(\frac{P_{in}}{P_{min}} \cdot \frac{A_{eff}^2 \cdot \sigma}{4\pi \cdot \lambda^2} \right)^{1/4} \qquad (2.35)$$

式（2.35）给出了目标可被雷达检测的最大距离。"最大作用距离"的定义如下面例子中所示：设单基地雷达天线的有效面积为 $3m^2$，发射信号功率为 1MW，频率为 10GHz，雷达的灵敏度为 80dBmW（10nW），目标的 RCS 为 $10m^2$；通过式（2.36）可以计算出最大作用距离为

$$R_{max} = \left(\frac{10^6}{10^{-8}} \cdot \frac{3^2 \cdot 10}{4\pi \cdot 0.03^2} \right)^{1/4} = 29867m \qquad (2.36)$$

如果目标位置近于 29867m（或约 30km），则将被雷达检测到。相反，任意一个 RCS 小于 $10m^2$，位置远于 30km 的目标都将无法被雷达检测到，因为如图2.8所示，雷达接收到的目标回波信号功率小于雷达的灵敏度（或背景噪声功率）。

2.5.1　信噪比（SNR）

与其他电子器件和系统相似，雷达也存在着内部噪声和外部噪声。发热导致的电振荡是雷达内部噪声的主要来源。电子设备的内部发热也可能是由外部环境导致，如太阳、地球及建筑物，这类噪声在电子工程中也称为热噪声。

下面将讨论雷达系统的（SNR）：和所有的电子系统相似，雷达系统的噪声功率谱密度可用下式表示：

$$N_o = k \cdot T_{eff} \tag{2.37}$$

式中：k 为波耳兹曼常数，$k = 1.381 \times 10^{-23} \, W/(Hz \times K)$；$T_{eff}$ 为有效噪声温度，单位为 K。

T_{eff} 并不是常温，其值与参考温度、雷达的噪声特性 F_n 相关，即

$$T_{eff} = F_n \cdot T_0 \tag{2.38}$$

式中：参考温度 T_0 通常为室温（$T_0 \approx 290K$）。

因此，雷达噪声功率谱密度为

$$N_o = k \cdot F_n \cdot T_0 \tag{2.39}$$

雷达的噪声功率 P_n 为功率谱密度 N_o 与噪声的有效带宽 B_n 的乘积，即

$$P_n = N_o \cdot B_n = k \cdot F_n \cdot T_0 \cdot B_n \tag{2.40}$$

式中：B_n 可能并不是雷达脉冲的实际带宽，它可能是其他电子元器件（如接收机）的匹配滤波器带宽。

确定噪声功率后，结合式（2.29）和式（2.40），可以定义雷达的 SNR，即

$$SNR = \frac{P_s}{P_n}$$

$$= \frac{P_{out}}{P_n} \tag{2.41}$$

$$= \frac{P_{in} \cdot \lambda^2 \cdot \sigma \cdot G_1 \cdot G_2}{(4\pi)^3 \cdot (R_1 R_2)^2 \cdot (k \cdot F_n \cdot T_0 \cdot B_n)}$$

式（2.41）是由双基地雷达推导出的，而单基地雷达的公式可以通过式（2.41）简化得到

$$SNR = \frac{P_{in} \cdot \lambda^2 \cdot \sigma \cdot G^2}{(4\pi)^3 \cdot (R)^4 \cdot (k \cdot F_n \cdot T_0 \cdot B_n)} \tag{2.42}$$

2.6　雷 达 波 形

雷达使用的信号类型主要是由雷达扮演的角色和自身应用领域决定。因此，作用不同的雷达采用的波形也不同。常见的雷达波形有以下几类。

(1) 连续波（CW）；

(2) 调频连续波（FMCW）；

(3) 步进频连续波（SFCW）；

(4) 窄脉冲；

(5) 线性调频（LFM）脉冲。

以下内容将对上述几种波形的时域和频域特性进行分析，并给出它们的使用方法和适用范围。

2.6.1 连续波（CW）

连续波雷达发射的信号具有特定的频率。如果雷达和目标均静止不动，则雷达接收到的回波信号频率与发射信号的频率是相等的。但如果目标和雷达之间发生了相对运动，则返回的雷达信号频率将相对于发射信号频率发生一定的偏差，这个频谱上的偏差称为多普勒频率。雷达应用中，多普勒频率广泛应用于目标速度的测量，其对 ISAR 成像也是非常重要的。多普勒频率在 ISAR 距离多普勒成像中的应用将在第 6 章中进一步的讨论。

连续波雷达信号的时域表达式为

$$s(t) = A \cdot \cos(2\pi f_0 t) \tag{2.43}$$

式中：f_0 为工作频率。

通过对式（2.43）进行傅里叶变换可以得到连续波信号的频谱：

$$S(f) = \frac{A}{2} \cdot (\delta(f-f_0) + \delta(f+f_0)) \tag{2.44}$$

图 2.9 是一个雷达连续波信号的时域和频域波形。图 2.9（a）是一个频率为 1kHz 的正弦信号，图 2.9（b）为该信号的频谱；可以看到，其频谱为分别在 $f_0 = \pm 1$kHz 处的两个脉冲。

与脉冲雷达通过测量发射信号在时间上的延迟来确定目标的位置不同，连续波雷达主要用于测量雷达与目标之间距离的瞬时变化率。因为目标或雷达发生运动或两者同时运动时，将导致返回雷达的电磁波在频率上发生多普勒频移。警用雷达系统就是一个典型的连续波雷达，它主要用于测量汽车的速度，图 2.10 是连续波警用雷达系统的示意图。假设雷达静止不动，且发射频率为 f_0 的连续波，如果目标也静止不动，如图 2.10（a）所示，则接收到的目标回波信号的频率也为 f_0。如图 2.10（b）所示，当目标靠近雷达运动时，接收到的回波信号频率将偏移多普勒频率 f_D：

$$f_D = \frac{2v_r}{\lambda_0} \tag{2.45}$$

式中：v_r 为运动目标的径向速度；λ_0 为发射信号频率对应的波长。

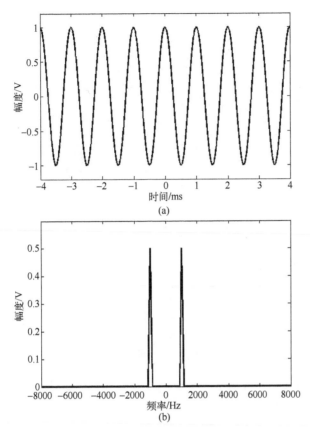

图 2.9　连续波雷达时域和频域波形

（a）时域波形；（b）频域波形。

与之相应，如果目标远离雷达运动，回波信号的频率也将改变一个负的多普勒频率。如图 2.10（c）所示，当回波信号的波长增大时，则多普勒频率 f_0 将减小。

在雷达系统中采用连续波有以下优点：首先，由于雷达发射波形简单，对应的雷达系统也较为简单；其次，连续波雷达没有探测距离约束，在功率允许范围内，雷达可用于探测任意距离目标；最后，这种雷达既可工作于低频段（测速仪），也可工作于非常高的频段（早期预警雷达）。

同时，连续波雷达也有一些缺点：它们不能测量目标的距离。通常情况下，目标距离是通过测量雷达发射脉冲的延时而得到的，但连续波雷达的波形是连续的，并非脉冲。进一步说，连续波雷达只能探测运动目标，静止目标反射的能量将会被滤除掉，因为连续波雷达的工作机理主要是测量回波信号的多普勒频率。

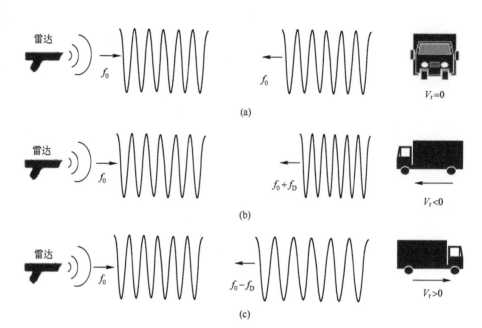

图 2.10　警用雷达工作原理

（a）静止目标的回波信号与发射信号的频率相同；（b）目标接近时回波信号的频率增大；

（c）目标远离时回波信号的频率减小。

连续波雷达的另一个缺点是：需要一直向外发射信号，因此在实际应用中其最大功率受到限制。

2.6.2　调频连续波（FMCW）

与连续波雷达只能测量由目标和雷达之间的相对运动引起的多普勒频率相比，调频连续波雷达还可测量目标的距离。常见的频率调制方式是使信号的频率随着时间而线性变化，这种频率调制方式也称为线性调频。

线性调频连续波的表达式为

$$s(t) = A \cdot \sin\left(2\pi\left(f_0 \mp \frac{K}{2}t\right)t\right) \tag{2.46}$$

式中：A 为信号幅度；f_0 为初始频率；K 为调频速率（或者频率增长/减小速率）；"+"表示向上调频信号；"-"表示向下调频信号。

信号的瞬时频率可以通过对信号相位进行时域求导而得到，即

$$\begin{aligned} f_i(t) &= \frac{1}{2\pi} \cdot \frac{\mathrm{d}}{\mathrm{d}t}\left(2\pi\left(f_0 \mp \frac{K}{2}t\right)t\right) \\ &= f_0 \mp Kt \end{aligned} \tag{2.47}$$

图 2.11 是一个简单的向上线性调频信号的时域波形，从图中可以看出，

信号的频率随着时间不断增大。调频连续波雷达工作时，雷达发射连续的线性调频信号；如果线性调频的周期为 T，则信号的频率变化将如图 2.12（a）所示，接收的回波信号在时间上将延迟 t_d，这个延迟时间的确定方法如下。

发射信号和接收信号之间的频率差为

$$\Delta f = f_{tx} - f_{rx}$$
$$= (f_0 \mp Kt) - (f_0 \mp K(t - t_d)) = \mp Kt \cdot t_d \tag{2.48}$$

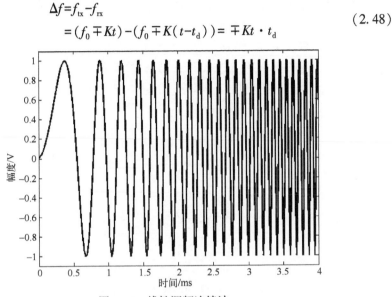

图 2.11　线性调频连续波

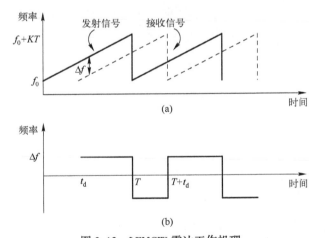

(a)

(b)

图 2.12　LFMCW 雷达工作机理

（a）发射和接收的 LFMCW 信号的时频图；（b）发射信号和接收信号的频率差。

延迟时间 t_d 和目标距离 R 之间的关系为

$$t_d = \frac{2R}{c} \tag{2.49}$$

式中：c 为空气中的光速。

根据式（2.47）和式（2.48），可以得到目标的距离：

$$R = c\frac{\Delta f}{2K} \tag{2.50}$$

线性调频连续波雷达的结构如图 2.13 所示。LFMCW 发生器产生 LFM 信号，并通过发射机将其发射出去。接收机接收回波信号并将其与发射信号相乘，其输出既有发射信号与回波信号之和也有两者之差。如图 2.12（b）所示，只保留正值的频率差 Δf。然后信号被送至一个由微分器和包络检波器组成的鉴相器，鉴相器的输出与频率差 Δf 成一定比例。当计算出频率差后，通过式（2.50）即可计算出目标距离。

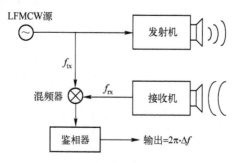

图 2.13 LFMCW 雷达结构图

从图 2.12 中可以看出，当 $t_d > T$ 时，将会发生距离模糊。因此，频率差的最大值为 $\Delta f_{max} = KT$，这意味着不发生模糊的最大目标距离为

$$
\begin{aligned}
R_{max} &= c\frac{\Delta f_{max}}{2k} \\
&= c\frac{KT}{2k} \\
&= c\frac{T}{2}
\end{aligned}
\tag{2.51}
$$

式（2.51）表明 FMCW 雷达只能用于短距离或中距离目标的探测，而不适用于远距离目标探测。

2.6.3 步进频连续波（SFCW）

步进频连续波（SFCW）是另一种常见的可用于探测目标距离的雷达波形，是由一连串在短时间内为单一频率连续波的脉冲组成。如图 2.14 所示，在产生 SFCW 信号时，相邻的脉冲之间将增大一定的频率 Δf。如果一组 SFCW 信号中包含 N 个连续波信号，则每个连续波信号的频率为 $f_n = f_0 + (n-1) \cdot \Delta f$。

每个脉冲的脉宽为 τ，而相邻脉冲之间的时间间隔为 T。整个信号的频率带宽 B 和频率增量 Δf 之间的关系为

$$B=(f_{N-1}-f_0)+\Delta f \tag{2.52}$$
$$=N \cdot \Delta f$$

$$\Delta f=\frac{B}{N} \tag{2.53}$$
$$=\frac{(f_{N-1}-f_0)+\Delta f}{N}$$

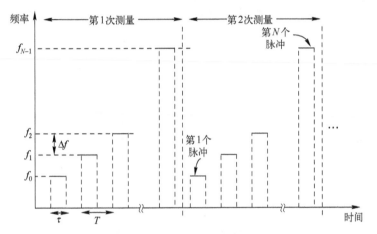

图 2.14　SFCW 信号时域描述

SFCW 信号计算目标距离的方法如下：设目标位于距离雷达 R_0 处，对于单基地 SFCW 雷达，回波信号的相位是与目标距离成正比：

$$E^s[f]=A \cdot e^{-j2k \cdot R_0} \tag{2.54}$$

式中：E^s 为散射电场；A 为散射电场幅度；k 为对应于频率向量 $f=[f_0\ f_1\ f_2\cdots f_{N-1}]$ 的波数向量。

相位中的数字 2 表示是信号从雷达至目标并反射回来的双程过程。可以明显地看出 $2k$ 和 R 之间存在着傅里叶变换关系。因此，可通过对 SFCW 雷达的输出进行逆傅里叶变换进而得到目标距离 R_0，IFT 输出的信号将仅包含目标的距离信息。SFCW 雷达的距离分辨率由傅里叶理论决定：

$$\Delta r=\frac{2\pi}{2BW_k} \tag{2.55}$$
$$=\frac{\pi c}{2\pi BW_f}$$
$$=\frac{c}{2B}$$

式中：BW_k 和 $BW_f \triangleq B$ 分别为信号波数域和频域带宽。

雷达的最大作用距离为距离分辨率和脉冲数的乘积：

$$R_{\max} = N \cdot \Delta r$$
$$= \frac{N \cdot c}{2B} \tag{2.56}$$

下面通过实例来说明 SFCW 雷达的工作过程。设点目标距离雷达 50m 远，而 SFCW 雷达的频率范围为 2~22GHz，频率步进为 2MHz。通过式（2.56）可以得出，雷达的距离分辨率为 0.75cm，最大作用距离为 75m。通过 MATLAB 仿真可以得到回波数据，如图 2.15 所示，可以清楚地看出目标位于距离雷达 50m 处。

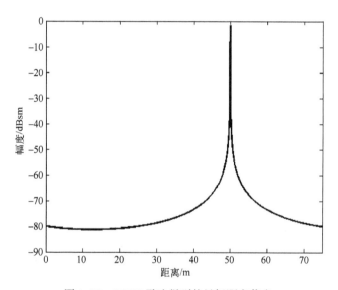

图 2.15　SFCW 雷达得到的目标距离信息

2.6.4　窄脉冲

窄脉冲是最简单的雷达波形之一，它的信号脉宽通常只有几纳秒。根据式（2.55），脉冲雷达的距离分辨率为

$$\Delta r = \frac{c}{2B} \tag{2.57}$$

式中：B 为脉冲的频率带宽。

根据傅里叶理论，脉冲的频率带宽 B 为即时脉宽 τ 的倒数：

$$B = \frac{1}{\tau} \tag{2.58}$$

这意味着雷达的距离分辨率与脉宽 τ 成正比：

$$\Delta r = c\,\frac{\tau}{2} \tag{2.59}$$

由式（2.59）可见，为了得到更好的距离分辨率，脉冲的脉宽越小越好。第一种窄脉冲波形包括矩形脉冲、单载频脉冲以及不同形式的单小波脉冲。图 2.16（a）为矩形脉冲波形，图 2.16（b）为其频谱图。可以看出，矩形脉冲信号在频域中为正弦波形。

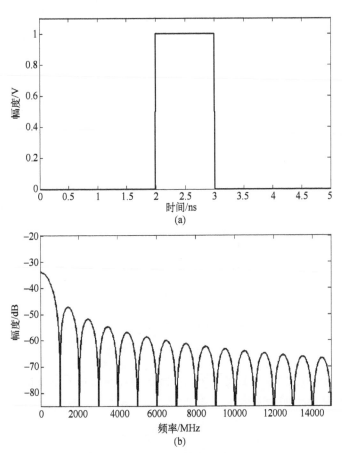

图 2.16　矩形窄脉冲的时域和频域波形

（a）时域波形；（b）频域波形。

第二种常见的窄脉冲波形为单载频正弦波，如图 2.17 所示。从图 2.17（a）可以看出，与矩形脉冲相比，单载频正弦波在时域上非常平滑。根据傅里叶理论，正弦脉冲的频谱宽度和旁瓣电平将逐渐减小，如图 2.17（b）所示。

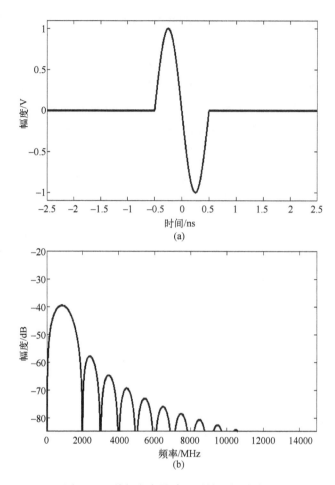

图 2.17　单频点窄脉冲的时域和频域波形

（a）时域波形；（b）频域波形 。

第三种窄脉冲波形为小波信号。小波信号比正弦信号更加的平滑，因此其在频域中具有更小的旁瓣电平。图 2.18（a）所示的 Mexican-hat 小波的数学表达式为

$$m(t) = \frac{1}{\sqrt{2\pi \cdot \sigma^3}}\left(1-\left(\frac{t}{\sigma}\right)^2\right)\mathrm{e}^{-\left(\frac{t}{\sqrt{2}\sigma}\right)^2} \tag{2.60}$$

如图 2.18（b）所示，由于小波信号的平滑度比之前介绍的所有信号都高，它的频域也将扩展得非常宽，因此它可以像其他大多数短脉宽小波信号一样提供一个非常宽的频率带宽（UWB）。

窄脉冲信号具有很宽的频谱，但在实际中很难赋予它们大的能量，因为短的脉冲很难携带大的能量。为了解决这个问题，可以通过调制脉冲使信号频率

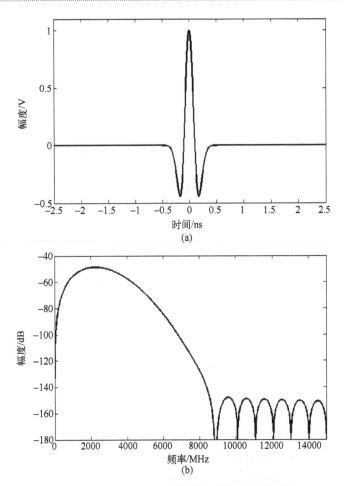

图 2.18　Mexican-hat 窄脉冲的时域和频域波形

(a) 时域波形；(b) 频域波形 。

随着时间而变化；线性调频信号就是这种调制脉冲之一，其可以赋予脉冲足够的能量，这将在下文进行论述。

2.6.5　线性调频 (LFM) 信号

如上所述，得到一个脉宽和带宽都很大的简单信号是不可能的。对于一个频率未经调制或者频率为常数的宽频谱脉冲，其脉宽将非常短，无法赋予其足够的能量。为了解决这个问题，可以对一个长脉宽脉冲进行频率调制，使其频率带宽满足雷达工作需求。

常见的线性调频 (LFM) 脉冲波形如图 2.19 (b) 所示。在实际使用中，上述波形每隔 T_{PR} 就将重复一次，尤其是进行雷达测距时（T_{PR} 为脉冲重复间隔

（PRI）或者脉冲重复周期）。脉冲重复周期的倒数就是脉冲重复频率（PRF），其定义为

$$f_{PR} = \frac{1}{T_{PR}} \qquad (2.61)$$

向上线性调频信号的频率将随时间而增大，其数学表达式为

$$m(t) = \begin{cases} A \cdot \sin\left(2\pi\left(\left(f_0 + \frac{K}{2}(t - nT_{PR})\right)(t - nT_{PR})\right)\right) & nT_{PR} \leqslant t \leqslant nT_{PR} + \tau \\ 0 & \text{其他} \end{cases} \qquad (2.62)$$

式中：n 为整数；τ 为脉宽；K 为调频速率。

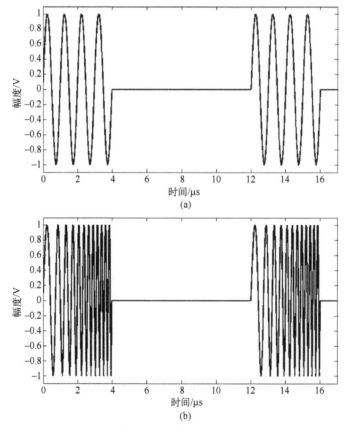

图 2.19　单频点脉冲和线性调频信号时域波形比较
（a）单点脉冲时域波形；（b）线性调频信号时域波形。

脉冲的瞬时频率 $f_i(t) = f_0 + Kt$。同理，可以得到频率随时间减小的向下线性调频信号的表达式：

$$m(t) = \begin{cases} A \cdot \sin\left(2\pi\left(\left(f_0 - \dfrac{K}{2}(t-nT_{PR})\right)(t-nT_{PR})\right)\right) & nT_{PR} \leqslant t \leqslant nT_{PR}+\tau \\ 0 & \text{其他} \end{cases} \quad (2.63)$$

对于向下线性调频脉冲，其瞬时频率为 $f_i(t)=f_0-Kt$。

为了得到线性调频信号的频谱，对图 2.19 中的单频脉冲和线性调频信号进行傅里叶变换，其结果如图 2.20 所示，从图中可以清楚地看出线性调频信号与单频信号相比具有更宽的带宽。

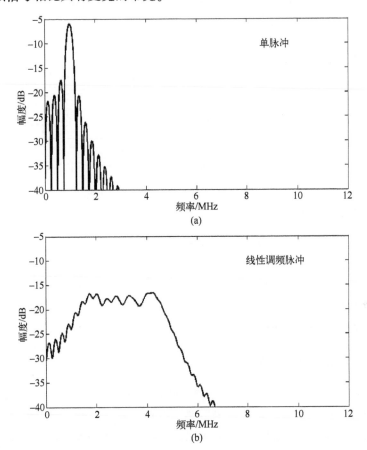

图 2.20　单频点脉冲和线性调频信号频率比较，尽管两者的脉宽相等，
但线性调频信号具有更大的带宽

雷达应用中，LFM 脉冲主要用于获取目标的距离包络，同时也广泛运用于 SAR 和 ISAR 处理中，这将在下文中进一步讨论。

◪ 2.7 脉冲雷达

脉冲雷达应用非常广泛，尤其是在 SAR 和 ISAR 系统中。脉冲雷达系统发射一系列的调制脉冲，并接收其回波。如图 2.21 所示，每间隔时间 T_{PR}，脉冲就将重复一次，这个间隔时间称为 PRI。目标的距离信息可以通过测量发射脉冲和接收脉冲之间的时间延迟得到。脉冲雷达系统可用于测量目标的距离（径向距离）以及目标的速度。

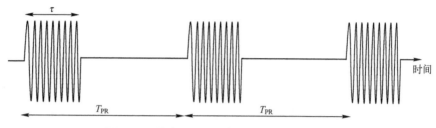

图 2.21 脉冲雷达系统使用的调制脉冲序列

2.7.1 脉冲重复频率

脉冲雷达每间隔时间 T_{PR}，脉冲将重复一次，对应的 PRF 可以通过式（2.61）计算得到。PRF 给出了雷达每秒发射的脉冲数量，在雷达的实际应用中，PRF 是非常重要的参数，它与雷达的最大作用距离和可检测的最大多普勒频率（目标最大速度）均相关。PRF 在 ISAR 系统距离-多普勒处理中的作用将在第 6 章中进一步论述。

2.7.2 最大作用距离和距离模糊

如式（2.59）所示，距离分辨率与脉宽是成正比的：$\Delta r = c \cdot \tau / 2$。因此，越小的脉宽可以得到更好的距离分辨率。另外，雷达的最大作用距离是由雷达接收脉冲相对发射脉冲的延迟时间决定的。由于脉冲每间隔时间 T_{PR} 就将重复一次，所以，为了避免产生距离模糊，距离雷达 R 处目标产生的回波脉冲应当在雷达发射下一个脉冲之前回到雷达，即

$$T_{PR} \geqslant \frac{2R}{c} \tag{2.64}$$

如果 T_{PR} 是确定的，则目标距离 R 应当满足：

$$R \leqslant c \frac{T_{PR}}{2} \tag{2.65}$$

由式（2.65）可见，脉冲雷达不发生距离模糊的最大作用距离可由脉冲间隔时间 T_{PR} 计算得到：

$$R_{\max} = c\frac{T_{PR}}{2}$$
$$= \frac{c}{2f_{PR}}$$

(2.66)

这个距离称为不模糊距离，任意目标在此距离范围内均可被精确地测量出真实位置。由于雷达在距离轴上显示的最远距离仅为 $R_{\max}$，因此超出此距离范围的目标将被显示在错误的距离位置上。为了解决距离模糊问题，一些雷达采用了多脉冲重复频率的方法[23]。

2.7.3 多普勒频率

在雷达理论中，多普勒频率用于描述由于雷达与目标之间的相对运动导致的电磁波中心频率偏移量。图 2.10 描绘多普勒频移的基本概念，多普勒频率的值为

$$f_D = \begin{cases} +\dfrac{2v_r}{\lambda_0} & 目标接近时 \\[2mm] -\dfrac{2v_r}{\lambda_0} & 目标远离时 \end{cases}$$

(2.67)

式中：v_r 为目标在雷达视线方向上的径向速度。

下面将对运动目标回波信号的相位（及频率）偏移进行推导。假设目标靠近雷达运动，速度为 v_r；雷达产生并发出 PRF 为 f_{PR} 的脉冲，脉冲的脉宽为 τ。图 2.22 给出了多普勒频移现象的示意图。在图 2.22（a）中第一个脉冲的前沿遇到目标后，经过时间 Δt，第一个脉冲的后延遇到目标，如图 2.22（b）所示。这段时间内，目标运动距离为

$$d = v_r \cdot \Delta t$$

(2.68)

观察图 2.22（b），可以看出反射前脉冲之间的间距为脉冲前沿（或后延）运动距离与目标运动距离之和：

$$\begin{cases} p = x + d \\ c\tau = c\Delta t + v_r\Delta t \end{cases}$$

(2.69)

同理，反射之后脉冲之间的间距为脉冲前沿（或后延）运动距离与目标移动距离之差：

$$\begin{cases} p' = x - d \\ c\tau' = c\Delta t - v_r\Delta t \end{cases}$$

(2.70)

将式（2.70）中的两式相除，可得

$$\frac{c\tau'}{c\tau}=\frac{c\Delta t-v_r\Delta t}{c\Delta t+v_r\Delta t} \tag{2.71}$$

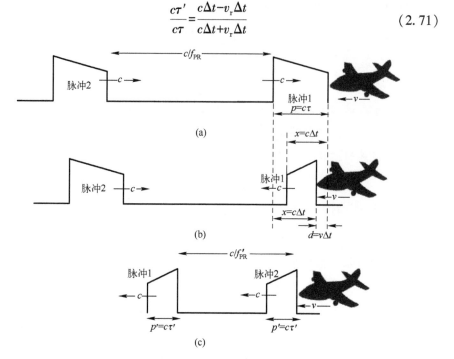

图 2.22　多普勒现象

（a）在 $t=0$ 时刻第一个脉冲前沿遇到目标；（b）在 $t=\Delta t$ 时刻第一个脉冲后延遇到目标；
（c）在时间 $t=\mathrm{d}t$ 内第二个脉冲后延遇到目标，在此时间内，目标运动距离为 $D=v_r\times\mathrm{d}t$。

消去式（2.72）左侧的 c 和等式右侧的 Δt，用发射信号脉宽来表示反射后信号的脉宽：

$$\tau'=\tau\left(\frac{c-v_r}{c+v_r}\right) \tag{2.72}$$

多项式 $(c-v_r)/(c+v_r)$ 称为膨胀系数。可以看出，当目标静止时（$v_r=0$），脉宽将不发生变化（$\tau'=\tau$）。

下面讨论图 2.22（c）中的情况。当第二个脉冲的后延遇到目标时，目标在时间 $\mathrm{d}t$ 内运动的距离为

$$D=v_r\cdot\mathrm{d}t \tag{2.73}$$

在这个时间内，第一个脉冲的前沿向前运动的距离为

$$x=c\cdot\mathrm{d}t \tag{2.74}$$

同时，第二个脉冲的前沿在它遇到目标的瞬时时间内运动的距离为 $c/f_{PR}-D$，则

$$\begin{cases} \dfrac{c}{f_{PR}} - D = c \cdot dt \\[3mm] \dfrac{c}{f_{PR}} - v_r dt = c \cdot dt \end{cases} \tag{2.75}$$

由式（2.75）解出 dt：

$$dt = \frac{c/f_{PR}}{c+v_r} \tag{2.76}$$

将式（2.70）代入式（2.67）中，可得

$$D = \frac{cv_r/f_{PR}}{c+v_r} \tag{2.77}$$

则反射后信号的 PRF 为

$$\begin{aligned} f'_{PR} &= \frac{c}{x-D} \\[3mm] &= \frac{c}{c \cdot dt - \dfrac{cv_r/f_{PR}}{c+v_r}} \\[3mm] &= \frac{c+v_r}{c \cdot dt + v_r \cdot dt - v_r/f_{PR}} \end{aligned} \tag{2.78}$$

将式（2.75）代入式（2.78）中，可以得到入射波 PRF 和反射波 PRF 之间的关系：

$$\begin{aligned} f'_{PR} &= \frac{c+v_r}{c/f_{PR} - v_r/f_{PR}} \\[3mm] &= f_{PR} \cdot \left(\frac{c+v_r}{c-v_r} \right) \end{aligned} \tag{2.79}$$

如果入射波和反射波的中心频率分别为 f_0 和 f'_0，那么他们之间的关系与 PRF 之间的关系有着相同的因子：

$$f'_0 = f_0 \left(\frac{c+v_r}{c-v_r} \right) \tag{2.80}$$

将入射波的中心频率减去反射波的中心频率，即可得到多普勒频率 f_D：

$$\begin{aligned} f_D &= f'_0 - f_0 \\[3mm] &= f_0 \cdot \left(\frac{c+v_r}{c-v_r} \right) - f_0 \\[3mm] &= f_0 \frac{2v_r}{c-v_r} \end{aligned} \tag{2.81}$$

由于目标的速度远小于光速（$v_r \ll c$），式（2.81）可以简化为

$$f_D = f_0 \frac{2v_r}{c}$$

$$= \frac{2v_r}{\lambda_0}$$

(2.82)

式中：λ_0 为对应中心频率 f_0 时的波长。

当目标远离雷达运动时，多普勒频率为负数：

$$f_D = -f_0 \frac{2v_r}{c}$$

$$= -\frac{2v_r}{\lambda_0}$$

(2.83)

从式（2.83）可以看出，多普勒频率与目标的速度成正比。如果目标速度增大，多普勒频率也将变大，如果目标相对雷达静止（$v_r = 0$），则多普勒频率为0，其中速度 v_r 是目标沿着雷达视线方向的速度；如果目标沿着其他方向运动，v_r 则为目标运动速度在雷达视线方向上的投影。如图 2.23 所示，如果目标原速度为 v，则用目标原速度表示的多普勒频率为

$$f_D = \frac{2v_r}{\lambda_0}$$

$$= \frac{2v}{\lambda_0} \cos\theta$$

(2.84)

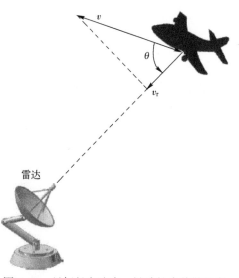

图 2.23 目标径向速度 v_r 导致的多普勒频率

■2.8　MATLAB 代码

下面给出的 Matlab 源代码用于产生第 2 章中的所有 Matlab 图像。

Matlab code 2.1：Matlab file "Figure2-9.m"

```
%----------------------------------------------------
% This code can be used to generate Figure 2.9
%----------------------------------------------------
%---Figure 2.9(a)------------------------------------
clear all
close all
fo = 1e3; % set the frequency
t = -4e-3:1e-7:4e-3; % choose time vector
s = cos(2 * pi * fo * t); % time domain CW signal
plot(t * 1e3,s,'k','LineWidth',2);
set(gca,'FontName', 'Arial', 'FontSize',14,'FontWeight','Bold');
xlabel('Time [ms]');
ylabel('Amplitude [V]');
axis([-4 4 -1.2 1.2])
%---Figure 2.9(b)------------------------------------
N = length(t);
df = 1/(t(N)-t(1)); % Find frequency resolution
f = -df * (N-1)/2:df:df * (N-1)/2; % set frequency vector
S = fft(s)/N; % frequency domain CW signal
plot(f,fftshift(abs(S)),'k','LineWidth',2);
set(gca,'FontName', 'Arial', 'FontSize',14,'FontWeight','Bold');
xlabel('Frequency [Hz]');
ylabel('Amplitude [V]');
axis([-.8e4 .8e4 0 .6])
```

Matlab code 2.2：Matlab file "图 2-11.m"

```
%----------------------------------------------------
% This code can be used to generate Figure 2.11
%----------------------------------------------------
clear all
```

```
close all
fo = 100; % set the base frequency
t = 0:1e-7:4e-3; %choose time vector
k = 3e6; % select chirp rate
s = sin(2 * pi * (fo+k * t/2). * t); % time domain FMCW signal
plot(t * 1e3,s,'k','LineWidth',2);
set(gca,'FontName', 'Arial', 'FontSize',14,'FontWeight','Bold');
xlabel('Time [ms]'); ylabel('Amplitude [V]');
axis([0 4 -1.1 1.1])
```

Matlab code 2. 3: Matlab file "Figure2−15. m"

```
%----------------------------------------------------------
% This code can be used to generate Figure 2. 15
%----------------------------------------------------------
clear all
close all
c = .3; % speed of light []
f = 2:.002:22; % choose frequency vector
Ro = 50; % choose range of target [m]
k = 2 * pi * f/c; % wavenumber
Es = 1 * exp(-j * 2 * k * Ro); % collected SFCW electric field
df = f(2)-f(1); % frequency resolution
N = length(f); % total stepped frequency points
dr = c/(2 * N * df); % range resolution
R = 0:dr:dr * (length(f)-1); %set the range vector
plot(R, 20 * log10(abs(ifft(Es))),'k','LineWidth',2)
set(gca,'FontName', 'Arial', 'FontSize',14,'FontWeight','Bold');
xlabel('Range [m]');ylabel('Amplitude [dBsm]');
axis([0 max(R) -90 0])
```

Matlab code 2. 4: Matlab file "Figure2−16. m"

```
%----------------------------------------------------------
% This code can be used to generate Figure 2. 16
%----------------------------------------------------------
clear all
```

```
close all
t = 0:0.01e-9:50e-9; % choose time vector
N = length(t);
pulse(201:300) = ones(1, 100); % form rectangular pulse
pulse(N) = 0;
% Frequency domain equivalent
dt = t(2)-t(1); % time resolution
df = 1/(N * dt); % frequency resolution
f = 0:df:df * (N-1); % set frequency vector
pulseF = fft(pulse)/N; % frequency domain signal
%---图 2.16(a)------------------------------------------
plot(t(1:501) * 1e9,pulse(1:501),'k','LineWidth',2);
set(gca,'FontName', 'Arial', 'FontSize',14,'FontWeight','Bold');
xlabel('Time [ns]');
ylabel('Amplitude [V]');
axis([0 5 0 1.1]);
%---图 2.16(b)------------------------------------------
plot(f(1:750)/1e6,20 * log10(abs(pulseF(1:750))),'k','LineWidth',2);
set(gca,'FontName', 'Arial', 'FontSize',14,'FontWeight','Bold');
axis([0 f(750)/1e6 -85 -20]);
xlabel('Frequency [MHz]');
ylabel('Amplitude [dB]');
```

Matlab code 2.5: Matlab file "Figure2-17. m"

```
%----------------------------------------------------
% This code can be used to generate Figure 2.17
%----------------------------------------------------
clear all
close all
t = -25e-9:0.01e-9:25e-9; % choose time vector
N = length(t);
sine(2451:2551) = -sin(2 * pi * 1e9 * (t(2451:2551))); % form sine pulse
sine(N) = 0;
% Frequency domain equivalent
dt = t(2)-t(1); % time resolution
```

```
df = 1/(N * dt); % frequency resolution
f = 0:df:df * (N-1); % set frequency vector
sineF = fft(sine)/N; % frequency domain signal
%---图 2.17(a)----------------------------------------
plot(t(2251:2751) * 1e9,sine(2251:2751),'k','LineWidth',2);
set(gca,'FontName', 'Arial', 'FontSize',14,'FontWeight','Bold');
xlabel('Time [ns]');
ylabel('Amplitude [V]');
axis([-2.5 2.5 -1.1 1.1]);
%---图 2.17(b)----------------------------------------
plot(f(1:750)/1e6,20 * log10(abs(sineF(1:750))),'k','LineWidth',2);
set(gca,'FontName', 'Arial', 'FontSize',14,'FontWeight','Bold');
axis([0 f (750)/1e6 -85 -20]);
xlabel('Freq [MHz]');
ylabel('Amplitude [dB]');
```

Matlab code 2.6: Matlab file "Figure2-18. m"

```
%----------------------------------------------------
% This code can be used to generate Figure 2.18
%----------------------------------------------------
clear all
close all
sigma = 1e-10; % set sigma
t = -25e-9:0.01e-9:25e-9; % choose time vector
N = length(t);
mex(2451:2551)= 1/sqrt(2 * pi)/sigma^3 * (1-t(2451:2551).^2/
sigma^2)···
. * (exp(-t(2451:2551).^2/2/sigma^2)); % form wavelet
mex = mex/max(mex);
mex(N) = 0;
% Frequency domain equivalent
dt = t(2)-t(1); % time resolution
df =1/(N * dt); % frequency resolution
f = 0:df:df * (N-1); % set frequency vector
mexF = fft(mex)/N; % frequency domain signal
```

```
%---Figure 2.18(a)----------------------------------------
plot(t(2251:2751) * 1e9, mex(2251:2751), 'k', 'LineWidth', 2);
set(gca, 'FontName', 'Arial', 'FontSize', 14, 'FontWeight', 'Bold');
xlabel('Time [ns]');
ylabel('Amplitude [V]');
axis([-2.5 2.5 -.5 1.1]);
%---Figure 2.18(a)----------------------------------------
plot(f(1:750)/1e6, 20 * log10(abs(mexF(1:750))), 'k', 'LineWidth', 2);
set(gca, 'FontName', 'Arial', 'FontSize', 14, 'FontWeight', 'Bold');
axis([0 f(750)/1e6 -180 -40]);
xlabel('Freq [MHz]');
ylabel('Amplitude [dB]');
```

Matlab code 2.7: Matlab file "Figure2-19and20.m"

```
%----------------------------------------------------------
% This code can be used to generate Figure 2.19 and 2.20
%----------------------------------------------------------
clear all
close all
fo = 1e6; % choose base frequency
t = 0:1e-9:4e-6;
tt = 0:1e-9:17e-6; % choose time vector
k = 1.0e12; % choose chirp rate
sinep = sin(2 * pi * fo * t);
sinep(12001:16001) = sinep; % form CW pulse
sinep (17001) = 0;
m = sin(2 * pi * (fo+k * t/2). * t); % form LFM pulse
m(12001:16001) = m;
m (17001) = 0;
%---Figure 2.19(a)----------------------------------------
plot(tt * 1e6, sinep, 'k', 'LineWidth', 2);
set(gca, 'FontName', 'Arial', 'FontSize', 14, 'FontWeight', 'Bold');
xlabel('Time [\mus]');
ylabel('Amplitude [V]');
axis([0 17 -1.1 1.1])
```

```
%---Figure 2.19(b)-----------------------------------
plot(tt * 1e6,m,'k','LineWidth',2);
set(gca,'FontName', 'Arial', 'FontSize',14,'FontWeight','Bold');
xlabel('Time [\mus]');
ylabel('Amplitude [V]');
axis([0 17 -1.1 1.1])
% Frequency domain equivalent
df = 1/170e-6; % frequency resolution
f = 0:df:df * 170000; % set frequency vector
sinep = sin(2 * pi * fo * t);
sinep (170001) = 0;
m = sin(2 * pi * (fo+k * t/2). * t);
m (170001) = 0;
fsinep = fft(sinep)/length(t); % spectrum of CW pulse
fm = fft(m)/length(t);% spectrum of LFM pulse
%---Figure 2.20(a)-----------------------------------
plot(f(1:2000)/1e6,20 * log10(abs(fsinep(1:2000))),'k','LineWidth',2);
set(gca,'FontName', 'Arial', 'FontSize',14,'FontWeight','Bold');
xlabel('Frequency [MHz]');
ylabel('Amplitude [dB]');
text(8,-10,'Single tone pulse')
axis([0 12 -40 -5])
%---Figure 2.20(b)-----------------------------------
plot(f(1:2000)/1e6,20 * log10(abs(fm(1:2000))),'k','LineWidth',2);
set(gca,'FontName', 'Arial', 'FontSize',14,'FontWeight','Bold');
xlabel('Frequency [MHz]');
ylabel('Amplitude [dB]');
text(8,-10,'Chirp pulse')
axis([0 12 -40 -5])
```

参 考 文 献

[1] J. C. Stover. Optical scattering: Measurement and analysis, 2nd ed. SPIE Press, Washington, USA, 1995.

[2] Y. Zhong-cai, S. Jia-Ming, and W. Jia-Chun. Validity of effective-medium theory in Mie

scattering calculation of hollow dielectric sphere. 7th International Symposium on Antennas Propagation & EM Theory (ISAPE'06), 1-4, 2006.

[3] U. Brummund and B. Mesnier. A comparative study of planar Mie and Rayleigh scattering for supersonic flowfield diagnostics. 18th Intern. Congress Instrumentation in Aerospace Simulation Facilities (ICIASF 99), 42/1-4210, 1999.

[4] T. H. Chu and D. B. Lin. Microwave diversity imaging of perfectly conducting objects in the near field region. IEEE Trans Microwave Theory Tech 39 (1991), 480-487.

[5] R. Bhalla and H. Ling. ISAR image formation using bistatic data computed from the shooting and bouncing ray technique. J Electromagn Waves Appl 7 (9) (1993), 1271-1287.

[6] C. A. Balanis. Advanced engineering electromagnetics. Wiley, New York, 1989.

[7] Antenna Standards Committee of the IEEE Antennas and Propagation Society, IEEE Standard Definitions of Terms, IEEE Sed 145-1993, The Institute of Electrical and Electronics Engineers, NewYork, 28.

[8] R. J. Sullivan. Microwave radar imaging and advanced concepts. Artech House, Norwood, MA, 2000.

[9] G. T. Ruck, D. Barrick, W. Stuart, and C. Krichbaum. Radar cross section handbook, vol. 1. Plenum Press, New York, 1970.

[10] J. W. Crispin and K. M. Siegel. Methods for radar cross-section analysis. Academic, New York, 1970.

[11] M. I. Skolnik. Radar handbook, 2nd ed. McGraw-Hill, New York, 1990.

[12] K. F. Warnick and W. C. Chew. Convergence of moment-method solutions of the electric field integral equation for a 2 − D open cavity. Microw Opt Tech Lett 23 (4) (1999), 212-218.

[13] Ö. Ergül and L. Gürel. Improved testing of the magnetic-field integral equation. IEEE Microw Wireless Comp Lett 15 (10) (2005), 615-617.

[14] C. A. Balanis. Antenna theory, analysis and design. Harper & Row, New York, 1982.

[15] E. Ekelman and G. Thiele. A hybrid technique for combining the moment method treatment of wire antennas with the GTD for curved surfaces. IEEE Trans Antennas Propag AP - 28 (1980), 831.

[16] T. J. Kim and G. Thiele. A hybrid diffraction technique-General theory and applications. IEEE Trans Antennas Propag AP-30 (1982), 888-898.

[17] H. Ling, K. Chou, and S. Lee. Shooting and bouncing rays: Calculating the RCS of an arbitrarily shaped cavity. IEEE Trans Antennas Propag AP-37 (1989), 194-205.

[18] R. Bhalla and H. Ling. A fast algorithm for signature prediction and image formation using the shooting and bouncing ray technique. IEEE Trans Antennas Propagat 43 (1995), 727-731.

[19] E. F. Knott, J. F. Shaeffer, and M. T. Tuley. Radar cross section, 2nd ed. Artech House, Norwood, MA, 1993.

[20] F. Weinmann. Ray tracing with PO/PTD for RCS modeling of large complex objects. IEEE Trans Antennas Propag AP-54 (2006), 1797-1806.

[21] H. Ling, R. Chou, and S. Lee. Shooting and bouncing rays: Calculating RCS of an arbitrary cavity. IEEE Trans Antennas Propag Intern Symp 24 (1986), 293-296.

[22] J. Johnson. Thermal agitation of electricity in conductors. Phys Rev 32 (1928), 97.

[23] B. R. Mahafza. Radar systems analysis and design using MATLAB, 2nd ed. Chapman & Hall/CRC, Boca Raton, FL, 2000.

逆合成孔径雷达成像（MATLAB算法设计）

第❸章
合成孔径雷达

合成孔径雷达（SAR）是一种高分辨率空基或者天基雷达，它采用远程遥感技术对一片区域内的目标进行成像。1951 年，Carl Wiley 提出，如果雷达沿着直线运动，则可利用多普勒频移将接收信号合成得到一个更大的天线孔径，以分辨沿雷达运动轨迹方向上距离非常接近的目标[1]。1953 年，C-46 飞机对佛罗里达州基韦斯特进行了测绘，形成了第一张 SAR 测量图像[2, 3]。1978 年，NASA 的研究人员首次研究成功星载 SAR 系统，并将其应用于 Seasat 卫星。Seasat 卫星的发射具有标志性的意义，它为海洋开发提供了大量的图像数据。继 Seasat 卫星之后，各国相继发射了大量搭载 SAR 系统的卫星，其中包括俄罗斯的 Almaz（1987）、欧盟的 ERS-1（1991）、ERS-2（1995）以及加拿大的 Radarsat（1995）。SIR-A 是第一部在空间返回任务中使用的 SAR。1981 年，在 SIR-A 搭乘 Columbia 号航天飞机升空之后，其他的星载 SAR 也相继出现。后续的 SIR-B（1984）和星载 C/X 波段的 SIR-C/X-SAR（1994）可以在多频段和极化下进行成像，具有对地形进行干涉测量和偏振测量绘图等更多的优点。

尽管 SAR 主要是用于监测，如探测敌方地形、建筑、飞机和坦克等，但在从地球物理学到考古学等现实生活中的多个领域，也有着广泛地应用。近 20 年来，众多的空基或者天基的探测器对地球表面进行了大量成像，以更好的理解和解释地形及与之相联系的地质现象。在多个学科领域中，SAR 用于监测火山喷发、地震场、冰河现象等。在地质学中，SAR 主要用于地形学、地形的变化以及其引起的潜在的灾害，如洪水、火山喷发、地震等。在生态学中，SAR 系统主要用于地表覆盖植被分类、洪水成像和生物数量测量[4]。在环境科学中，SAR 可以对森林进行分类，对森林消失、灾害、油气泄露进行监测，以及对城市中违章建筑进行探测。在水文地理学中，SAR 主要用于监测土壤潮湿度和雨雪量。在海洋学中，SAR 可以对海洋水流、风、海洋表面特征、海冰厚度和海岸情况进行成像。在农业中，SAR 可以对农作物生长进行监视。同时，在冰层和冰川研究中也用到了 SAR，包括冰层速度探测、季节性融化监测以及冰山研究。基于 SAR 的系统还可以用于从矿井到考古物体的表面探测和成像。

◤ 3.1 SAR 工作方式

根据雷达天线的扫描方式不同可以将 SAR 的工作方式分为3类。如图3.1（a）所示，当雷达沿其航迹收集某区域的电磁反射，对与其飞行路径相平行的一个带状区域地形进行扫描时，这种工作方式称为侧视式 SAR 或者条带式 SAR。如图3.1（b）所示，当雷达对其感兴趣的特定区域进行聚焦扫描时，这种工作方式称为聚束式 SAR。

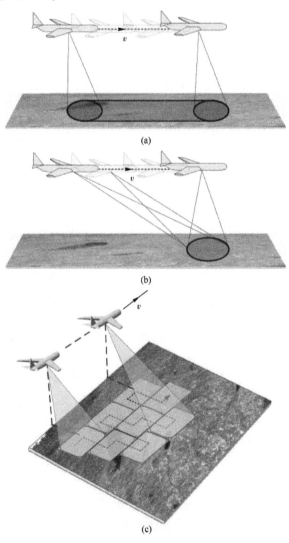

图 3.1 SAR 类别

（a）侧视式 SAR；（b）聚束式 SAR；（c）扫描式 SAR。

第三种工作模式称为扫描式 SAR，当雷达平台在高海拔飞行，且需要对宽于其模糊距离的区域扫描时将用到这种工作方式[5]。由于扫描宽度的增大将导致方位分辨率的降低，所以在这种工作方式下，扫描区域通常被分为多个部分，每个部分对应不同的扫描带。当雷达平台运动时，雷达先对一个区域扫描一段时间后再转向下一个区域。如图 3.1（c）所示，扫描区域的转换必须保证当雷达平台在其轨迹上行进运动时，所有设定的区域均被照射到而不留下空白区域。

3.2　SAR 系统概述

SAR 系统的结构如图 3.2 所示。下面对 SAR 系统的各分系统进行介绍。系统中所有的时间和控制信号均由处理控制单元产生。首先，波形产生器产生 SAR 系统所需的线性调频脉冲或者步进频信号，并将其传输至发射机。

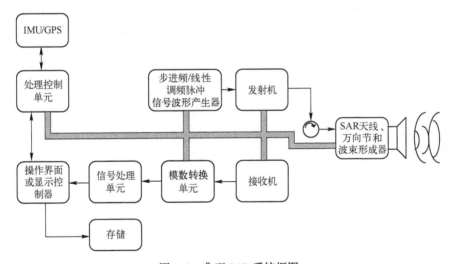

图 3.2　典型 SAR 系统框图

大多数 SAR 系统使用一个天线或者两个位置非常接近的天线发射和接收信号，可以认为是单基地雷达。SAR 系统通过天线、万向节和波束形成器形成波束并使其指向场景和目标的方向。当 SAR 发射的信号遇到场景和目标发生发射后，回波信号被天线接收并被传输至接收机。接收机输出的信号在模数转换单元中进行采样和数字化，然后在数字处理单元中，数字信号将被处理形成非聚焦 SAR 图像。此时形成 SAR 的图像尚未被进一步处理，还存在着一些误差，这些误差主要是由于雷达平台的运动以及一些其他原因如距离漂移和抖动导致的合成孔径不稳定造成的。很明显，SAR 理论是基于雷达平台沿着直线的稳定运动或者一定速度下的环形运动的。任何与这个稳定运动不协调的动作如偏航、翻滚或者俯仰都将导致接收信号的相位产生误差，而相位里包含了场景中散射体的位置信息。为了校正这些不稳定性带来的效应，大多数 SAR 系统均配备了惯性测量单元（IMU）或全球定位系统（GPS）传感器以记录任务中的飞行数据。未经处理的原始 SAR 图像可以在操作者的屏幕上显示，原始图像和 IMU 及 GPS 传感器的数据也可以被存储下来，用于进一步处理或者下传给远程处理站作进一步的信号和图像分析。原始 SAR 图像信号中的上述误差经过再处理后将得到修正，而修正后的图像则称为聚焦 SAR 图像。

3.3 SAR 的分辨率

SAR 以其很好的距离分辨率和横向距离分辨率而著名。距离（斜距）是指雷达和被成像目标之间的视线距离，横向距离（方位或者轨迹向）是指垂直于距离轴或者平行于雷达运动轨迹轴上的距离。SAR 距离上的高分辨率是通过发射大带宽的信号（主要是调频信号）而得到；同时，通过将雷达沿着直线飞行时，不同方位角上测得的目标散射电磁波进行合成处理，可以得到很好的横向距离分辨率。

SAR 可以得出与光学成像系统分辨率相当的图像。但是在实际中，SAR 更加优越，因为它可以全天候地工作，而不管云雨等天气条件。进一步说，光学成像只能得到目标对光反射的幅度信息，而 SAR 则可以同时得到场景反射电磁波的幅度和相位信息。干涉 SAR（IFSAR）就是基于上述理论，其图像可以表示出场景的第 3 维信息——高度，并由此得到场景的三维 SAR 图像。

"合成孔径"一词在文献中广泛使用，因为 SAR 的后期处理中将把实际的小真实孔径雷达（图 3.3（a））合成起来，得到一个大孔径雷达的效果。如图 3.3（b）中所示，小孔径雷达沿着虚拟孔径轴移动可以模拟得到一个大很多的天线孔径。从图 3.4 中可以看出，典型的机载或星载雷达沿其轨迹运动时，实时测量地面的电磁反射，对不同频率和孔径大小下被扫描区域的电磁回波进行综合处理，即可得到该区域的二维图像。

SAR 系统距离维处理方法与传统雷达是一样的，因此 SAR 的距离分辨率 Δr 与传统雷达一样，可表示为

$$\Delta r = \frac{c}{2B} \tag{3.1}$$

SAR 信号脉冲需要具有足够的带宽以得到较好的距离分辨率。根据傅里叶变换原理，这将要求每个脉冲的脉宽均比较窄，但实际中很难在窄脉冲上赋予足够的能量。雷达扫描时，将仅有很小一部分的功率被反射回雷达，脉宽太窄

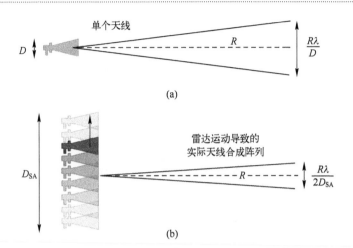

(a)

(b)

图 3.3　(a) 实际单孔径天线；(b) N 个合成孔径天线。

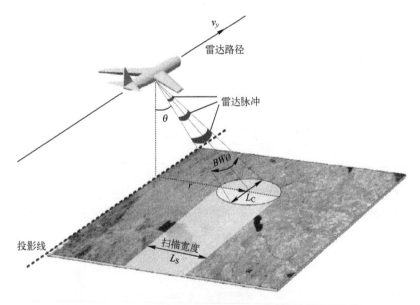

图 3.4　SAR 基本原理：雷达平台运动以合成大天线孔径

的脉冲将使回波信号和背景噪声难以区分。

　　为了解决这个问题，可以采用瞬时频率如下的线性调频信号：

$$f_i(t) = f_0 + B \cdot \frac{t}{T_0} \qquad -\frac{T}{2} \leqslant t \leqslant \frac{T}{2} \tag{3.2}$$

式中：f_0 为起始频率；T_0 为脉宽；B 为总的带宽。

　　如 2.6.5 节所述，线性调频信号可以提供满足要求的带宽且具有较大的脉宽，如脉宽 1μs 带宽 1GHz 的线性调频信号的距离分辨率为 15cm，这对于典型

SAR 已经是非常好的。

如图 3.3（b）所示，SAR 通过雷达天线沿直线运动，形成合成天线长度 D_{SA}，从而得到好的横向距离分辨率。如果雷达只使用一个天线，则其横向距离分辨率为

$$\Delta y = \frac{R\lambda}{2D} \tag{3.3}$$

式中：λ 为工作波长；D 为天线孔径。

当单个天线沿着合成长度 D_{SA} 移动形成天线合成阵列时，横向距离分辨率变为

$$\Delta y = \frac{R\lambda}{D_{\mathrm{SA}}} \tag{3.4}$$

实际上，有效合成孔径大小是实际阵列的 2 倍[6]，因此，Δy 可表示为

$$\Delta y = \frac{R\lambda}{2D_{\mathrm{SA}}} \tag{3.5}$$

式（3.5）的具体推导将在 3.7.2 节中给出。如果 SAR 平台在距离目标 20km 处接收到频率为 10GHz 的电磁回波信号，且天线合成孔径为 2km，则横向距离分辨率为 15cm。

◼ 3.4   SAR 图像生成：距离和方位压缩

在实际中，SAR 成像的生成是基于距离压缩和方位压缩信号处理算法来实现的。如图 3.5 所示，未经处理的 SAR 原始数据通常是多频率多方向（多空间）的二维散射场数据，对其分别进行距离压缩和方位压缩，可以得到最终 SAR 图像。

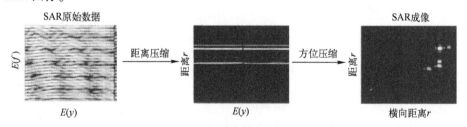

图 3.5   分别使用距离压缩和方位压缩的 SAR 图像

◼ 3.5   距 离 压 缩

如前所述，线性调频信号通常用来作为距离压缩的信号。用"压缩"一

词是因为线性调频信号的频率变化非常快，其带宽所对应的脉宽 $T_\mathrm{p}=1/B$ 相对于脉冲信号的脉宽 T_0 非常地窄。由于这个特点，线性调频信号在一些雷达文献中也称为伸展波形[7-8]。脉冲压缩通常是使用匹配滤波器和脉冲压缩处理完成的，最终得到最大的信噪比和距离压缩波形。

3.5.1　匹配滤波器

匹配滤波器是最理想的线性滤波器，广泛应用于雷达信号处理中。如图 3.6 所示，在噪声背景下，它可以使回波信号的信噪比达到最大。雷达发射信号是已知的，用相同的信号类型去检测目标回波与噪声的叠加信号，可使叠加信号中的回波信号能量最大化。脉冲压缩就是常见的一种匹配滤波器应用。

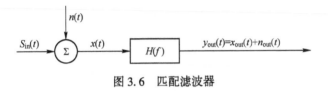

图 3.6　匹配滤波器

如果匹配滤波器的频率响应为 $H(f)$，则滤波器的冲激响应为 $h(t)=\mathcal{F}^{-1}\{H(f)\}$。滤波器的输入信号为回波信号 $s_\mathrm{in}(t)$ 和噪声 $n(t)$ 之和。在通常情况下，噪声被认为是高斯白噪声（GWN）。

噪声 $n(t)$ 的自相关函数为

$$\begin{aligned}\Re_\mathrm{n}(t)&=\int_{-\infty}^{\infty}n(\tau)n^*(t-\tau)\mathrm{d}\tau\\&=\frac{N_0}{2}\delta(t)\end{aligned}\tag{3.6}$$

式中：$(\ )^*$ 为复共轭变换。

噪声的功率谱可通过对其自相关函数进行傅里叶变换得到，即

$$\begin{aligned}\mathrm{PSD}_\mathrm{n}(f)&=\mathcal{F}\{\Re_\mathrm{n}(t)\}\\&=\frac{N_0}{2}\end{aligned}\tag{3.7}$$

可以看出，噪声的功率谱是频率独立的，包含了所有的频率。接收机滤波器的输出是信号 $s_\mathrm{in}(t)$ 和噪声 $n(t)$ 之和与滤波器的冲激响应 $h(t)$ 的卷积。因此，输出的信号和噪声分别为

$$\begin{cases}s_\mathrm{out}(t)=h(t)*s_\mathrm{in}(t)\\n_\mathrm{out}(t)=h(t)*n(t)\end{cases}\tag{3.8}$$

对式（3.8）进行傅里叶变换，可得

$$\begin{cases} S_{\text{out}}(f) = H(t) \cdot S_{\text{in}}(f) \\ N_{\text{out}}(f) = H(t) \cdot N(f) \end{cases} \tag{3.9}$$

定义滤波器输出端的 SNR 为滤波器输出信号功率与噪声功率之比：

$$\text{SNR}_{\text{out}} = \frac{|s_{\text{out}}(t)|^2}{|n_{\text{out}}(t)|^2} \tag{3.10}$$

滤波器输出端噪声的功率谱可以用其输入端噪声的功率谱和滤波器特性来表示：

$$\begin{aligned} \text{PSD}_{n_{\text{out}}}(f) &= |H(f)|^2 \cdot PSD_{\text{n}}|(f) \\ &= |H(f)|^2 \cdot \frac{N_0}{2} \end{aligned} \tag{3.11}$$

因此，输出噪声的功率 $P_{n_{\text{out}}}$ 可以通过下面公式计算：

$$\begin{aligned} P_{n_{\text{out}}} &\triangleq |n_{\text{out}}(t)|^2 \\ &= \int_{-\infty}^{\infty} \text{PSD}_{n_{\text{out}}}(f)\,\mathrm{d}f \\ &= \frac{N_0}{2} \cdot \int_{-\infty}^{\infty} |H(f)|^2 \mathrm{d}f \end{aligned} \tag{3.12}$$

相似地，输出信号的功率也可由下面公式计算：

$$\begin{aligned} P_{s_{\text{out}}} &\triangleq |s_{\text{out}}(t)|^2 = |\mathcal{F}^{-1}\{S_{\text{out}}(f)\}|^2 \\ &= \left| \int_{-\infty}^{\infty} |H(f)| \cdot S_{\text{in}}(f) \cdot \mathrm{e}^{\mathrm{j}2\pi ft}\mathrm{d}f \right|^2 \end{aligned} \tag{3.13}$$

如果滤波器的延迟时间为 t_i，则式（3.13）可以表示为

$$P_{s_{\text{out}}} = \left| \int_{-\infty}^{\infty} |H(f)| \cdot S_{\text{in}}(f) \cdot \mathrm{e}^{\mathrm{j}2\pi ft_i}\mathrm{d}f \right|^2 \tag{3.14}$$

根据施瓦兹不等式，式（3.14）可以分解为

$$\begin{aligned} P_{s_{\text{out}}} &\leqslant \int_{-\infty}^{\infty} |H(f)|^2 \mathrm{d}f \cdot \int_{-\infty}^{\infty} |S_{\text{in}}(f) \cdot \mathrm{e}^{\mathrm{j}2\pi ft_i}|^2 \mathrm{d}f \\ &= \int_{-\infty}^{\infty} |H(f)|^2 \mathrm{d}f \cdot \int_{-\infty}^{\infty} |S_{\text{in}}(f)|^2 \mathrm{d}f \\ &= \int_{-\infty}^{\infty} |H(f)|^2 \mathrm{d}f \cdot P_{s_{\text{in}}} \end{aligned} \tag{3.15}$$

式中：$P_{s_{\text{in}}}$ 为滤波器输入端的信号输入功率。

将式（3.13）和式（3.15）代入式（3.10）中，可得

$$\text{SNR}_{\text{out}} \triangleq \frac{P_{s_{\text{out}}}}{P_{n_{\text{out}}}}$$

$$\leqslant \frac{P_{s_{in}} \cdot \int_{-\infty}^{\infty} |H(f)|^2 \mathrm{d}f}{\frac{N_0}{2} \cdot \int_{-\infty}^{\infty} |H(f)|^2 \mathrm{d}f} \tag{3.16}$$

$$= \frac{2P_{s_{in}}}{N_0}$$

由式 (3.16) 可见，输出端的信噪比总是小于或等于 $2P_{s_{in}}/N_0$。根据施瓦兹不等式，如果

$$(S_{in}(f) \cdot \mathrm{e}^{j2\pi f t_i})^* = k \cdot H(f) \tag{3.17}$$

或

$$H(f) = \frac{1}{k} \cdot S_{in}^*(f) \cdot \mathrm{e}^{-j2\pi f t_i}$$
$$= C \cdot S_{in}^*(f) \cdot \mathrm{e}^{-j2\pi f t_i} \tag{3.18}$$

成立，则式 3.15 中的等号成立。

式 (3.18) 中，k 和 C 为常数，进行简化时，可以取 1。当式 (3.18) 成立时，输出的 SNR 将达到最大值 $2P_{s_{in}}/N_0$。式 (3.18) 中的使输出端 SNR 最大且与输入信号频谱匹配即 $|H(f)| = |S_{in}(f)|$ 的滤波器称为匹配滤波器。得到滤波器的频率响应后，通过逆傅里叶变换可得到其时域特性：

$$h(t) = \mathcal{F}^{-1}\{H(f)\}$$
$$= \int_{-\infty}^{\infty} S_{in}^*(f) \cdot \mathrm{e}^{-j2\pi f t_i} \cdot \mathrm{e}^{j2\pi f t} \mathrm{d}t$$
$$= \int_{-\infty}^{\infty} S_{in}^*(f) \cdot \mathrm{e}^{j2\pi f(t-t_i)} \mathrm{d}t \tag{3.19}$$
$$= \left[\int_{-\infty}^{\infty} S_{in}(f) \cdot \mathrm{e}^{j2\pi f(t_i-t)} \mathrm{d}t \right]^*$$
$$= s_{in}^*(t_i - t)$$

3.5.1.1 通过傅里叶变换计算匹配滤波器输出

匹配滤波器的输出可以通过快速傅里叶变换很容易得到。滤波器输出 $y_{out}(t)$ 可以用输入信号和滤波器冲激响应的卷积表示：

$$y_{out} = x(t) * h(t) \tag{3.20}$$

对式 (3.21) 进行傅里叶变换，可得

$$Y(f) = X(f) \cdot H(f) \tag{3.21}$$

因此，式 (3.20) 可以表示为

$$y_{out}(t) = \mathrm{IFT}\{\mathrm{FT}\{x(t)\} \cdot H(f)\} \tag{3.22}$$

图 3.7 是匹配滤波器的原理框图。如果输入信号已经经过了采样和数字化，它的 FFT 即可与匹配滤波函数（或者式（3.18）所示的原始发射信号）相乘。对乘积结果进行逆快速傅里叶变换即可得到最终的匹配滤波器输出。

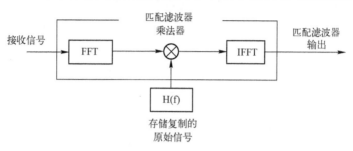

图 3.7　匹配滤波器 FFT 示意图

3.5.1.2　匹配滤波器实例

下面将给出一个匹配滤波器应用的实例。雷达发射矩形脉冲（图 3.8（a）），经过 4μs 后，雷达接收机接收到目标回波信号（图 3.8（b））。信号在传播时将附加高斯白噪声，其时域特性如图 3.8（c）所示。如图 3.8（d）所示，接收机中接收到的信号将是回波信号和噪声的叠加信号。接收机接收到信号后，匹配滤波器将如式（3.22）所示对信号进行变换，而其输出信号将具有最大的 SNR，如图 3.8（e）所示。从图 3.8 中可以看出，输出信号中的噪声得到了很好的抑制；同时，因为匹配滤波器的输出结果仅仅是输入信号即矩形信号与滤波器冲激响应的卷积，所以匹配滤波器的输出波形为三角波。与预计一样，输出信号最大值出现在 4μs 处。

3.5.2　模糊函数

脉冲雷达信号处理中，模糊函数用于确定面对不同应用时采用的雷达波形。模糊函数是关于延迟时间和多普勒频率的二维函数。事实上，模糊函数可以认为是如 3.5.1.3 节中所述用于雷达脉冲压缩的匹配滤波器的输出。

通过对脉冲在时域和频域进行延迟，可以得到模糊函数的公式：

$$\chi_g(t, f_D) = \left| \int_{-\infty}^{\infty} g(\tau) \cdot g^*(\tau - t) \cdot e^{-j2\pi f_D \tau} d\tau \right| \tag{3.23}$$

通常，时间变量 t 表示反射波，频率变量 f_D 表示了由于目标或者雷达运动或两者同时运动造成的多普勒频移。如果目标和雷达相对静止（$f_D = 0$），则模糊函数将简化为信号 $g(t)$ 的自相关函数。式（3.23）表明，模糊函数表示的是相对于同类参考目标在 $t = 0$，$f_D = 0$ 情况下，目标距离或者多普勒频率变化

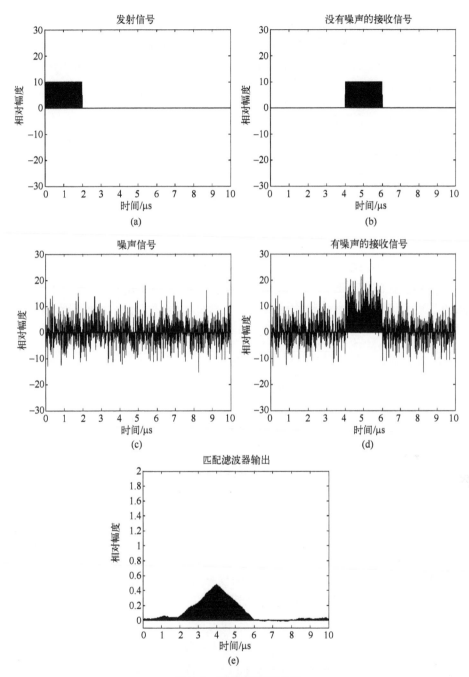

图 3.8 匹配滤波器实例

（a）发射矩形脉冲；（b）无噪声的接收信号；（c）正态分布噪声信号；

（d）有附加噪声的接收信号；（e）匹配滤波器输出。

时带来的改变。通过利用模糊函数 $\chi(t,f_D)$ 比对不同雷达波形的距离和多普勒频率偏移，雷达设计者可以很容易地测试和评估这些波形，并针对不同的应用选择合适的波形。为了形象的表示这些测试，可以画出模糊函数关于延迟时间和多普勒频率的三维图形，即雷达模糊图。

3.5.2.1 与匹配滤波器关系

设发射信号为单载频信号：

$$s_{tx}(t) \sim e^{-j2\pi f_c t} \tag{3.24}$$

如果散射体相对雷达具有径向平动，则接收到的信号为

$$\begin{aligned} s_{rx}(t) &\sim s_{tx}(t) \cdot e^{-j2\pi f_D t} \\ &\sim e^{-j2\pi(f_c+f_D)t} \end{aligned} \tag{3.25}$$

式中：f_D 为目标运动引起的多普勒频率。

使用匹配滤波器时，输入信号的样式是未知的，因此设计匹配滤波器的最好方法就是使用与发射信号相同的信号。当目标运动时，匹配滤波器的输出为

$$\begin{aligned} s_{out}(t) &= h(t) * s_{rx}(t) \\ &= h(t) * s_{tx}(t) \cdot e^{-j2\pi f_D t} \\ &= \int_{-\infty}^{\infty} h(t-\tau) \cdot s_{tx}(\tau) \cdot e^{-j2\pi f_D \tau} d\tau \end{aligned} \tag{3.26}$$

如上文所述，$h(t)$ 可以很方便地选择等于 $s_{tx}^*(-t)$，则

$$\begin{aligned} h(t-\tau) &= s_{tx}^*(-(t-\tau)) \\ &= s_{tx}^*(\tau-t) \end{aligned} \tag{3.27}$$

这样，匹配滤波器的输出可表示为

$$\begin{aligned} s_{out}(t) &= \int_{-\infty}^{\infty} s_{tx}(\tau) \cdot s_{tx}^*(\tau-t) \cdot e^{-j2\pi f_D t} d\tau \\ &\underline{\triangle} \chi_{s_{tx}}(t,f_D) \end{aligned} \tag{3.28}$$

将这个结果与式（3.23）中定义的模糊函数公式相比较，可以看出，匹配滤波器的输出与发射信号 s_{tx} 的模糊函数是相等的。

模糊函数的另一个功能就是表征 s_{tx} 和 $s_{tx}(t) \cdot e^{-j2\pi f_D t}$ 之间的相互关系。分别以延迟时间 t 和多普勒频率 f_D 为变量画出模糊函数的二维图像，可以表示接收的回波信号相对于发射信号在延迟时间 t 和多普勒频率 f_D 上的偏移。时间上的偏移主要是由于目标距离雷达有一定的距离，而多普勒频移则是由目标相对运动引起的。因此，雷达设计者使用模糊函数来测试不同波形在时间和多普勒频率上的不确定性和分辨率。下面将介绍一些常见雷达波形的模糊函数。

3.5.2.2 理想模糊函数

理想模糊函数具有理想的分辨率，任意相邻的目标不管它们相互之间距离多近均可以分辨。如图 3.9 所示，在模糊函数图中，理想模糊函数为在 $t=0$，$f_D=0$ 处的二维冲激函数。因此，理想模糊函数的数学表达式为

$$\chi_{\text{ideal}}(t,f_D)=\delta(t,f_D) \tag{3.29}$$

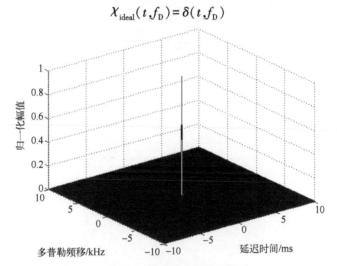

图 3.9 理想雷达模糊函数

使用"理想"一词是因为该函数在任意时刻（除零时刻和零多普勒）下均不会发生模糊。实际中，理想模糊函数是不可能实现的，这是因为现实中没有信号在进行式（3.23）中相关积分后可以产生如式 $\chi_{\text{ideal}}(t,f_D)=\delta(t,f_D)$ 所示的模糊函数。

3.5.2.3 矩形脉冲模糊函数

矩形脉冲是最简单的雷达信号之一，其数学表达式为

$$g(t)=\begin{cases}A & 0\leqslant t\leqslant T \\ 0 & \text{其他}\end{cases} \tag{3.30}$$

将式（3.30）代入式（3.23）中，可以计算出矩形脉冲的模糊函数为

$$\chi(t,f_D)=\begin{cases}A^2(T-|t|\cdot\text{sinc}(f_D(T-|t|)) & |t|\leqslant T \\ 0 & \text{其他}\end{cases} \tag{3.31}$$

式中：sinc(.) 为辛格函数，其数学表达式为

$$\text{sinc}(t)=\frac{\sin(\pi t)}{\pi t} \tag{3.32}$$

图 3.10 中画出了脉宽 $T=1\mu s$，幅度 $A=1$ 的矩形脉冲的模糊函数归一化图。

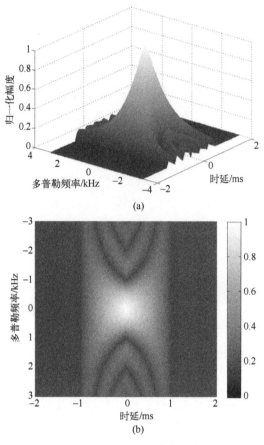

图 3.10　矩形脉冲模糊函数

（a）雷达模糊函数；（b）时延-多普勒图。

3.5.2.4　LFM 脉冲模糊函数

后文将会讲到，LFM 脉冲是具有良好距离分辨率的最适波形之一。因此，这里将画出其模糊函数图，并对它的模糊函数进行分析。脉宽为 T 的向上调频 LFM 脉冲的数学表达式为

$$g(t)=\begin{cases}A\cdot \mathrm{e}^{-\mathrm{j}2\pi Kt^2} & 0\leqslant t\leqslant T \\ 0 & \text{其他}\end{cases} \tag{3.33}$$

将式（3.29）代入式（3.23）中，可以计算出 LFM 脉冲的模糊函数为

$$\chi(t,f_{\mathrm{D}})=\begin{cases}A^2(T-|t|\cdot \mathrm{sinc}((Kt-f_{\mathrm{D}})\cdot(T-|t|)) & |t|\leqslant T \\ 0 & \text{其他}\end{cases} \tag{3.34}$$

图 3.11 画出了脉宽 $T=1\mu\mathrm{s}$，幅度 $A=1$，调频斜率 $K=2.10^6$ 的线性调频脉

冲的模糊函数归一化图。从图 3.11 中可以看出，当延迟时间变化时，由于 LFM 信号的特点，多普勒频率也将发生变化。

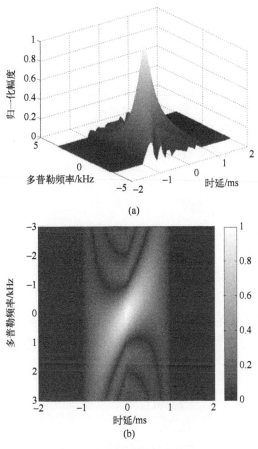

(a)

(b)

图 3.11 线性调频模糊函数

(a) 雷达模糊函数；(b) 时延-多普勒图。

◤ 3.6 脉冲压缩

在成像雷达中，为了得到距离压缩波形和较好的距离分辨率，常见的方法是使用 LFM 信号和脉冲压缩。使用 LFM 信号保证有足够的脉宽可以承载足够的能量，而使接收机中具有较好的 SNR。对于脉宽为 T_1 的单载频脉冲，其距离分辨率为

$$\Delta r = \frac{c}{2} T_1 \tag{3.35}$$

可见，脉宽越窄，距离分辨率越小。但很难赋予一个非常窄的脉冲足够的能量，因为信号 $s(t)$ 的能量与其脉宽 T_1 是相关的：

$$E = \int_0^{T_1} |s(t)|^2 dt \tag{3.36}$$

如果噪声的功率密度为 N_0，则匹配滤波器输出端的 SNR 为 $2E/N_0$。当使用单载频脉冲信号时，相同的 SNR 需要单载频脉冲在脉宽 T_1 内的峰值功率将变得非常大，此时将无法再使用微波电子管。为了解决这个问题，Oliver 提出使用 LFM 信号[9]，将发射的脉冲拉伸至足够的脉宽，但仍具有和单脉冲一样的带宽。这样就可以通过加大脉宽来增大信号的能量而不必增大信号峰值功率。脉冲压缩可以认为是使用匹配滤波器将输入信号压缩成一个脉宽非常窄的信号，以得到更好的距离分辨率。

3.6.1 脉冲压缩处理过程

雷达发射的 LFM 信号可以表示为

$$s_{tx} = \begin{cases} e^{j2\pi\left(f_c t + \frac{K \cdot t^2}{2}\right)} & |t| \leq T_1/2 \\ 0 & \text{其他} \end{cases} \tag{3.37}$$

式中：K 为调频速率，它在向上调频时为正，向下调频时为负；T_1 为脉宽。

为了简化，将脉冲的幅值归一化为 1。发射信号的瞬时频率可以通过对其相位进行微分得到，即

$$\begin{aligned} f_i &= \frac{1}{2\pi} \frac{d}{dt}\left\{2\pi\left(f_c t + \frac{K \cdot t^2}{2}\right)\right\} \\ &= f_c + K \cdot t \end{aligned} \tag{3.38}$$

对于向上调频信号，发射信号的瞬时频率将从 $f_c - K \cdot T_1/2$ 增大至 $f_c + K \cdot T_1/2$。图 3.12（a）中画出了向上调频信号的时域图。对于向下调频信号，其瞬时频率将从 $f_c + K \cdot T_1/2$ 减小至 $f_c - K \cdot T_1/2$，其时域和频域图如 3.12（b）所示。LFM 信号（无论向上调频信号还是向下调频信号）的带宽为

$$B = K \cdot T_1 \tag{3.39}$$

定义时间带宽积 D 为信号脉宽与带宽的乘积，则线性调频信号的时宽带宽积为

$$\begin{aligned} D &= B \cdot T_1 \\ &= K \cdot T_1^2 \end{aligned} \tag{3.40}$$

这个值也称为频散因子、脉压比例，将在后面章节中论述。

典型的向上调频信号的波形特征如式（3.33）所示。设点目标位于距离

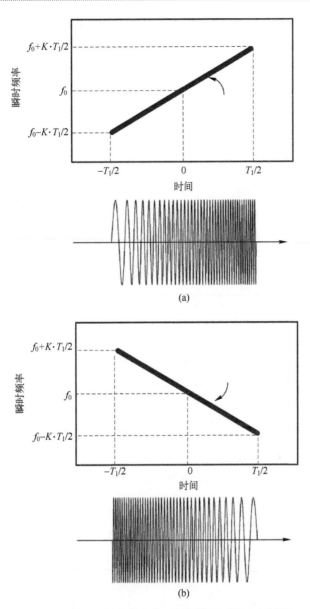

图 3.12　向上调频信号和向下调频信号时域和频域图

(a) 时域图；(b) 频域图。

雷达 R_i 处，则回波信号将延迟时间 $t_i = 2R_i/c$ 到达接收机。因此，接收到的信号的相位为

$$s(t) \sim \mathrm{e}^{\mathrm{j}2\pi\left(f_0(t-t_i)+\frac{K}{2}(t-t_i)^2\right)} \tag{3.41}$$

式（3.41）假设目标是静止不动的，因此接收信号的频谱中没有多普勒频率。

否则，频率应当变为 $f'_c = f_c + \Delta f$，Δf 表示由于目标相对雷达运动引起的多普勒频率。

如式（3.19）所示，匹配滤波器的冲激响应与输入信号是相关的：

$$h(t) = s^*_{in}(-t)$$
$$= e^{j2\pi\left(f_c t - \frac{K \cdot t^2}{2}\right)} \qquad |t| \leqslant T_1/2 \tag{3.42}$$

匹配滤波器的输出信号 $s_{out}(t)$ 可以表示为其输入信号与自身冲激响应的卷积：

$$\begin{aligned}
s_{out}(t) &= \int_{-\infty}^{\infty} s(t-\tau)h(\tau)\,\mathrm{d}\tau \\
&= \int_{-T_1/2}^{T_1/2} e^{j2\pi\left(f_c(t-\tau-t_i) + \frac{K}{2}(t-\tau-t_i)^2\right)} \cdot e^{j2\pi\left(f_c\tau - \frac{K \cdot \tau^2}{2}\right)}\,\mathrm{d}\tau \\
&= e^{j2\pi\left(f_c(t-t_i) + \frac{K}{2}(t-t_i)^2\right)} \cdot \int_{-T_1/2}^{T_1/2} e^{-j2\pi[K(t-t_i)\tau]}\,\mathrm{d}\tau \\
&= e^{j2\pi\left(f_c(t-t_i) + \frac{K}{2}(t-t_i)^2\right)} \cdot \frac{\sin(K\pi T_1(t-t_i))}{K\pi(t-t_i)} \\
&= T_1 \cdot e^{j2\pi\left(f_c(t-t_i) + \frac{K}{2}(t-t_i)^2\right)} \cdot \mathrm{sinc}\left[KT_1(t-t_i)\right]
\end{aligned} \tag{3.43}$$

分析式（3.43）中的输出信号，可以看出其相位的第一部分是发射信号延迟时间 $t_i = 2R_i/c$ 后所得。sinc 函数中仅仅是相位信息，并不包含任何幅度信息。通常这个相位信息将在匹配滤波器后使用的包络检波器中被抑制掉。式（3.43）中的第二部分 sinc 函数是幅度函数，其在时间 t_i 具有最大值，且在时间上将如图（3.13）所示的 sinc 函数一样出现旁瓣衰减。

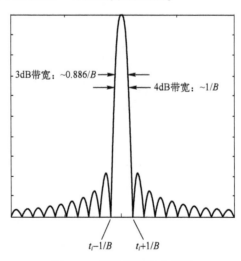

图 3.13　脉冲压缩输出信号

3.6.2 带宽、分辨率及压缩

3.6.2.1 带宽

如图 3.12 所示，雷达发射信号的频率在 $f_c - K \cdot T_1/2$ 和 $f_c + K \cdot T_1/2$ 之间变化，因此信号的带宽为

$$B = K \cdot T_1 \tag{3.44}$$

3.6.2.2 分辨率

从式 （3.43） 可以计算出，脉冲压缩后的输出信号的幅值具有正弦特性：

$$
\begin{aligned}
|s_{\text{out}}(t)| &= T_1 \cdot |\operatorname{sinc}[KT_1(t-t_i)]| \\
&= T_1 \cdot |\operatorname{sinc}[B(t-t_i)]|
\end{aligned} \tag{3.45}
$$

图 3.13 为依据式 （3.45） 所绘，图中画了输出信号的分辨率和压缩比，从图中可以看出，sinc 函数的第一个零点距离信号中心点 t_i 为 B。这就意味着，如果第二个散射体在时间上距离第一个散射信号时间为 $\Delta t = 1/B$，则它将可以被探测到和分辨出。因此，时域上的分辨率为 $\Delta t = 1/B$，而距离分辨率可用下式计算：

$$
\begin{aligned}
\Delta r &= \Delta t \cdot \frac{c}{2} \\
&= \frac{c}{2B}
\end{aligned} \tag{3.46}
$$

上述结果在本书的其他章节计算和推导的结果是一样的。

3.6.2.3 压缩

脉冲压缩中的 "压缩" 主要是描述脉冲压缩过程中输入信号与输出信号脉宽的变化，发射信号的脉宽与压缩后信号主瓣脉宽的比值被称为脉冲压缩比。

设发射信号的脉宽为 T_1，输出信号将具有正弦特性，且在时域上将无限扩展。输出信号主瓣的 -3dB 带宽约为 0.886/B。通常取主瓣的 -4dB 带宽为有效带宽，此时其值约为 1/B。因此，脉压比 CR 可以表示为

$$
\begin{aligned}
\mathrm{CR} &= \frac{\text{输入信号脉宽}}{\text{输出信号脉宽}} \\
&= \frac{T_1}{1/B} \\
&= \frac{T_1}{1/(K \cdot T_1)}
\end{aligned} \tag{3.47}
$$

$$= K \cdot T_1^2$$
$$\underset{D}{\triangle}$$

由图（3.47）可以看出，脉压比 CR 与时间带宽积是相等的。因此，增大脉压比时，时间带宽积也将同步增大。

3.6.3　脉冲压缩实例

下面实例中将介绍匹配滤波器和脉冲压缩在 SAR/ISAR 成像中的应用。图 3.14（a）为雷达发射信号波形，图 3.14（b）为正态分布的随机噪声，则两者叠加后的接收信号如图 3.14（c）所示。雷达发射信号与接收信号之间具有 $1\mu s$ 的延迟时间。

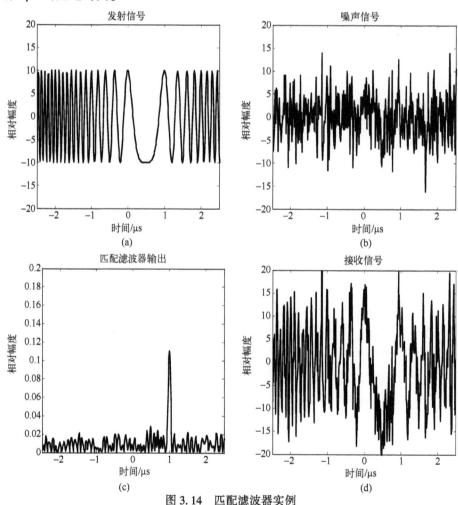

图 3.14　匹配滤波器实例

（a）发射的线性调频信号；（b）正态分布噪声信号；（c）接收信号（发射信号和噪声之和）；
（d）匹配滤波器输出。

从图 3.14（d）可以看出，接收信号被噪声严重地扭曲。经过匹配滤波器后，输出信号如图 3.14（c）所示，可以看到根据线性调频信号特性，接收的回波信号将变窄。同时，输出信号的 SNR 在 1μs 处将变大，可以很清楚地分辨出回波信号。

3.7　方位压缩

3.7.1　方位向处理

沿着方位向的压缩（或者沿着横向距离的压缩）是通过由雷达运动而合成大的天线孔径达成的，SAR 方位向处理的几何关系如图 3.15 所示。假设散射体距离合成孔径中心的距离为 R_0，而雷达移动速度为 v_y。雷达沿孔径合成方向运动的距离为 $y = v_y \cdot t$。此时，散射体与雷达的距离变为 $R = (R_0^2 + y^2)^{1/2}$。实际上，由于 y 远小于 R_0，因此，可以用下面的二项式进行近似处理：

$$R = R_0 \left(1 + \frac{y^2}{R_0^2}\right)^{1/2}$$

$$= R_0 + \frac{y^2}{2R_0^2} \tag{3.48}$$

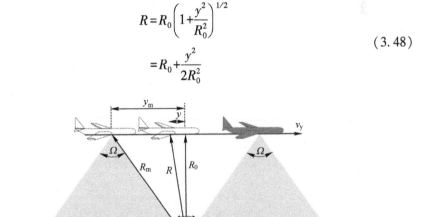

图 3.15　合成孔径雷达（SAR）几何图形

进行上述近似将使接收信号的相位产生一定的误差，下面解释上述近似的合理性。假设 SAR 工作状态如下：距离 $R_0 = 8\text{km}$，雷达工作中心频率为 6GHz，SAR 天线的 3dB 波束宽度 Ω 为 5°。这意味着雷达将从距离目标在 y 轴上的投影 $y_m = R_0 \cdot \tan(\Omega/2) \cong 350\text{m}$ 处开始对其进行扫描。因此，雷达的合成孔径长度为 $Y_m = 2 * y_m = 700\text{m}$，在此距离内，点目标是可被探测的。图 3.16（a）中对 SAR 在同一参数下，实际径向距离和近似距离进行了比较。可以看出，式（3.48）能够很好地拟合雷达与散射体之间的实际径向距离。图3.16（b）为有效合成孔径为700m时，实际距离误差与波长的比值。可以看出，在大部分有效合成孔径中，相位误差相对于波长λ的比值几乎为零，仅在边缘处有一些较小的偏差。但当SAR天线的3dB波束宽度并非很小且R_0很大，天线的有效合成孔径将变大，此时就需要对式（3.48）中近似处理带来的相对误差进行修正。

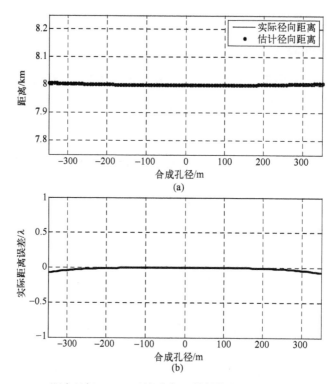

图3.16　（a）距离目标8km，天线波束5°散射体实际径向距离和近似距离；
（b）实际距离误差与波长的比值。

电磁波经过在雷达和目标之间的两次传播后，其相位为

$$
\begin{aligned}
\varphi(y) &\sim \exp(-\mathrm{j}2\pi R) \\
&= \exp\left(-\mathrm{j}\left(\frac{4\pi}{\lambda}\right)\left(R_0 + \frac{y^2}{2R_0}\right)\right) \\
&= \exp\left(-\mathrm{j}\left(\frac{4\pi}{\lambda}\right)R_0\right) \cdot \exp\left(-\mathrm{j}\frac{2\pi y^2}{\lambda R_0}\right) \\
&= \mathrm{constant} \cdot \exp\left(-\mathrm{j}\frac{2\pi y^2}{\lambda R_0}\right)
\end{aligned}
\tag{3.49}
$$

忽略公式中与时间无关的项，可以得到接收信号的相位为

$$\begin{cases} \varphi(y) \sim \exp\left(-\mathrm{j}\dfrac{2\pi v_y^2 \cdot t^2}{\lambda R_0}\right) \\ \varphi(t) \sim \exp(-\mathrm{j}\gamma t^2) \end{cases} \qquad (3.50)$$

式中：$\gamma = 2\pi v_y^2/(\lambda/R_0)$。

这样通过相位对时间的求导可以计算出频率上的多普勒频率：

$$\begin{aligned} f_D(t) &= \frac{1}{2\pi}\frac{\partial}{\partial t}\left(-\frac{2\pi v_y^2 \cdot t^2}{\lambda R_0}\right) \\ &= -\frac{2v_y^2 \cdot t}{\lambda R_0} \end{aligned} \qquad (3.51)$$

在横向距离上的处理是在时间 T_s 内对孔径积分，这种方法称为非聚焦 SAR，因为在时间 T_s 内的扫描并不是聚焦的。然后对积分求平均即可得到 SAR 方位向处理后输出信号：

$$s_{\mathrm{out}}^{\mathrm{unfocused}}(y) = \frac{1}{T_s}\int_{-T_s/2}^{T_s/2}\exp\left(-\mathrm{j}\frac{2\pi}{\lambda R_0}\cdot(v_y t - y)^2\right)\mathrm{d}t \qquad (3.52)$$

事实上，式（3.52）是一个菲涅耳积分。因此，可以通过对式 3.52 中菲涅耳积分的数学求解，得到非聚焦 SAR 成像中横向距离压缩数据。

可以看出，式（3.50）中信号形式与线性调频信号的形式是类似的，因此，在方位向处理时可以采用与距离向处理相类似的方法。在非聚焦 SAR 中，不同孔径点的路径长度是不一样的，这会使雷达沿其路径运动时分辨率发生不匹配。在摄影中，可以使用透镜使目标发出的光线聚焦到图像上；在 SAR 中，通过使用匹配滤波器可以将所有孔径点处的路径长度调整一致，这个处理过程称为聚焦 SAR 处理。所以，如果在 SAR 方位向信号处理中以同样的方法使用匹配滤波器，则滤波器的输出信号为

$$\begin{aligned} s_{\mathrm{out}}^{\mathrm{focused}}(t) &= \frac{1}{T_s}\int_{-T_s/2}^{T_s/2}\exp(-\mathrm{j}\gamma(t+\tau)^2)\cdot\exp(\mathrm{j}\gamma\tau^2)\mathrm{d}\tau \\ &= \mathrm{sinc}(\gamma T_s t)\cdot\exp(-\mathrm{j}\gamma t^2) \\ &= \mathrm{sinc}\left(\frac{2v_y^2 T_s}{\lambda R_0}t\right)\cdot\exp\left(-\mathrm{j}\frac{2v_y^2}{\lambda R_0}t^2\right) \end{aligned} \qquad (3.53)$$

式（3.53）中的第二部分只与相位相关而与幅度无关，因此，式（3.53）中的第一部分就是 SAR 信号方位向压缩数据包络。

3.7.2 方位分辨率

式（3.53）中 sinc 函数第一个零点的时间为 $\Delta t_y = \lambda R_0/(2v_y^2 T_s)$，因此，横

向距离分辨率为

$$\Delta y = v_y \cdot \Delta t_y$$

$$= v_y \cdot \frac{\lambda R_0}{2v_y^2 T_s} \tag{3.54}$$

$$= \frac{\lambda R_0}{2v_y T_s}$$

可以看出，$v_y T_s$ 与合成孔径长度 D_{SA} 是相等的，则

$$\Delta y = \frac{\lambda R_0}{2D_{SA}} \tag{3.55}$$

合成孔径长度 D_{SA} 也可以用雷达天线的最长尺寸 L 表示：

$$D_{SA} = \frac{\lambda R_0}{L} \tag{3.56}$$

把式（3.56）代入式（3.55）中，可得

$$\Delta y = \frac{\lambda R_0}{2(\lambda R_0 / L)} \tag{3.57}$$

$$= \frac{L}{2}$$

由式（3.57）可见，横向距离分辨率与目标距离 R_0 和波长 λ 均无关，仅仅取决于聚焦 SAR 平台的实际天线孔径。同时可以看出，SAR 天线尺寸越小，其横向距离分辨率越好。尽管这个结果看似奇怪，但实际是合理的：根据天线理论，当天线孔径减小时，天线主波束的宽度将变大；因此，越小的天线尺寸，其合成孔径扫描距离越大。这意味着对雷达合成孔径轴上任意一点的扫描时间将更长，从而获得更好的横向距离分辨率。

3.7.3　聚焦 SAR 成像与 ISAR 的关系

如图 3.17 所示，当使用聚焦 SAR 时，合成孔径的路径是一个有着一定角宽的弧形。合成孔径的长度与角宽 Ω 的关系为

$$D_{SA} = R_0 \cdot \Omega \tag{3.58}$$

横向距离分辨率或方位分辨率为

$$\Delta y = \frac{\lambda R_0}{2D_{SA}}$$

$$= \frac{\lambda R_0}{2(R_0 \cdot \Omega)} \tag{3.59}$$

$$= \frac{\lambda}{2\Omega}$$

$$= \frac{C}{2f_c \cdot \Omega}$$

式中：f_c 为工作频率，这个结果也适用于第 4 章中讲述的 ISAR。因此，当 SAR 环形飞行时与 ISAR 是相似的。

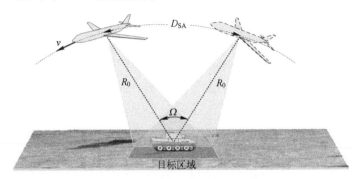

图 3.17　聚焦 SAR 的环形飞行路径

3.8 SAR 成像

总体上说，SAR 的距离和横向距离处理需要进行大量的计算。这是因为二维 SAR 数据的每一个像素都需要进行相关的积分。但是，可以通过卷积理论和 FT 来加快 SAR 成像的计算速度。距离和方位压缩数据可以写成如下的卷积形式：

$$I(t) = \int_{-\infty}^{\infty} s(\tau) \cdot h(t-\tau) d\tau = s(t) * h(t) \qquad (3.60)$$

式中：$s(t)$ 为 SAR 在距离和方位上的线性调频信号，它的相位变换如式（3.50）所示；$h(t)$ 为匹配滤波器的冲激响应。

根据傅里叶理论，时域的卷积等于频域的乘积。式（3.60）中的卷积可以通过如下式中的 FT 算法进行变换：

$$I(t) = \mathcal{F}\{\mathcal{F}^{-1}\{s(t)\} \cdot \mathcal{F}^{-1}\{h(t)\}\} \qquad (3.61)$$

可以看出，最终图像响应的形状是由脉冲包络的 FT 决定的。如果脉冲为矩形脉冲，则图像响应结果为一个 sinc 函数。这个响应在雷达成像中也称为点分布函数。由于接收到的 SAR 数据是有限的，这样傅里叶积分时的积分上下限也是有限的，因此扩散效应在 SAR 成像中将是不可避免的。在某些情况中，当一个较弱的散射体位于一个很强的散射体旁边时，sinc 形状的点分布函数就会出现误差。sinc 函数的第一个旁瓣小于其主瓣约 13dB，由于较高的旁瓣扩散，可能使较弱的散射体无法被检测出来。因此，通常会选用一些比较平滑的脉冲包络，如 Hanning 窗、Hamming 窗或者 Kaiser 窗，它们经过 FT 变换后的旁瓣更低。图 3.18 是经过 Hanning 窗加权的线性调频信号的压缩信号。可以看出，相对于 sinc 信号，其旁瓣得到了很好的抑制。这样的加窗将会有较好的峰值旁瓣比，但同时会增大主瓣的波束宽度，降低分辨率。

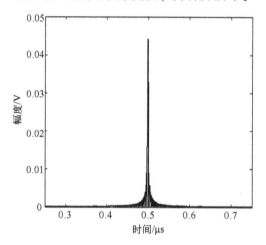

图 3.18　加 Hanning 窗的距离压缩数据

3.9　SAR 成像示例

图 3.19 是一个标准的 SAR 成像，这个图像是航天飞机对 California 州 San Francisco 的成像。原始 SAR 数据是由 Endeavour 号航天飞机搭载的 SIR-C/X-SAR 在 1994 年获得的。为了更好地了解地球环境及其变化，SIR-C/X 上的 SAR 系统可以在距离地球表面 225km 的高空全方位地收集 L、C 和 X 波段多个频率的原始 SAR 数据。SIR-C/X-SAR 系统可以提供距离分辨率和横向距离分辨率均为 30m 的图像数据。

图 3.19 中的图像具有 SAR 图像最普遍的特性。例如，SAR 图像中凹凸不平的表面（如山地）表现为一些亮点和暗点的混合，因为它们向所有的方向散射信号。另外，光滑的区域或表面（如海面或者湖面）则表现为黑色，这些表面如同镜面，将遵循 Snell 定理对电磁波进行散射，因此几乎没有电磁能量反射回雷达。山以及一些大区域目标在有电磁波照射一侧表现为亮点，没有电磁波照射一侧表现为暗点（阴影）。人造目标如建筑物、车辆，它们的表现如同角反射器，显示为更加明亮的点。当有非常强的散射体（如反射点）存在时，图像中表现为亮的十字，因为这些点的距离和横向距离维 PSR 均有很强的旁瓣。

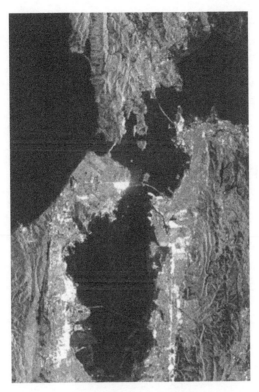

图 3.19　SIR-C/X-SAR 对 California 州 San Francisco 成像
（Courtesy NASA/ JPL-Caltech）

3.10　SAR 成像的一些问题

3.10.1　距离徙动

SAR 工作时，如果目标在雷达天线波束内，雷达平台与目标间的距离是先接近然后再远离的。那么，当雷达波束照射一个散射体时，它们之间的距离关系呈现为抛物线状，这个抛物线称为距离抛物线。在将合成孔径时间内的原始 SAR 数据进行处理时，这个距离上的不确定性可能导致散射体偏移到邻近的距离单元内，这个现象称为距离徙动。相较于机载 SAR，星载 SAR 的目标距离更大，间隔时间也更长，抛物线特性也将更明显；另外，天线照射在地面上的时间更短，散射体的距离延迟偏移将小于距离分辨率，也可能不会发生距离徙动。

还有一个导致距离徙动的是距离走动现象。当信号累积时间较长时，地球自转导致散射体的位置相对于雷达发生了变化，当地面目标移动时也会有相同的现象，所有的这些都可能导致散射体在图像中发生位置偏移。为了得到聚焦的图像，需要在多普勒域上对距离徙动进行修正[12, 13]。

距离弧线和距离走动都会在实际雷达波束内形成抛物线轨迹。如果这些效应导致的距离偏差为 δ_R，则总的距离可以表示为

$$R+\delta_R=\left(R^2+\left(\frac{v_y \cdot T_s}{2}\right)^2\right)^{1/2} \tag{3.62}$$

式中：v_y 为散射体的速度；T_s 是 SAR 方位处理累积时间。

实际上，累积时间也可以表示为目标速度 v_y 和单次扫描角 Ω 的关系式 $T_s=R \cdot \Omega/v_y$。将这个式子代入式（3.62）中，并对距离偏差 δ_R 进行二项式展开，可得

$$\begin{aligned} \delta_R&=\left(R^2+\left(\frac{R \cdot \Omega}{2}\right)^2\right)^{1/2}-R \\ &=R\left(1+\left(\frac{\Omega}{2}\right)^2\right)^{1/2}-R \\ &=R\left(1+\frac{1}{2}\left(\frac{\Omega}{2}\right)^2+\text{H. O. T.}\right)-R \\ &=R\frac{\Omega^2}{8} \end{aligned} \tag{3.63}$$

可见，当距离分辨率为 Δr 时，距离单元上的偏差为

$$N=\frac{\delta_R}{\Delta r}=R\frac{\Omega^2}{8\Delta r} \tag{3.64}$$

如果 $N>1$，就必须进行距离偏差修正；否则，就不需要修正。

3.10.2 运动偏差

SAR 的基本理论是基于场景和目标为静止不动这个假设展开的。如果场景中的散射体是移动的，散射体在雷达视线方向上的速度将会产生多普勒频移，使接收信号相位中关于散射体位置的信息发生误差。当散射体运动速度很快时，它将在 SAR 的累积时间内占据多个像素，这样该散射体的成像将像彗星一样模糊不清。这与光学成像是相似的，当物体快速运动时，它将占据更大的空间直到透镜关闭；当物体运动速度较低时，可能不会发生模糊，但由于多普勒频移将导致物体的位置并不正确。

为了减小这些运动偏差，需要采用运动补偿技术，在第 8 章中将对这些技术进行详细论述。

3.10.3　斑点噪声

SAR 的分辨率可以从几厘米至数十米，这取决于合成孔径的大小和信号带宽。总体来说，在雷达分辨率单元内地球的表面并非是平坦的。因此，SAR 的一个像素并不能表征地球表面的具体特性。电磁波在这些不平坦的表面散射时可能产生各种各样的相位值，这对成像的实际效果可能是有用的但也可能是破坏性的。这种类似噪声的行为称为地面漫反射或者斑点噪声。为了减少 SAR 成像中的斑点噪声，可以使用多视角处理[14]，还可以使用一定统计分布模型对斑点噪声进行滤波，如瑞利分布[15-16]。

▣ 3.11　SAR 研究前沿

3.11.1　干涉 SAR

干涉 SAR 是 SAR 成像中最特别的应用之一，与光学成像只包含反射光的幅度信息相比，SAR 成像包含了场景反射的电磁波的幅度和相位信息。因此，如果从不同的海拔高度对同一场景进行成像时，通过相位的比较可以得到分辨第三维（如高度）信息，从而得到三维干涉图像。第一幅 IFSAR 图像是 Graham 在 1974 年提出横向航迹干涉测量仪时发布的[17]。1987 年，Goldstein 将 SAR 干涉测量装置用于测量移动目标的速度[18]。1988 年，Gabriel 利用 SIR-B 同一天线重复扫描的方法得到了地形的海拔地图[19]。

在 IFSAR 中，对同一场景的二次成像是为了获得额外的第三维信息，这可以通过在空基或者太空飞行器上搭载两部雷达或者只搭载一部雷达但对同一场景进行重复扫描来实现。然后，假设飞行器在 y 轴方向的速度为 v_y，场景中的参考散射点海拔为 h。这样，从参考散射体反射的往返双程电磁波相位为

$$\varphi_1 = \exp(-jk\,(x^2+y^2+(z-h)^2)^{1/2}) \tag{3.65}$$

而在下一次扫描时，飞行器保持相同的高度和速度，但是它的航迹在 x 方向上偏移了距离 d。此时，同一参考散射体的反射电磁波相位为

$$\varphi_2 = \exp(-jk((x-d)^2+y^2+(z-h)^2)^{1/2}) \tag{3.66}$$

将第一个相位与第二个相位的复共轭相乘，然后将 d 值一阶差异进行放大，可得

$$\varphi_1 \cdot \varphi_2^* = \exp\left(j\frac{4\pi xd}{\lambda R}\right) \tag{3.67}$$

式中：$R=(x^2+y^2+(z-h)^2)^{1/2}$，其中，$R$、$y$ 和 x 在经过距离压缩、方位压缩和多普勒处理后是已知的，如果两次扫描之间的差别 d 也是已知的，则唯一未知

的参数 z（高度）可以通过式（3.67）计算得到。这就是 IFSAR 的基本处理方法。

图 3.20 是 IFSAR 成像图，它是 1994 年由 SIR-C/X-SAR 拍摄的意大利 Etna 火山。拍摄区域长 51.2km、宽 22.6km，它采用不同颜色表示了 Etna 火山周围不同的海拔高度。

图 3.20　SIR-C/X-SAR 对意大利的 Etna 火山干涉测量成像
（Courtesy NASA/JPL-Caltech）

3.11.2　极化 SAR

对于普通的 SAR，其发射信号和接收信号都是在同一极化方式下进行，水平极化或者垂直极化。但是为了得到散射体的全散射特性，可能需要采用所有的极化配置，HH、HV、VH 及 VV。当发射和接收采用同样的极化方式时，可以认为 SAR 系统是共极化。当雷达接收回波信号天线与发射信号天线的极化方向不同时，SAR 系统称为交叉极化。

由于不同地形具有不同的散射特性，这两种极化方式下获得的成像可能不同。对于平滑表面如海洋、湖泊和沙漠，共极化 SAR 成像与交叉极化 SAR 的成像有明显差异。但是，共极化 SAR 和交叉极化 SAR 对粗糙表面（如山峰、森林）的成像却大致相同。人造目标在电磁照射下将表现出角反射器的特征，因此它们在两种极化方式下均可被分辨出。由此可见，可以借助极化方式来分辨地形结构的特征和材质，如岩石等。

◣ 3.12　MATLAB 代码

下面给出的 Matlab 源代码用于产生第 3 章中的所有 Matlab 图像。

Matlab code 3.1: Matlab file "Figure3-8. m"

```
%-------------------------------------------------------
% This code can be used to generate Figure 3.8
%-------------------------------------------------------
clear all
close all
%--- transmitted signal -------------------------------
fc = 8e8; % initial frequency
To = 10e-6; %pulse duration
N = 200; %sample points
td = 4e-6; % delay
t = 0:To/(5*N-1):To; %time vector
tt = t*1e6; %time vector in micro seconds
s = 10*ones(1,N);
s(5*N) = 0; % transmitted signal replica
sr = s;% replica
M=round(td/To*(5*N));% shift amount
ss=circshift(sr.',M);ss=ss.';
%---Figure 3.8(a)-------------------------------------
h1=Figure ;
h = area(tt,sr);
set(h,'FaceColor',[.5 .5 .5])
set(gca,'FontName', 'Arial', 'FontSize',12,'FontWeight','Bold');
title('transmitted signal');
xlabel(' Time [\mus]')
axis([min(tt) max(tt) -30 30]);
%---Figure 3.8(b)-------------------------------------
h1=Figure ;
h = area(tt,ss)
set(h,'FaceColor',[.5 .5 .5])
set(gca,'FontName', 'Arial', 'FontSize',12,'FontWeight','Bold');
title('received signal without noise');
xlabel(' Time [\mus]')
axis([min(tt) max(tt) -30 30]);
%---Figure 3.8(c)-------------------------------------
```

```matlab
%--- Noise Signal ------------------------------------
n = 5 * randn(1,5 * N);
% Plot noise signal
h1 = Figure;
h = area(tt,n)
set(h,'FaceColor',[.5 .5 .5]);
set(gca,'FontName', 'Arial', 'FontSize',12,'FontWeight','Bold');
xlabel(' Time [\mus]'),title('noise signal ');
axis([min(tt) max(tt) -30 30]);
%---Figure 3.8(d)------------------------------------
%--- Received Signal ------------------------------------
x = ss+n;
h1 = Figure;
h = area(tt,x)
set(h,'FaceColor',[.5 .5 .5]);
set(gca,'FontName', 'Arial', 'FontSize',12,'FontWeight','Bold');
xlabel(' Time [\mus]'),title('received signal with noise');
axis([min(tt) max(tt) -30 30]);
%---Figure 3.8(e)------------------------------------
%--- Matched Filtering ------------------------------------
X = fft(x)/N;
S = conj(fft(sr)/N); H=S; Y=X. * H;
y = ifft(Y);


% Plot matched filter output
h1 = Figure;
h = area(tt,real(y));
set(h,'FaceColor',[.5 .5 .5]);
set(gca,'FontName', 'Arial', 'FontSize',12,'FontWeight','Bold');
xlabel(' Time [\mus]')
axis([min(tt) max(tt) -.1 2]); title('matched filter output');
```

Matlab code 3.2: Matlab file "Figure3-9. m"

```matlab
%------------------------------------------------------
% This code can be used to generate Figure 3.9
```

```
%-------------------------------------------------
clear all
close all
tau = -10:.1:10; fd=tau;L=length(fd);
dummy = ones(L,L);
ideal = fftshift(ifft2(dummy));
mesh(tau,fd,abs(ideal));
colormap(gray)
set(gca,'FontName', 'Arial', 'FontSize',14,'FontWeight','Bold');
xlabel ('Time Delay')
ylabel ('Doppler Shift')
zlabel ('Normalized AF')
```

Matlab code 3.3: Matlab file "Figure3-10. m"

```
%-------------------------------------------------
%This code can be used to generate Figure 3.10
%-------------------------------------------------
clear all
close all
T = 1e-3;A = 1;
tau = -2e-3:1e-5:2e-3;
fd = -3e3:10:3e3;fd=fd.';
X1 = sinc(fd * (T-abs(tau)));
TT = (T-abs(tau));
p = find(TT<0);
TT(p) = 0;
X2 = A * A * ones(length(fd),1) * TT;X = X1. * X2;
X = X/max(max(abs(X)));
%---Figure 3.10(a) ---------------------------------
mesh(tau * 1e3,fd * 1e-3,abs(X));
colormap(gray)
set(gca,'FontName', 'Arial', 'FontSize',14,'FontWeight','Bold');
xlabel ('Time Delay [ms]')
ylabel ('Doppler Shift [KHz]')
zlabel ('Normalized AF')
```

```
%---Figure 3.10(b)--------------------------------
imagesc(tau * 1e3,fd * 1e-3,abs(X));
colormap(gray)
colorbar
set(gca,'FontName', 'Arial','FontSize',14,'FontWeight','Bold');
xlabel ('Time Delay [ms]')
ylabel ('Doppler Shift [KHz]')
```

Matlab code 3.4: Matlab file "Figure3-11.m"

```
%-----------------------------------------------
% This code can be used to generate Figure 3.11
%-----------------------------------------------
clear all
close all
T = 1e-3;A = 1;
k = 2e6;
tau = -2e-3:1e-5:2e-3;
fd = -3e3:10:3e3;fd=fd.';
TT = (T-abs(tau));
dummy=k * (ones(length(fd),1) * tau)-fd * ones(1,length(tau));
X1 =sinc(dummy. * (ones(length(fd),1) * TT));
p = find(TT<0);
TT(p) = 0;
X2 = A * A * ones(length(fd),1) * TT;X = X1. * X2;
X = X/max(max(abs(X)));
%---Figure 3.11(a)--------------------------------
mesh(tau * 1e3,fd * 1e-3,abs(X));
colormap(gray)
set(gca,'FontName', 'Arial', 'FontSize',14,'FontWeight','Bold');
xlabel ('Time Delay [ms]')
ylabel ('Doppler Shift [KHz]')
zlabel ('Normalized AF')
%---Figure 3.11(b)--------------------------------
imagesc(tau * 1e3,fd * 1e-3,abs(X(length(X):-1:1,:)));
colormap(gray);
```

colorbar

set (gca, 'FontName', 'Arial', 'FontSize', 14, 'FontWeight', 'Bold') ;

xlabel ('Time Delay [ms]')

ylabel ('Doppler Shift [KHz]')

Matlab code 3.5: Matlab file "Figure3-14. m"

```
%-------------------------------------------------------
% This code can be used to generate Figure 3.14
%-------------------------------------------------------
clear all
close all
%--- transmitted signal ------------------------------
fc = 8e8; % initial frequency
BWf = 10e6; % frequency bandwidth
To = 5e-6; %pulse duration
Beta = BWf/To;
N = 400; %sample points
td = 1e-6; % delay
t = -To/2:To/(N-1):To/2; %time vector
tt = t * 1e6; %time vector in micro seconds
f =fc:BWf/(N-1):(fc+BWf);% frequency vector
s = 10 * cos(2 * pi * (fc * (t-td)+Beta * ((t-td).^2)));% transmitted
signal
sr = 10 * cos(2 * pi * (fc * t+Beta * (t.^2)));% replica
%---Figure 3.14(a)-----------------------------------
h =Figure ;plot(tt,s, 'k','LineWidth',2)
set(gca,'FontName', 'Arial', 'FontSize',12,'FontWeight','Bold');
title('transmitted signal');
xlabel(' Time [\mus]')
axis([min(tt) max(tt) -20 20 ]);
%---Figure 3.14(b)-----------------------------------
%--- Noise Signal -----------------------------------
n = 5 * randn(1,N);
% Plot noise signal
h =Figure ;plot(tt,n, 'k','LineWidth',2)
```

```
set(gca,'FontName', 'Arial', 'FontSize',12,'FontWeight','Bold');
xlabel(' Time [\mus]'),title('noise signal ');
axis([min(tt) max(tt) -20 20 ]);
%---Figure 3.14(c)-----------------------------------------
%--- Received Signal --------------------------------------
x = s+n;
% Plot received signal
h =Figure ;plot(tt,x, 'k','LineWidth',2)
set(gca,'FontName', 'Arial', 'FontSize',12,'FontWeight','Bold');
xlabel(' Time [\mus]'),title('received signal');
axis([min(tt) max(tt) -20 20 ]);
%---Figure 3.14(d)-----------------------------------------
%--- Matched Filtering -------------------------------------
X = fft(x)/N;
S = conj(fft(sr)/N);H = S;Y = X. * H;
y = fftshift(ifft(Y));
%----Plot matched filter output----------------------------
h =Figure ;plot(tt,abs(y), 'k','LineWidth',2)
set(gca,'FontName', 'Arial', 'FontSize',12,'FontWeight','Bold');
xlabel(' Time [\mus]')
axis([min(tt) max(tt) 0 .2]);title('Matched filter output ');
```

Matlab code 3.6: Matlab file "Figure3-16. m"

```
%----------------------------------------------------------
% This code can be used to generate Figure 3.16
%----------------------------------------------------------
clear all
close all
Phi_3dB = 5 * pi/180; % 3dB beamwidth of the antenna : 5
degrees
R0 = 8e3; % radial distance of the scatterer
f = 6e9; % frequency
lam = 3e8/f; % wavelength
X_max = R0 *tan(Phi_3dB/2); % maximum cross-range extend
x = -X_max:2 * X_max/99:X_max; % cross-range vector
```

```
R = R0 * (1+x. ^2/R0^2). ^(0. 5); % real range distance
R_est = R0+x. ^2/2/R0; % estimated range distance
%---Figure 3. 16( a ) -------------------------------
h = Figure ;
plot( x,R/1e3,'k-','LineWidth',1 );
hold
plot( x,R_est/1e3,'k. ','LineWidth',4 );
hold;
grid on
set( gca,'FontName', 'Arial', 'FontSize',14,'FontWeight','Bold' );
legend('actual radial distance','estimated radial distance')
xlabel('synthetic Aperture [ m ]')
ylabel('distance [ km ]')
axis( [ min( x ) max( x ) R0/1e3-. 25 R0/1e3+. 25 ] )
%---Figure 3. 16( b ) -------------------------------
h = Figure ;plot( x,( R-R_est )/lam,'k','LineWidth',2 );
grid on
set( gca,'FontName', 'Arial', 'FontSize',14,'FontWeight','Bold' );
xlabel('synthetic Aperture [ m ]')
ylabel('range error value [ \lambda ]')
axis( [ min( x ) max( x ) -1 1 ] )
```

参考文献

[1] C. Wiley. Pulsed Doppler Radar Method and Means, US Patent 3, 196, 436, 1954.

[2] C. W. Sherwin, J. P. Ruina, and R. D. Rawcliffe. Some early developments in synthetic aperture radar systems. IRE Trans Mil Electron MIL-6 (2) (1962), 111-115.

[3] L. J. Cutrona, et al. Optical data processing and filtering systems. IRE Trans Inf Theory IT-6 (1960), 386-400.

[4] http://southport. jpl. nasa. gov/nrc/chapter7. html (accessed 09. 11. 2011).

[5] P. Lacomme, J. -P. Hardange, J. -C. Marchais, and E. Normant. Air and spaceborne radar systems: An introduction. William Andrew Publishing/Noyes LLC, Norwich, NY, 2001.

[6] B. R. Mahafza. Radar systems analysis and design using MATLAB, 2nd ed. Chapman & Hall/CRC, Boca Raton, FL, 2000.

[7] W. J. Caputi, Jr. Stretch: A time-transformation technique. IEEE Trans AES-7 (1971), 269-278.

[8] V. I. Bityutskov. Bunyakovskii inequality, in M. Hazewinkel, ed. Encyclopaedia of mathematics. Springer, D, 2001.

[9] B. M. Oliver. Not with a bang, but a chirp. Bell Telephone Labs, Techn. Memo, MM-51-150-10, case 33089, March 8, 1951.

[10] D. Wehner. High resolution radar. Artech House, Norwood, MA, 1987.

[11] N. Levanon. Radar principles. Wiley-Interscience, New York, 1988.

[12] J. M. Lopez-Sanchez and J. Fortuny-Guasch. 3-D radar imaging using range migration techniques. IEEE Trans Antennas Propagat 48 (5) (2000), 728-737.

[13] J. Fortuny-Guasch and J. M. Lopez- Sanchez. Extension of the 3-D range migration algorithm to cylindrical and spherical scanning geometries. IEEE Trans Antennas Propagat 49 (10) (2001), 1434-1444.

[14] R. J. Sullivan. Microwave radar imaging and advanced concepts. Artech House, Norwood, MA, 2000.

[15] C. Oliver and S. Quegan. Understanding synthetic aperture radar images. Artech House, Boston, MA, 1998.

[16] F. N. S. Medeiros, N. D. A. Mascarenhas, and L. F. Costa. Evaluation of speckle noise MAP filtering algorithms applied to SAR images. Int J Remote Sens 24 (2003), 5197-5218.

[17] L. C. Graham. Synthetic interferometer radar for topographic mapping. Proc IEEE 62 (2) (1974), 763-768.

[18] R. M. Goldstein and H. A. Zebker. Interferometric radar measurements of ocean surface currents. Nature 328 (20) (1987), 707-709.

[19] A. K. Gabriel and R. M. Goldstein. Crossed orbit interferometry: Theory and experimental results from SIR-B. Int J Remote Sens 9 (5) (1988), 857-872.

[20] D. N. Held, W. E. Brown, and T. W. Miller. Preliminary results from the NASA/JPL multifrequency multipolarization SAR. Proceedings of the 1988 IEEE National Radar Conference, pp. 7-8, 1988.

[21] R. J. Sullivan, et al. Polarimetric X/L/C band SAR. Proceedings of the 1988 IEEE National Radar Conference, 9-14, 1988.

逆合成孔径雷达成像概念

ISAR 是一种对运动目标进行距离-多普勒（距离-横向距离）成像非常有用的信号处理系统。距离（斜距）轴平行于雷达指向目标的视线方向，横向距离轴则垂直于距离轴。ISAR 能够给出目标的主要散射区域（称为散射中心）的图像，ISAR 处理一般用于目标的识别和分类。经典的二维 ISAR 成像是通过获取目标不同视角和多普勒条件下的电磁回波数据后处理实现的。尽管 ISAR 与 SAR 有一定相似性，但是相对于后者而言，ISAR 处理仍有一些概念上的区别。

█ 4.1 SAR 与 ISAR

SAR 一般应用于雷达平台运动而目标不动的情况（图 3.1 或 3.3 节），其所需要的空间（或角度）变化是通过雷达围绕目标运动实现的。ISAR 一般指雷达不动而目标运动，如飞机、舰船等；如图 4.1 所示，静止的雷达利用目标的运动来获取目标在不同视角条件下的回波数据。ISAR 和 SAR 类似，获得距离高分辨是通过发射一定带宽的信号实现。当目标运动时，相对于雷达视轴（RLOS），目标视角不断地变化，因而可以成像。ISAR 回波数据的这种角度多样性被用来分辨横向距离轴上的不同散射点，这些概念将在本章后面部分加以详细解释。如图 4.2 所示，ISAR 回波数据获取的几何关系与沿着圆形路径飞行的聚束 SAR 类似。

图 4.3 给出了 ISAR 和相类似的聚束 SAR 几何关系的一个详细比较。如图 4.3（a）所示，在聚束 SAR 中，雷达沿圆形路径在一定角度 Ω 范围接收固定目标的后向散射场数据；在图 4.3（b）中，固定雷达接收旋转目标的后向散射场数据。如果在两种情况下，雷达都能照射到目标且具有相同的频率带宽，且目标旋转角度 Ω 相同，则雷达接收的目标反射数据将完全一致。

当然，在多数 SAR 工作场景中，雷达是沿着直线而不是圆形路径移动的，如图 4.4 所示。因此，相对于图 4.3（a）所示的理想情况而言，会存在一个路径差 dR。若旋转角很小，且目标离雷达距离 R 足够远，则接收信号中的路

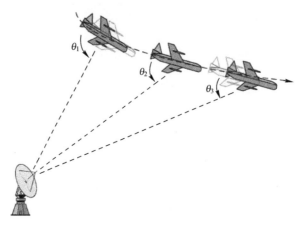

图 4.1　ISAR 的几何关系

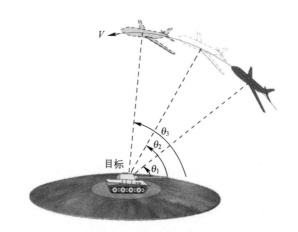

图 4.2　聚束 SAR 的圆形轨迹与 ISAR 类似

径差也是相对较小的。假设路径差 dR 小于信号波长，直线路径条件下接收信号的相位相比圆形路径条件下将存在着一个额外的延迟项：

$$\varphi(y) = -2k(dR)$$
$$= -2K \cdot y \cdot \sin\emptyset_y \tag{4.1}$$

因子 2 代表雷达和目标间的双程传播。从图 4.4 可知

$$\sin\emptyset_y \cong \frac{y'}{R} \tag{4.2}$$

进一步，假设 R 远大于 y，因此 $\emptyset$ 很小，则

$$y \cong \emptyset \cdot R \tag{4.3}$$

把式（4.2）和式（4.3）带入式（4.1），得到

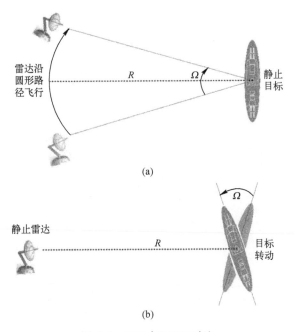

(a)

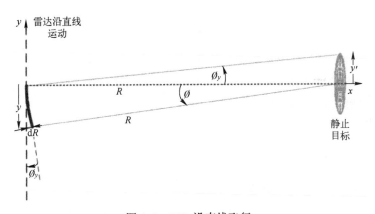

(b)

图 4.3 SAR 与 ISAR 对比

（a）具有圆形轨迹的聚束 SAR；（b）ISAR 成像。

图 4.4 SAR 沿直线飞行

$$\varphi(\emptyset) \cong -2k \cdot \emptyset \cdot y'$$
$$= -2\pi \cdot \left(\frac{2\emptyset}{\lambda}\right) \cdot y' \qquad (4.4)$$

从式（4.4），可以很明显地看出，角度变量 $\emptyset$ 和目标的横向距离变量 y' 之间存在傅里叶变换关系。因此，目标横向距离轴上散射点间的分辨率为

$$\delta y' = \frac{1}{\mathrm{BW}\left(\dfrac{2\varnothing}{\lambda}\right)}$$

$$= \frac{\lambda}{2\Omega} \tag{4.5}$$

$$= \frac{c}{2f\Omega}$$

式中：转角 Ω（又称角度宽度）是视角变量 $\varnothing$ 的变化量。

由此可见，如果在更大转角（或更长的合成孔径）内接收目标反射回波，则可以得到更高的横向距离分辨率。

在现实世界中，目标可能总是存在着平动成分，即在目标旋转的同时存在着距离 R 的变化。这种情况将引起不同帧间距离维散射点存在着距离移动，会使得成像结果模糊失真，该内容将在第 6 和第 9 章中介绍。

4.2 散射场与 ISAR 图像的关系

本节将分析目标散射场或散射函数与目标图像之间的关系。根据 2.1 节得到，理想导体的散射场公式：

$$\boldsymbol{E}^{\mathrm{s}}(\boldsymbol{r}) = -\frac{\mathrm{j}k_0 E_0}{4\pi r}\mathrm{e}^{-\mathrm{j}k_0 r}\iint_{S_{\mathrm{lit}}} 2\hat{\boldsymbol{n}}(\boldsymbol{r}') \times (\hat{\boldsymbol{k}}^{\mathrm{i}} \times \hat{\boldsymbol{u}})\,\mathrm{e}^{\mathrm{j}(\boldsymbol{k}^{\mathrm{s}}-\boldsymbol{k}^{\mathrm{i}})\cdot\boldsymbol{r}'}\mathrm{d}^2\boldsymbol{r}' \tag{4.6}$$

式中：$\boldsymbol{k}^{\mathrm{i}}$ 和 $\boldsymbol{k}^{\mathrm{s}}$ 是入射和反射波数矢量；$\hat{\boldsymbol{n}}(\boldsymbol{r}')$ 为目标表面朝外的法线方向单位矢量；$\hat{\boldsymbol{k}}^{\mathrm{i}}$ 为入射波单位矢量；E_0 和 $\hat{\boldsymbol{u}}$ 为入射波的幅度和极化单位矢量；S_{lit} 为电磁波照射到的目标表面部分。

假设接收天线有特定的极化方式（如垂直极化），式（4.6）可写为

$$\hat{\boldsymbol{v}} \cdot \boldsymbol{E}^{\mathrm{s}}(\boldsymbol{r}) = -\frac{\mathrm{j}k_0 E_0}{4\pi r}\mathrm{e}^{-\mathrm{j}k_0 r}\iiint_{-\infty}^{\infty} O(\boldsymbol{r}')\,\mathrm{e}^{\mathrm{j}(\boldsymbol{k}^{\mathrm{s}}-\boldsymbol{k}^{\mathrm{i}})\cdot\boldsymbol{r}'}\mathrm{d}^3\boldsymbol{r}' \tag{4.7}$$

式中：$O(\boldsymbol{r}')$ 为标量目标形状函数（OSF）[1,2]：

$$O(\boldsymbol{r}') = \hat{\boldsymbol{v}} \cdot [2\hat{\boldsymbol{n}}(\boldsymbol{r}') \times (\hat{\boldsymbol{k}}^{\mathrm{i}} \times \hat{\boldsymbol{u}})] \cdot \delta(S(\boldsymbol{r}')) \tag{4.8}$$

式中：冲激函数定义如下：

$$S(\boldsymbol{r}') = \begin{cases} \neq 0 & \boldsymbol{r}' \in S_{\mathrm{lit}} \\ 0 & \boldsymbol{r}' \in S_{\mathrm{shadow}} \end{cases} \tag{4.9}$$

如式（4.7）所示，式（4.6）中的面积分被整个三维空间的体积分所代替。如果定义 OSF 的三维傅里叶变换 $O(\boldsymbol{r}')$ 可表示为

$$\widetilde{O}(\boldsymbol{k}) = \iiint_{-\infty}^{\infty} O(\boldsymbol{r}')\,\mathrm{e}^{\mathrm{j}\boldsymbol{k}\cdot\boldsymbol{r}'}\mathrm{d}^3\boldsymbol{r}' \tag{4.10}$$

那么，$\hat{v}$ 方向的散射场可以表示为

$$\hat{v} \cdot \boldsymbol{E}^{\mathrm{s}}(\boldsymbol{r}) = \left(-\frac{jk_0 E_0}{4\pi r} \mathrm{e}^{-jk_0 r} \right) \widetilde{O}(\boldsymbol{k}^{\mathrm{s}} - \boldsymbol{k}^{\mathrm{i}}) \qquad (4.11)$$

根据投影理论，$\{\hat{v} \cdot \boldsymbol{E}^{\mathrm{s}}(\boldsymbol{r})\}$ 项给出了 $\hat{v}$ 方向的散射场。该结果明确显示了目标散射场与 OSF 的三维傅里叶变换是相对应的。事实上，ISAR 图像可以看作是 OSF 在二维平面或三维立体空间上的投影显示。

值得一提的是，OSF 是随着视角和工作频率变化而变化的。如 4.5～4.7 节所述，ISAR 图像直接与散射场的二维或三维逆变换（IFT）相关，类似于 OSF。

4.3　一维距离像

ISAR 图像可认为是目标在距离-横向距离二维平面上的距离像和横向距离像。因此，在理解 ISAR 图像含义之前，理解距离像和横向距离像的含义是非常重要的。

距离像是雷达发射足够带宽信号照射目标后，返回雷达的目标回波形状图。如果入射波是时域脉冲，接收机接收的反射信号就会呈现一维特性，图 4.5 给出了典型的场密度（或雷达截面）与时间的关系图。如果入射波是步进频波形，则接收信号的 IFT 将给出目标的一维距离像。

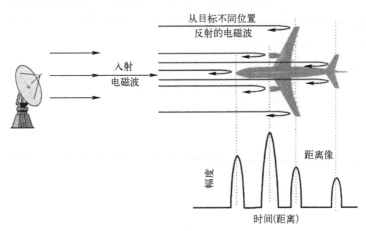

图 4.5　目标的距离像

距离像的物理含义可以通过图 4.5 进行阐明：入射波照射目标时，部分能量从目标散射中心反射回雷达。如果这些散射中心相对雷达位于不同距离，在雷达接收机中他们将会出现不同的时间点，这样在对应的一维距离像上就可以

将这些散射中心区分开。如图 4.5 所示，散射点可能位于驾驶员座舱、进气道、机翼、尾翼或飞机的其他位置。当然，利用距离像不能分辨出位于同一距离单元（或时间点）内的散射中心。在文献中，距离像也称为雷达特性信号，因为对于特定目标而言回波形状是唯一的，不同目标具有不同的距离像。

距离像随距离变化包络相对于距离像随时间变化包络更有物理意义。距离轴可以很容易地通过下式标定出来：

$$r = c \cdot t \tag{4.12}$$

式中：r 为距离；t 为时间；c 为光速。

下面讨论如何通过处理不同频率的回波（或后向散射波）来得到距离像。假设沿距离方向（假设为 x 轴）存在 N 个散射点，分别位于位置 x_i。那么，远场条件下的后向散射电场可以近似表示为

$$
\begin{aligned}
E^s(f) &\cong \sum_{i=1}^{N} A_i \cdot e^{-j2k \cdot x_i} \\
&= \sum_{i=1}^{N} A_i \cdot e^{-j2\pi\left(\frac{2f}{c}\right) \cdot x_i}
\end{aligned}
\tag{4.13}
$$

式中：A_i 为散射点 x_i 的后向散射场幅度；$k = 2\pi f/c$ 为对应于频率 f 的波数；指数位置上的 "2" 表征了雷达和散射点间的双程传输。假设远场接收的后向散射场是沿着 x 方向，场景的相位中心位于 $x=0$ 处，指数的正负号将与各点 x_i 的正负号相同。这样，距离像函数可以通过用离散频率场针对 $2f/c$ 做逆傅里叶变换来得到

$$
\begin{aligned}
E^s(x) &= \mathcal{F}^{-1}\{E^s(f)\} \\
&= \int_{-\infty}^{\infty} \left[\sum_{i=1}^{N} A_i \cdot e^{-j2\pi\left(\frac{2f}{c}\right) \cdot x_i} \right] e^{-j2\pi\left(\frac{2f}{c}\right) \cdot x} d\left(\frac{2f}{c}\right)
\end{aligned}
\tag{4.14}
$$

式（4.14）中，求和与积分操作都是线性的，因此可以交换位置，式（4.14）变为

$$
E^s(x) = \sum_{i=1}^{N} A_i \cdot \int_{-\infty}^{\infty} e^{j2\pi\left(\frac{2f}{c}\right)(x-x_i)} d\left(\frac{2f}{c}\right)
\tag{4.15}
$$

这样，式（4.15）的积分可用冲激函数 $\delta(\cdot)$ 表示，可得

$$
E^s(x) = \sum_{i=1}^{N} A_i \cdot \delta(x - x_i)
\tag{4.16}
$$

式中：$E^s(x)$ 为随距离 x 变化的距离像函数。

至此，位于不同位置 x_i 的散射点被精确定位在相应的距离轴上，相应的后向散射幅度为 A_i。当然，式（4.16）是通过无限带宽的信号实现的。实际

上，后向散射场数据只能在从 f_L 到 f_H 的一定带宽范围内获取。这样式（4.15）就改变为

$$E^s(x) = \sum_{i=1}^{N} A_i \cdot \int_{f_L}^{f_H} e^{j2\pi\left(\frac{2f}{c}\right)(x-x_i)} d\left(\frac{2f}{c}\right) \tag{4.17}$$

对式（4.17）进行积分后变为

$$E^s(x) = \sum_{i=1}^{N} A_i \cdot \frac{1}{j2\pi}\left(e^{j2\pi\left(\frac{2f_H}{c}\right)(x-x_i)} - e^{j2\pi\left(\frac{2f_L}{c}\right)(x-x_i)}\right) \tag{4.18}$$

定义中心频率 $f_c = (f_L + f_H)/2$，频率带宽 $B = f_H - f_L$，则式（4.18）简化为

$$E^s(x) = \sum_{i=1}^{N} A_i \cdot e^{j2k_c(x-x_i)}\left(\frac{e^{j2\pi\left(\frac{B}{c}\right)(x-x_i)} - e^{-j2\pi\left(\frac{B}{c}\right)(x-x_i)}}{j2\pi}\right) \tag{4.19}$$

式中：$k_c = 2\pi f_c/c$ 为对应中心频率的波数。

式（4.19）可简化为

$$E^s(x) = \left(\frac{2B}{c}\right)\sum_{i=1}^{N} A_i \cdot e^{j2k_c(x-x_i)} \cdot \text{sinc}\left(\frac{2B}{c}(x-x_i)\right) \tag{4.20}$$

式中：$\text{sinc}(\cdot)$ 为辛格函数，如式（3.36）中定义。

式（4.20）中的指数项为单位幅度的相位项；第二项，sinc 函数表征了位于 x_i 处的散射点的形状包络。因此，距离上的散射中心是以真实的 x_i 为中心，相应的场幅度为 A_i。根据傅里叶变换理论，由于雷达信号的带宽是有限的，因此距离像上散射中心处的 sinc 散焦是不可避免的。在有关文献中，这种散焦命名为"点扩散函数（PSF）"或"点扩散响应（PSR）"，在本书的后面很多地方会继续论述。

一种常见的获取目标距离像的方法是雷达采用步进频连续波（SFCW）信号。该方法中，雷达发射 N 个频率依次步进为 $f_1, f_2, \cdots, f_N$ 的连续波信号，雷达获取这 N 个离散频点上的散射场密度 $E^s(f)$。这样，时域距离像就可以通过逆傅里叶变换很容易地获得，即

$$E^s t = \mathcal{F}^{-1}\{E^s f\} \tag{4.21}$$

时间轴可通过简单的 $x = c \cdot t$ 关系变换得到距离轴 $E^s x$。如果信号带宽为 B，则距离分辨为

$$\Delta x = \frac{c}{2B} \tag{4.22}$$

距离上的间隔为 Δx 的每个采样，称为距离单元。总的成像距离（或距离范围）为

$$\begin{aligned} X_{\max} &= N \cdot \Delta x \\ &= \frac{N \cdot c}{2B} \end{aligned} \tag{4.23}$$

式（4.23）是距离维的"窗口范围"或距离范围，可以认为是距离像。因此，X_{max}应该大于目标长度，以避免由于距离折叠引起的模糊。

图4.6给出了一个距离像概念的例子———一架商用飞机的距离像。后向散射电场的电磁仿真是由物理光学法（PO）和弹跳射线法（SBR）实现的，可以在高频段仿真复杂目标的散射。雷达从机头方向照射，满足远场条件，工作频点为3.97~4.03GHz之间的32个离散频点。对多个频点的后向散射电场做1D-IFFT后得到目标距离像如图4.6所示，从图中可以看出，主要的散射发生在机头、引擎管道、机翼和尾翼。

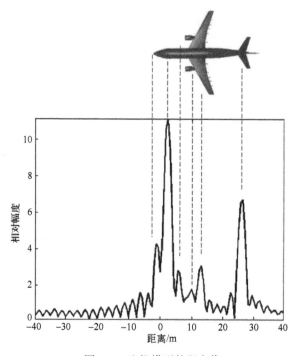

图4.6　飞机模型的距离像

距离像概念在雷达成像领域有着重要的作用，可作为提取散射中心和确定目标长度的标准工具，在自动目标识别（ATR）领域提供了目标分类的主要信息。

4.4　一维横向距离像

距离像可以通过对目标在多频点的回波数据进行处理而得到；类似的，横向距离像可以通过获取目标在不同视角的回波数据进行处理得到，如图4.7所示。总视角宽度用于分辨横向距离上的各点以形成横向距离像，距离像是通过处理单视角多频点的后向散射场得到。相应地，横向距离像是通过处理单频点多视角的后向散射场得到的。

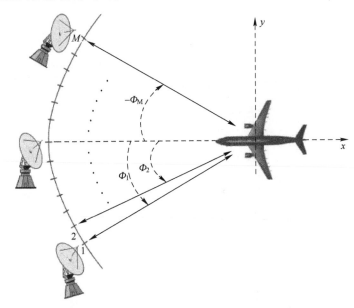

图 4.7　从不同角度获取目标的一维距离向像

假设有 P 个散射点位于 (x_i, y_i) 处，目标为获取横向距离像以分辨不同位置 y_i 的散射点。不同视角下远场处的后向散射电场近似为

$$E^s(\emptyset) = \sum_{i=1}^{P} A_i \cdot e^{-j2k \cdot r_i} \tag{4.24}$$

式中：A_i 为每个散射点的后向散射场的幅度；r_i 为原点到散射点 (x_i, y_i) 的矢量。

式 (4.24) 中的 $k \cdot r_i$ 项可表示为

$$
\begin{aligned}
k \cdot r_i &= (k_x \hat{x} + k_y \hat{y}) \cdot (x_i \hat{x} + y_i \hat{y}) \\
&= k_x \cdot x_i + k_y \cdot y_i \\
&= k\cos\emptyset \cdot x_i + k\sin\emptyset \cdot y_i
\end{aligned}
\tag{4.25}
$$

因此，后向散射场变为

$$E^s(\emptyset) = \sum_{i=1}^{P} A_i \cdot e^{-j2k\cos\emptyset \cdot x_i} \cdot e^{-j2k\sin\emptyset \cdot y_i} \tag{4.26}$$

对于小转角情况，$\cos\emptyset$ 近似为 1，$\sin\emptyset$ 近似为 $\emptyset$。因此，式 (4.26) 变为

$$E^s(\emptyset) = \sum_{i=1}^{P} B_i \cdot e^{-j2k\emptyset \cdot y_i}$$

$$= \sum_{i=1}^{P} B_i \cdot e^{-j2\pi \left(\frac{2f}{c}\right) \emptyset \cdot y_i} \tag{4.27}$$

式中: B_i 为常数为 $A_i \cdot \exp(-j2k \cdot x_i)$。

由于式（4.27）中，$(2f/c) \cdot \emptyset$ 和 y_i 之间存在着傅里叶变换关系，因此，对式（4.27）关于 $(2f/c) \cdot \emptyset$ 做 1D IFT 后，便可能求解处横向距离上的 y_i:

$$E^s(y) = \mathcal{F}^{-1}\{E^s(\emptyset)\}$$

$$= \int_{-\infty}^{\infty} \left[\sum_{i=1}^{P} B_i \cdot e^{-j2\pi \left(\frac{2f}{c}\right) \emptyset \cdot y_i} \right] e^{j2\pi \left(\frac{2f}{c}\right) \emptyset \cdot y} d\left(\frac{2f}{c}\emptyset\right) \tag{4.28}$$

$$= \int_{-\infty}^{\infty} \left[\sum_{i=1}^{P} B_i \cdot e^{j2\pi \left(\frac{2f}{c}\right) \emptyset \cdot (y-y_i)} \right] d\left(\frac{2f}{c}\emptyset\right)$$

式（4.28）中的积分和求和都为线性，交换位置后可得

$$E^s(y) = \sum_{i=1}^{P} B_i \cdot \int_{-\infty}^{\infty} e^{j2\pi \left(\frac{2f}{c}\right) \emptyset \cdot (y-y_i)} d\left(\frac{2f}{c}\emptyset\right) \tag{4.29}$$

$$= \sum_{i=1}^{P} B_i \cdot \delta(y - y_i)$$

式中: $E^s(y)$ 为关于 y 的横向距离函数。

由此，位于不同横向距离位置 y_i 的散射点被精确定位在横向距离轴上。式（4.29）在满足无数个视角条件下才是有效的，当然这是不可实现的。在实际的横向距离像处理中，式中积分变量 $\emptyset$ 是有限的:

$$E^s(y) = \sum_{i=1}^{M} B_i \cdot \int_{-\frac{\Omega}{2}}^{\frac{\Omega}{2}} e^{j2\pi \left(\frac{2f}{c}\right) \emptyset \cdot (y-y_i)} d\left(\frac{2f}{c}\emptyset\right) \tag{4.30}$$

式中: Ω 为获取后向散射场的总角度。

则式（4.26）的积分为

$$E^s(y) = \sum_{i=1}^{P} B_i \cdot \frac{1}{j2\pi} (e^{j2\pi \left(\frac{f}{c}\right) \Omega \cdot (y-y_i)} - e^{-j2\pi \left(\frac{f}{c}\right) \Omega \cdot (y-y_i)})$$

$$= \left(\frac{2f}{c}\Omega\right) \cdot \sum_{i=1}^{P} B_i \cdot \left[\frac{\sin\left(2\pi \left(\frac{f}{c}\right) \Omega \cdot (y - y_i)\right)}{2\pi \left(\frac{f}{c}\right) \Omega} \right] \tag{4.31}$$

$$= \left(\frac{2f}{c}\Omega\right) \cdot \sum_{i=1}^{P} B_i \cdot \text{sinc}\left[\frac{2f}{c} \cdot \Omega(y - y_i) \right]$$

式中: 由于转角有限，式（4.29）的脉冲函数变为 sinc 函数。

　　这里给出一个一维横向距离像的例子，图 4.8 给出了与图 4.6 中相同飞机的横向距离像。在远场处于频点 4GHz 获取飞机的后向散射电场，视角以机首为中心，从−1.04°~1.01°之间选取 64 个离散视角点。对多视角回波数据做一维 FFT 后得到图 4.8 所示的横向距离像，从图中可以看出飞机的鼻翼、发动机进气管道和机翼等散射点。

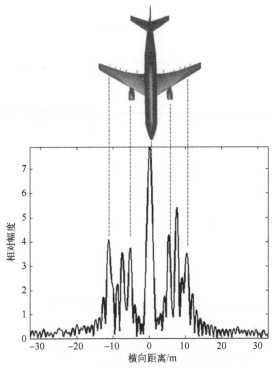

图 4.8　飞机模型的横向距离像

4.5　二维 ISAR 成像（小带宽小转角）

　　双基地 ISAR 的发射机和接收机是放置在不同空间位置的，而单基地雷达则是最常见的雷达，本节将给出单基地雷达的成像理论。

　　二维 ISAR 图像就是一个轴为距离像和另一个轴为横向距离像而已。如图 4.9（a）所示，通过获取不同频率和方位（或视角）的后向散射场数据，以生成二维 ISAR 图像。在该图中，假设矢量 $\hat{k}$ 位于二维 k_x-k_y 平面上。获取的数据为空间-频率维，称为 k_x 和 k_y。如果后向散射场数据是在有限带宽 B 和有限转角 Ω 内获取的，那么二维数据在 k_x-k_y 平面（图 4.9（b））将是不均匀的网格。然而，如果 B 和 Ω 足够小，那么 k_x-k_y 平面上的数据就逼近于等间隔线性网格。在这种情况下，运用快速逆傅里叶变换对 ISAR 成像就成为可能，将在后面论述。

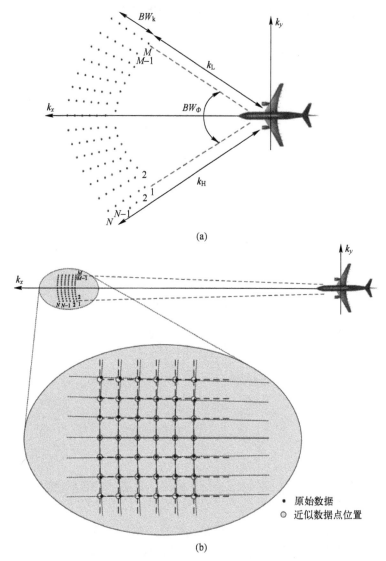

(a)

(b)

图 4.9　ISAR 成像结果

（a）单站 ISAR 获取的二维原始数据；（b）ISAR 数据校正（小带宽小转角）。

二维 ISAR 成像算法是针对收发同置情形的。如图 4.10 所示，目标上散射点为 $P(x_0, y_0)$，假设原点为目标的相位中心，在方位角 $\emptyset$ 处，散射点的远场后向散射场可以近似为

$$E^s(k, \varnothing) \cong A_0 \cdot e^{-j2k \cdot r_0} \tag{4.32}$$

式中：A_0 为后向散射场幅度；k 为传输方向上的波数矢量；r_0 为从原点到 P 点的矢量波数。

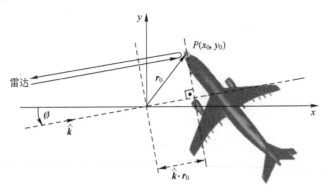

图 4.10　二维单站 ISAR 成像几何架构

式（4.32）有个相位延迟 $2k \cdot r_0$，这是因为电磁波传输到 P 点后又原路返回，它相对于到达原点后又返回的参考电磁波而言有额外的路径长度 $2k \cdot r_0$。其中，矢量 k 可以用 x 和 y 方向的波数表示：

$$\begin{aligned} k &= k \cdot \hat{k} \\ &= k \cdot (\hat{x} \cdot \cos\varnothing + \hat{y} \cdot \sin\varnothing) \end{aligned} \tag{4.33}$$

式中：$\hat{k}$、$\hat{x}$ 和 $\hat{y}$ 分别为 k、x 和 y 方向的单位矢量。

则式（4.32）的相位项可表示为

$$\begin{aligned} k \cdot r_0 &= k \cdot (\hat{x} \cdot \cos\varnothing + \hat{y} \cdot \sin\varnothing) \cdot (\hat{x} \cdot x_0 + \hat{y} \cdot y_0) \\ &= k\cos\varnothing \cdot x_0 + k\sin\varnothing \cdot y_0 \\ &= k_x \cdot x_0 + k_y \cdot y \end{aligned} \tag{4.34}$$

因此，式（4.32）可以整理为

$$E^s(k, \varnothing) = A_0 \cdot e^{-j2k\cos\varnothing \cdot x_0} \cdot e^{-j2k\sin\varnothing \cdot y_0} \tag{4.35}$$

式（4.35）中有两个相位项，都是空间频率变量 k 和转角变量 $\varnothing$ 的函数。如果仔细分析该相位项，很容易看出 $2k\cos\varnothing$ 和 x、$2k\sin\varnothing$ 和 y 之间存在着傅里叶变换关系。因此，ISAR 像可以通过距离维和横向距离维做二维 IFT 得到。

实际 ISAR 成像一般是在小带宽 B 和小转角 Ω 内获取回波数据的，也就是小带宽小转角 ISAR 成像。在这种 ISAR 处理中，带宽 B 相对于中心频率 f_c 而言是很小的，当小于中心频率 1/10 时可认为带宽足够小。因此，式（4.35）中第二个相位项的波数可以近似为

$$k \cong k_c$$

$$= \frac{2\pi f_c}{c} \tag{4.36}$$

式中：k_c 为相对于中心频率 f_c 的波数。

类似地，如果转角 Ω 很小，则下面的近似公式成立：

$$\begin{cases} \cos\emptyset \cong 1 \\ \sin\emptyset \cong \emptyset \end{cases} \tag{4.37}$$

实际上，转角大约为 $5° \sim 6°$ 时，一般认为比较小。由点 P 得到的散射场可以近似为

$$E^s(k,\emptyset) = A_0 \cdot e^{-j2k \cdot x_0} \cdot e^{-j2k_c\emptyset \cdot y_0} \tag{4.38}$$

为了利用 FT 的优势，把式（4.35）重整为

$$E^s(k,\emptyset) = A_0 \cdot e^{-j2\pi\left(\frac{2f}{c}\right) \cdot x_0} \cdot e^{-j2\pi\left(\frac{k_0\emptyset}{\pi}\right) \cdot y_0} \tag{4.39}$$

则 x-y 平面的 ISAR 像可以通过对式（4.39）做二维 IFT 得到：

$$\mathcal{F}_2^{-1}\{E^s(k,\emptyset)\} = A_0 \cdot \mathcal{F}_1^{-1}\{e^{-j2\pi\left(\frac{2f}{c}\right) \cdot x_0}\} \cdot \mathcal{F}_1^{-1}\{e^{-j2\pi\left(\frac{k_c\emptyset}{\pi}\right) \cdot y_0}\}$$

$$\begin{cases} E^s(x,y) = A_0 \cdot \left[\int_{-\infty}^{\infty} e^{-j2\pi\left(\frac{2f}{c}\right) \cdot x_0} \cdot e^{j2\pi\left(\frac{2f}{c}\right) \cdot x} d\left(\frac{2f}{c}\right)\right] \cdot \\ \qquad \left[\int_{-\infty}^{\infty} e^{-j2\pi\left(\frac{k_0\emptyset}{\pi}\right) \cdot y_0} \cdot e^{j2\pi\left(\frac{k_0\emptyset}{\pi}\right) \cdot y} d\left(\frac{k_c\emptyset}{\pi}\right)\right] \\ = A_0 \cdot \delta(x - x_0, y - y_0) \\ \triangleq \mathrm{ISAR}(x,y) \end{cases} \tag{4.40}$$

这里，$\delta(x,y)$ 代表 x-y 平面的二维冲激函数。从式（4.40）明显可以看出，点 P 将在位置 (x_0, y_0) 处以二维冲激函数的方式显示 ISAR 像上，并具有正确的电磁散射系数 A_0。

目标的散射场数据可以近似为有限个散射点（散射中心）的回波叠加：

$$E^s(k,\emptyset) \cong \sum_{i=1}^{P} A_i \cdot e^{-j2k \cdot r_i} \tag{4.41}$$

式中：A_i 表示第 i 个散射中心的复散射场幅度；$r_i = x_i \cdot \hat{x} + y_i \cdot \hat{y}$ 为从原点到该散射中心的位移矢量。

目标的后向散射场数据可以近似为目标上 M 个不同散射中心的后向散射场数据的叠加。目标的 ISAR 像可通过对二维散射场数据的 IFT 得到：

$$\mathrm{ISAR}(x,y) = \iint_{-\infty}^{\infty} \{E^s(k,\emptyset)\} \cdot e^{j2\pi\left(\frac{2f}{c}\right) \cdot x} e^{j2\pi\left(\frac{k_c\emptyset}{\pi}\right) \cdot y} d\left(\frac{2f}{c}\right) d\left(\frac{k_c\emptyset}{\pi}\right) \tag{4.42}$$

假设后向散射场数据可以表示为散射中心之和，则小带宽小转角 ISAR 像

可以近似为

$$
\begin{aligned}
\mathrm{ISAR}(x,y) &\cong \iint_{-\infty}^{\infty} \sum_{i=1}^{M} A_i \cdot \mathrm{e}^{-\mathrm{j}2k\cdot r_i} \cdot \mathrm{e}^{\mathrm{j}2\pi\left(\frac{2f}{c}\right)\cdot x} \mathrm{e}^{\mathrm{j}2\pi\left(\frac{k_c\emptyset}{\pi}\right)\cdot y} \mathrm{d}\left(\frac{2f}{c}\right) \mathrm{d}\left(\frac{k_c\emptyset}{\pi}\right) \\
&= \sum_{i=1}^{M} A_i \cdot \iint_{-\infty}^{\infty} \mathrm{e}^{-\mathrm{j}2k\cdot r_i} \cdot \mathrm{e}^{\mathrm{j}2\pi\left(\frac{2f}{c}\right)\cdot x} \mathrm{e}^{\mathrm{j}2\pi\left(\frac{k_c\emptyset}{\pi}\right)\cdot y} \mathrm{d}\left(\frac{2f}{c}\right) \mathrm{d}\left(\frac{k_c\emptyset}{\pi}\right) \\
&= \sum_{i=1}^{M} A_i \cdot \iint_{-\infty}^{\infty} \mathrm{e}^{\mathrm{j}2\pi\left(\frac{2f}{c}\right)\cdot(x-x_i)} \mathrm{e}^{\mathrm{j}2\pi\left(\frac{k_c\emptyset}{\pi}\right)\cdot(y-y_i)} \mathrm{d}\left(\frac{2f}{c}\right) \mathrm{d}\left(\frac{k_c\emptyset}{\pi}\right) \\
&= \sum_{i=1}^{M} A_i \cdot \delta(x - x_i, y - y_i)
\end{aligned}
\tag{4.43}
$$

因此，最终的 ISAR 像就是 M 个具有相应电磁反射系数的散射中心而已。当然，式 (4.43) 中的积分在现实中是有限的，因为电磁场数据是在有限带宽和有限转角内收集的，所以实际的 ISAR 像会从冲激函数褪变为 sinc 函数，这将在第 5 章进行论述。

4.5.1　距离分辨率和横向距离分辨率

ISAR 成像中，距离分辨率和横向距离分辨率决定着最终图像的质量，因此在 ISAR 成像处理中应考虑这些参数。当二维后向散射场数据获取和数字化存储完毕后，即可利用 DFT 计算式 (4.36) 中的傅里叶变换。

4.5.1.1　距离分辨率

由式 (4.39) 可以看出，在频率变量 f 和距离变量 x 之间存在着傅里叶变换关系。把频率带宽表示为 B，则根据傅里叶变换理论可知 ISAR 的距离分辨率为

$$
\Delta x = \frac{1}{\mathrm{BW}\left(\frac{2f}{c}\right)} = \frac{c/2}{\mathrm{BW}_f} = \frac{c}{2B}
\tag{4.44}
$$

由此 (4.44) 可见，大带宽可以提供距离维的高分辨。例如，距离分辨率要达到 15cm，则需要在 1GHz 的带宽范围内获取后向散射场数据。

4.5.1.2　横向距离分辨率

相似地，横向距离分辨率 Δy 计算如下：从式 (4.39) 可看出，角度变量 $\emptyset$ 和横向距离变量 y 之间存在着傅里叶变换关系。如果在角度范围 Ω 内获取后向散射场数据，则 ISAR 的横向分辨率为

$$
\begin{aligned}
\Delta y &= \frac{1}{\mathrm{BW}\left(\dfrac{k_c \varnothing}{\pi}\right)} \\
&= \frac{\pi / k_c}{\mathrm{BW}_\varnothing} \\
&= \frac{\lambda_c}{2\Omega} \\
&= \frac{c}{2f_t \Omega}
\end{aligned}
\tag{4.45}
$$

式中：λ_c 为中心频率 f_c 对应的波长。

式（4.45）表明大的角度范围就会有更好的横向距离分辨率。例如，横向距离分辨要达到 15cm，中心频率为 10GHz 时需要在 5.73°的角度范围内获取后向散射场数据。

4.5.2　距离范围和横向距离范围

一旦距离分辨率和横向距离分辨率确定，采样点数就决定了 ISAR 图像在距离维和横向距离维的空间范围，即在两个方向上的图像窗口范围。如果频带内采样 N_x 次，角度范围内采样 N_y 次，则相应的图像域范围为

$$
\begin{cases}
X_{\max} = N_x \cdot \Delta x \\
\qquad = \dfrac{N_x \cdot c}{2B} \\
Y_{\max} = N_y \cdot \Delta y \\
\qquad = \dfrac{N_y \cdot \lambda_c}{2\Omega}
\end{cases}
\tag{4.46}
$$

对于上面的例子，如果二维频率-角度数据的采样点都是 256，则图像大小为 38.4m×38.4m，这对于战斗机成像应用已经足够大了。

4.5.3　ISAR 中多次反射成像

ISAR 成像是基于单次反射假设的，但毫无疑问，当电磁波照射到目标而在其周围反射时会存在着多次反射情况。传统的 ISAR 成像过程是基于单次反射假设的，因此多次反射不会在 ISAR 图像中映射出目标的实际散射位置。在实际过程中，高阶散射机理在距离上会发生简单延迟，而在横向距离上会被错误定位。

为了描述在 ISAR 图像中多次反射是如何映射的，如图 4.11 所示，分析一个 N 次反射情况，假设图中相位中心为原点，相应的散射电场可以写为

$$E^s(k_x,k_x)=A\cdot e^{-j(\bm{k}\cdot\bm{r}_1+k\cdot\sum_{n=1}^{N-1}\mathrm{trip}_n+\bm{k}\cdot\bm{r}_N)} \tag{4.47}$$

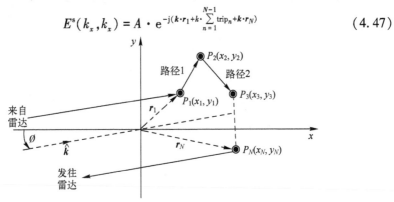

图 4.11　ISAR 中多次反弹机理成像的几何关系图

式中：A 为 N 次反射后的复散射场强度，$\mathrm{trip}_n=|\bm{r}_{n+1}-\bm{r}_n|$。

令 $\sum_{n=1}^{N-1}\mathrm{trip}_n=\mathrm{trip}_{\mathrm{tot}}$，表示在第一次和最后一次反射之间传播的总行程。

注意，错置的矢量 $\bm{r}_1$ 和 $\bm{r}_N$ 可表示为

$$\begin{cases}\bm{r}_1=x_1\cdot\hat{\bm{x}}+y_1\cdot\hat{\bm{y}}\\\bm{r}_N=x_N\cdot\hat{\bm{x}}+y_N\cdot\hat{\bm{y}}\end{cases} \tag{4.48}$$

波数矢量可以由坐标轴变量和入射角变量 $\emptyset$ 表示为

$$\bm{k}=k\cos\emptyset\cdot\hat{\bm{x}}+k\sin\emptyset\cdot\hat{y} \tag{4.49}$$

把式（4.48）和式（4.49）带入式（4.47）中，可得到相位项更清晰的散射场：

$$E^s(k_x,k_x)=A\cdot e^{-jk((x_1+x_N)\cos\emptyset+(y_1+y_N)\sin\emptyset+\mathrm{trip}_{\mathrm{tot}})} \tag{4.50}$$

对于小带宽小转角 ISAR 而言，可做如下近似：

$$\begin{cases}k(x_1+x_N)\cos\emptyset\cong k(x_1+x_N)\\k(y_1+y_N)\sin\emptyset\cong k_c(y_1+y_N)\emptyset\end{cases} \tag{4.51}$$

最终的散射场近似表示为

$$E^s(k_x,k_x)\cong A\cdot e^{-jk(x_1+x_N+\mathrm{trip}_{\mathrm{tot}})}\cdot e^{-jk_c(y_1+y_N)\emptyset} \tag{4.52}$$

对散射场做二维 IFT 运算可以得到 ISAR 图像，即

$$E^s(x,y)=\mathcal{F}_2^{-1}\{E^s(k,\emptyset)\}$$
$$=\iint_{-\infty}^{\infty}\{E^s(k_x,k_y)\}e^{jk_x x}\cdot e^{jk_y y}\mathrm{d}k_x\mathrm{d}k_y \tag{4.53}$$

如前所述，小带宽小转角 ISAR 时有 $k_x=2k$ 和 $k_y=2k_c\emptyset$。因此，N 点多次

反射在 ISAR 图像中为

$$E^s(x,y)=A\cdot\iint_{-\infty}^{\infty}e^{jk_x\left(x-\frac{x_1+x_N+\text{trip}_{tot}}{2}\right)}\cdot e^{jk_y\left(y-\frac{y_1+y_N}{2}\right)}\,\mathrm{d}k_x\mathrm{d}k_y$$

$$=A\cdot\delta\left(x-\frac{x_1+x_N+\text{trip}_{tot}}{2},y-\frac{y_1+y_N}{2}\right)\tag{4.54}$$

如图 4.12 所示，多次反射的 ISAR 像在距离维被延迟，在横向距离维被错置。从式（4.54）可以看出，ISAR 图像中多次反射的距离坐标和横向距离坐标通过下式计算：

$$\begin{cases}x'=\dfrac{(x_1+x_N+\text{trip}_{tot})}{2}\\[2mm]y'=\dfrac{(y_1+y_N)}{2}\end{cases}\tag{4.55}$$

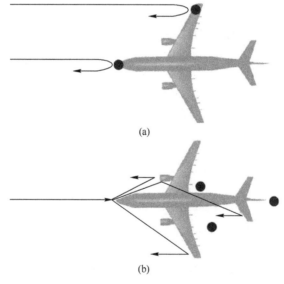

图 4.12 单次和多次反射在距离维映射结果

（a）单次反射在 ISAR 图像中映射正确；

（b）多次反射在距离上被延迟，在横向距离上被错置，因此图像中的散射点超出目标范围。

因此，如果 ISAR 图像中的多次反射特性能够被正确解译的话，其携带的有用信息，可以用来解释目标对电磁波的散射这一物理现象。

如果只有一次反射，则有 $x_N=x_1$，$y_N=y_1$ 和 $\text{trip}_{tot}=0$。因此，式（4.54）变为单次反射时的结果：

$$E^s(x,y)=A\cdot\delta(x-x_1,y-y_1)\tag{4.56}$$

当多次反射发生在相互垂直的二面角内时是非常有趣的，如图 4.13 所示。

该几何体内的所有多次反弹都有着相同的传输距离（或时间），所以虚假的点散射体处于两个平面组成的夹角处。可以做如下仿真：两块相同的 1m×1m 的良导体形成 90°角反射体，仿真中心频率为 10GHz，仿真得到的散射场方向为平行于反射体对称线，转角为 9.2°，频率带宽为 0.8GHz。那么得到的 ISAR 图像如图 4.14 所示，所有的多次反射均在夹角处重合。

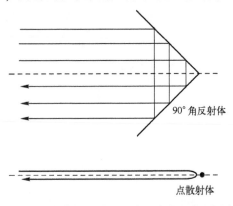

90° 角反射体

点散射体

图 4.13　90°角反射体内所有的二次反射都有相同的传输路径
（如图从二平面角处的虚拟散射点产生的单次反射一样）

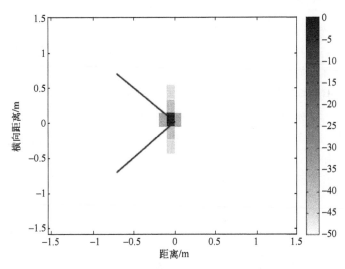

图 4.14　1m×1m 角反射体在 10GHz 时的 ISAR 图像（所有多次反射都出现在夹角处）

ISAR 图像中包含多次反射的例子如图 4.15 所示。该仿真是在飞机模型的前端偏 45°方向进行的，后向散射场数据获取的频率范围是从 5.8154 ～ 6.1731GHz，角度区间为 41.47°～ 48.42°。相应地，通过图 4.15 所示的 ISAR 二维图像可以看出，单次反射对应的亮点都出现在飞机轮廓之内，而一些多次反射对应的亮点则出现在目标轮廓之外。

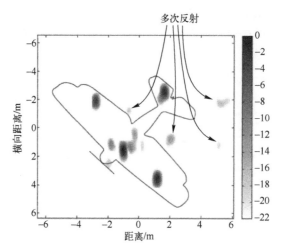

图 4.15　飞机模型前端端偏 45°时的 ISAR 图像 （一些多次反射
对应的亮点出现在目标轮廓之外）

4.5.4　ISAR 成像设计

ISAR 成像的基本算法流程如图 4.16 所示，具体步骤如下。

（1）成功进行 ISAR 成像的首要关键点是选择 ISAR 图像大小，即距离和横向距离的窗口范围。如果距离窗口范围为 X_{max}，横向距离窗口范围为 Y_{max}，那么 ISAR 图像的大小就是 $X_{max} \times Y_{max}$，它应当能够覆盖被成像目标的尺寸。需要注意的是，目标的尺寸是随着雷达视角变化而变化的。

（2）下一个关键选择是距离分辨率 Δx 和横向距离分辨率 Δy。这两数字决定了图像有多少像素，因此它们与 ISAR 图像质量直接相关。ISAR 图像分辨率确定后，距离采样点 N_x 和横向距离采样点 N_y 就可以通过下式计算：

$$\begin{cases} N_x = \dfrac{X_{max}}{\Delta x} \\ N_y = \dfrac{Y_{max}}{\Delta y} \end{cases} \tag{4.57}$$

如果目标的距离维尺寸为 15m，横向距离维尺寸为 12m（战斗机的一般参数），两个维度的分辨率均为 15cm，那么目标的距离维将有 100 个像素（或单元），横向距离维将有 80 个像素（或单元）。

（3）确定 ISAR 图像大小后，频率步进 Δf 和角度步进 $\Delta \varnothing$ 就可以根据式（4.39）所示的频率-距离和角度-横向距离的傅里叶变换关系确定下来：

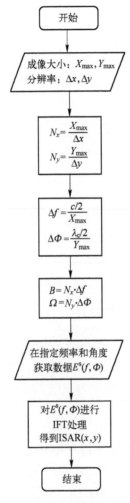

图 4.16　基本成像算法流程图

$$
\begin{cases}
\Delta f = \dfrac{\dfrac{c}{2}}{X_{\max}} \\[4mm]
\Delta\varnothing = \dfrac{\dfrac{\lambda_c}{2}}{Y_{\max}}
\end{cases}
\tag{4.58}
$$

对应的频率带宽 B 和转角 Ω 分别为

$$\begin{cases} B = N_x \cdot \Delta f = \dfrac{N_x \cdot c}{2 \cdot X_{\max}} \\[3mm] \varOmega = N_y \cdot \Delta\varnothing = \dfrac{N_y \cdot \lambda_c}{2 \cdot Y_{\max}} \end{cases} \tag{4.59}$$

（4）如果中心频点为 f_c，雷达视角中心点为 $\varnothing_c$，那么需要在下列频点和角度上获取后向散射场数据：

$$\begin{cases} f = \left[\left(f_c - \dfrac{N_x \Delta f}{2} \right) \left(f_c - \left(\dfrac{N_x}{2} - 1 \right)\Delta f \right) \cdots (f_c) \cdots \left(f_c + \left(\dfrac{N_x}{2} - 1 \right)\Delta f \right) \right]_{1 \times N_x} \\[3mm] \varnothing = \left[\left(\varnothing_c - \dfrac{N_y \Delta\varnothing}{2} \right) \left(\varnothing_c - \left(\dfrac{N_y}{2} - 1 \right)\Delta\varnothing \right) \cdots (\varnothing_c) \cdots \left(\varnothing_c + \left(\dfrac{N_y}{2} - 1 \right)\Delta\varnothing \right) \right]_{1 \times N_y} \end{cases} \tag{4.60}$$

在这些频率和角度上获取的后向散射场数据集为 $E^s(f, \varnothing)$。

（5）最后，做二维 IFT 得到 ISAR 图像。如果满足小带宽小转角情况，则可以很容易地运用 IFFT。

下面将演示几个利用上述算法获取 ISAR 图像的例子。

4.5.4.1　ISAR 成像设计范例 1

对如图 4.17（a）所示的依靠计算机辅助设计（CAD）的飞机模型进行 ISAR 成像，CAD 文件是由许多三角面组成的。飞机在 x、y 和 z 轴方向的大小分别为 7m、11.68m 和 3.3m，目标为获取飞机的 x–y 平面二维 ISAR 图像。下面，进行 ISAR 成像设计。

（1）飞机 x–y 平面大小为 7m×11.68m，图像窗口范围应该覆盖这一尺寸。所以选定 x 和 y 方向的图像范围为 12m 和 16m。后向散射场数据从飞机前端方向收集，中心频率为 6GHz。因此，距离 x 轴是从机头至机尾的方向，横向距离 y 轴是一侧机翼到另一侧机翼的方向，如图 4.17（b）所示。

（2）选定距离分辨率和横向距离分辨率分别为 $\Delta x = 37.5\text{cm}$ 和 $\Delta y = 25\text{cm}$，因此，距离采样点（N_x）和横向距离采样点（N_y）分别为

$$\begin{cases} N_x = \dfrac{12\text{m}}{0.375\text{m}} \\[2mm] \quad = 32 \\[3mm] N_y = \dfrac{16\text{m}}{0.25\text{m}} \\[2mm] \quad = 64 \end{cases} \tag{4.61}$$

（3）确定频率分辨率 Δf 和角度分辨率为

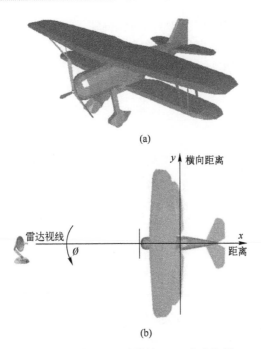

(a)

(b)

图 4.17　飞机 CAD 及单站 ISAR 仿真场景。

（a）飞机 CAD 图；（b）单站 ISAR 仿真场景。

$$
\begin{cases}
\Delta f = \dfrac{\dfrac{3 \cdot 10^8}{2}}{12} \\
\quad = 12.5\text{MHz} \\
\Delta\varnothing = \dfrac{\dfrac{0.05}{2}}{16} \\
\quad = 0.0016\text{rad}(0.09°)
\end{cases}
\tag{4.62}
$$

频率带宽和角度宽度为

$$
\begin{cases}
B = 32.125\text{MHz} \\
\quad = 400\text{MHz} \\
\Omega = 64 \cdot 0.00016\text{rad} \\
\quad = 0.1\text{rad}(5.73°)
\end{cases}
\tag{4.63}
$$

其中，频率带宽小于中心频率 1/10，因此满足小带宽近似。当视角从 $-0.05 \sim$ 0.05rad 变化时，满足 $\sin\varnothing \cong \varnothing$，因此满足小转角近似。

（4）确定上述参数后，从频率 5.80～6.1875GHz 共 32 个频率点、角度 $-2.86° \sim 2.78°$ 共 64 个离散角度，获取后向散射场数据。通过计算这些频点和角度的后向散射场数据 $E^s(f,\varnothing)$，即可得到飞机模型的仿真数据。最终，得到了 32×64 的二维多频率多角度后向散射场数据。

（5）最后，对获取的数据做二维 IFT 变换得到 ISAR 图像，如图 4.18 所示。

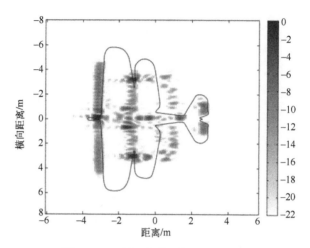

图 4.18　二维飞机模型的 ISAR 图像

如前所述，ISAR 图像显示了目标的二维距离–横向距离像。ISAR 图像上以对数方式显示了 20dB 动态范围内的像素，从图中可以观察到主要的横向散射中心位于飞机前端、推进器、机翼和尾翼等，还可以清楚地看到散射中心四周由于有限频率带宽和有限转角导致的辛格状图像失真。在第 5 章中，将会讲到如何缓解这种失真的影响。

4.5.4.2　ISAR 成像设计举例 2

本例主要用于演示如何完成客机 ISAR 图像所需参数的设计，客机的 CAD 图形如图 4.19（a）所示。飞机在 x、y 和 z 轴方向的大小分别为 72.8m、61.1748m 和 22.5324m。下面，进行 ISAR 成像设计。

（1）目标为获取飞机前端上方 10°方向（80°仰角、0°方位角）、中心频率 4GHz 的距离和横向距离图像。如图 4.19（b）所示，从这一视角，飞机距离向长度为 70.5m，横向距离向长度为 61.1748m。因此，选择 ISAR 窗口大小为 80m×66m 即可覆盖整个飞机。

（2）选定距离分辨率和横向距离分辨率分别为 $\Delta x = 250\text{cm}$ 和 $\Delta y = 103.125\text{cm}$，因此，距离采样点（$N_x$）和横向距离采样点（$N_y$）分别为

$$
\begin{cases}
N_x = \dfrac{80}{2.5} \\
\quad\ = 32 \\
N_y = \dfrac{66}{1.03125} \\
\quad\ = 64
\end{cases}
\tag{4.64}
$$

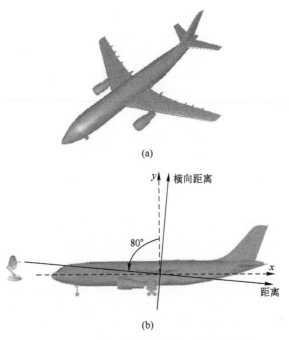

(a)

(b)

图 4.19 客机 CAD 及单站 ISAR 仿真场景

（a）客机的 CAD 图形；（b）单站 ISAR 仿真场景。

（3）确定频率分辨率 Δf 和角度分辨率 $\Delta \varnothing$ 分别为

$$
\begin{cases}
\Delta f = \dfrac{\dfrac{3 \cdot 10^8}{2}}{80} \\
\quad\ = 1875\text{kHz} \\
\Delta \varnothing = \dfrac{\dfrac{0.05}{2}}{66} \\
\quad\ = 0.000568\text{rad}(0.0326°)
\end{cases}
\tag{4.65}
$$

可得，频率带宽和角度宽度分别为

$$\begin{cases} B = 32.1875\text{kHz} \\ \quad = 60\text{MHz} \\ \Omega = 64 \cdot 0.000568\text{rad} \\ \quad = 0.036352\text{rad}(2.08°) \end{cases} \tag{4.66}$$

其中，频率带宽小于中心频率的 $1/10$，$\sin(\Omega/2) = \sin(0.0184) = 0.0184$，因此，ISAR 设置满足小带宽小转角近似。

（4）确定上述参数后，频率 $3.97 \sim 4.0281$GHz 共 32 个离散频率点、角度 $-1.0417° \sim 1.0092°$ 共 64 个离散角度，获取后向散射场数据。通过计算这些频点和角度的后向散射场数据 $E^s(f, \emptyset)$，即可得到飞机模型的仿真数据。最终，得到了 32×64 的二维多频率多角度后向散射场数据。

（5）对获取的数据做二维 IFT 变换得到 ISAR 图像，如图 4.20 所示，可以很容易地看出关键散射中心在前端、发动机进气管、尾翼等处。同时与预期一样，图像也存在由于有限带宽和有限转角导致的辛格状图像失真。

4.6 ISAR 成像（大带宽大转角）

通常 ISAR 系统获取目标回波数据是在较小的角度宽度内进行的，典型的只有几度，这主要是因为较小的角度宽度为后续信号处理和成像提供了极大的简化。在小转角情况下，可以应用平面波假设，因而 ISAR 成像过程中可以如 4.5 节所述高效地利用傅里叶变换。需要注意的是，横向距离分辨率与转角成反比关系，因而横向距离范围大的目标是无法在小的转角范围内得到高分辨 ISAR 成像的（图 4.20）。在大转角内获取后向散射场数据将能够提高横向距离分辨率[4]，且在大转角内获取后向散射场数据即使信号带宽相对较小也能提供高的距离分辨率[5]。同时，大转角面临着图像散焦的问题，而且平面波的假设也不再成立，因此成像算法必须考虑波前弯曲效应。一个可行的解决方法是子孔径方法[6]，它将大转角分解为几个小的转角，小转角内波前是满足平面波假设的，但这种方法将导致方位分辨率变差，因为它没有在同一积分时间内利用到全部的角度孔径。

如果雷达频率带宽和角度宽度都较大，那么小带宽小转角条件下的 ISAR 成像过程将不再适用，此时 ISAR 成像就必须进行数值的两重积分。有两种方法来实现大带宽大转角条件下的 ISAR 成像。

（1）直接数值积分；

（2）利用极坐标格式法处理后进行 DFT 积分。

前一种方法中，二维 ISAR 积分可以通过 Simpson 积分或高斯面元积分等数值积分的方法实现。尽管在大带宽大转角条件下，数值积分方法能够提供更高距离和横向距离分辨率的图像，但其主要缺点是 ISAR 积分计算时间较长。

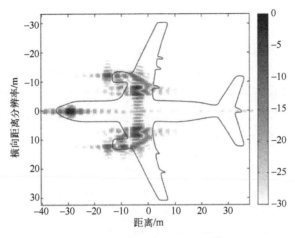

图 4. 20　客机的二维 ISAR 像

在后一种方法中，把获取的回波数据转换为均匀空间网格的数据，这样就可以利用 FFT 实现 ISAR 积分，这种转换称为极坐标格式算法。

下面，将两种成像算法进行深入探讨，并给出演示示例。

4.6.1　直接积分法

直接积分法是基于 ISAR 图像是正比于下列积分：

$$\mathrm{ISAR}(x,y) \sim \int_{\emptyset_1}^{\emptyset_2} \int_{k_1}^{k_2} \{ E^{\mathrm{s}}(k,\emptyset) \} \cdot \mathrm{e}^{\mathrm{j}2(k_x \cdot x + k_y \cdot y)} \mathrm{d}k \cdot \mathrm{d}\emptyset$$

$$= \int_{\emptyset_1}^{\emptyset_2} \int_{k_1}^{k_2} \{ E^{\mathrm{s}}(k,\emptyset) \} \cdot \mathrm{e}^{\mathrm{j}2(k\cos\emptyset \cdot x + k\sin\emptyset \cdot y)} \mathrm{d}k \cdot \mathrm{d}\emptyset \qquad (4.67)$$

式中：假设后向散射场数据是在频率 $k_1 \sim k_2$、角度 $\emptyset_1 \sim \emptyset_2$ 上获取的。

下面分析如何从上述积分显示出目标的主散射点位置，即获得 ISAR 图像：对于单散射点 (x_0, y_0)，其后向散射场近似为

$$E^{\mathrm{s}}(k,\emptyset) \cong A \cdot \mathrm{e}^{-\mathrm{j}2(k\cos\emptyset \cdot x_0 + k\sin\emptyset \cdot y_0)} \qquad (4.68)$$

把式（4.68）带入式（4.67），可转化为

$$\mathrm{ISAR}(x,y) \sim A \int_{\emptyset_1}^{\emptyset_2} \int_{k_1}^{k_2} \mathrm{e}^{\mathrm{j}2k(\cos\emptyset \cdot (x-x_0) + \sin\emptyset \cdot (y-y_0))} \mathrm{d}k \cdot \mathrm{d}\emptyset \qquad (4.69)$$

该积分在 $x=x_0$、$y=y_0$ 时结果达到最大值，因为此时 E^{s} 的相位和积分项的相位完全匹配，从而把频率-方位域上的所有能量叠加起来。此时的积分结果为

$$\text{ISAR}(x_0, y_0) \sim A \cdot \int_{\emptyset_1}^{\emptyset_2} \int_{k_1}^{k_2} \mathrm{d}k \cdot \mathrm{d}\emptyset$$

$$= A \cdot (k_2 - k_1) \cdot (\emptyset_2 - \emptyset_1) \qquad (4.70)$$

$$= A \cdot \text{BW}_k \cdot \Omega$$

式中：获取后向散射场数据的频率带宽 $\text{BW}_k = k_2 - k_1$；视角宽度 $\Omega = \emptyset_2 - \emptyset_1$。

对于 $x = x_0$、$y = y_0$ 之外的 x、y 值，由于 E^s 的相位和积分项的相位不匹配，式（4.69）的积分结果相对于式（4.70）结果将会很小。因此，可以通过对式（4.67）所示大带宽大转角条件下的 ISAR 成像积分公式进行积分处理和归一化，得到位于 (x_0, y_0) 处的散射点精确位置：

$$\text{ISAR}(x, y) = \frac{1}{\text{BW}_k \cdot \Omega} \int_{\emptyset_1}^{\emptyset_2} \int_{k_1}^{k_2} \{ E^s(k, \emptyset) \} \cdot \mathrm{e}^{\mathrm{j}2(k\cos\emptyset \cdot x + k\sin\emptyset \cdot y)} \mathrm{d}k \cdot \mathrm{d}\emptyset \quad (4.71)$$

ISAR 图像的分辨率可以通过大的带宽和大的角度宽度来实现，但积分范围变大必然需要更多的计算资源。通过积分离散化的方式可以提高图像视觉分辨率，相应的代价为再次加重了计算内存和计算时间的负担。

下面通过一个计算的例子演示大带宽大转角条件下 ISAR 成像的概念。如图 4.21 所示，利用 110 个点来模仿假想飞机的轮廓，假设这些散射点在所有频率和所有方向上的电磁散射幅度相同。

在进行大带宽大转角 ISAR 成像之前，先给出小带宽小转角条件下该目标的 ISAR 成像用于比较。选定 ISAR 成像窗口在距离向为 18m，在横向距离向为 16m。运用 ISAR 设计过程，得到中心频率 8GHz、带宽 525MHz，以飞机目标前端 4.23° 角度范围内的 64×64 点数据为中心。利用传统的小带宽小转角成像算法，得到如图 4.22 所示的 ISAR 像。

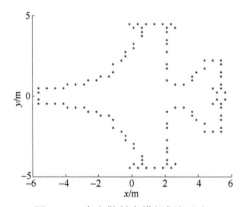

图 4.21 多个散射点模拟假想飞机

增大频率带宽和转角宽度以运用大带宽大转角 ISAR 成像算法。从飞机前端角度 −30° ~ 30° 范围内获取后向散射场数据，频率范围为 6 ~ 10GHz，中心频率为 8GHz，带宽达到了 50%，不满足小带宽小转角条件。获取上述频点和角度上的回波数据后，运用小带宽小转角条件下基于 FFT 的 ISAR 成像算法，得到如图 4.23 所示的 ISAR 像，显然该图像高度失真，因为获取的回波数据在空间-频率平面上不处于规则的网格上，二维 IFT 极大地扩展了目标散射中心的位置和 PSR。可以看出，大带宽大转角条件下的后向散射场数据应该区别对待。

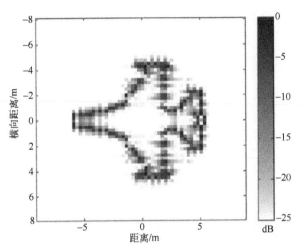

图 4.22　假想飞机模型的小带宽小转角 ISAR 像

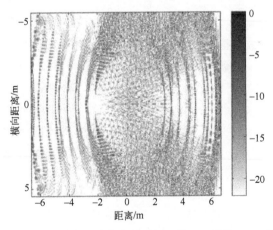

图 4.23　大带宽大转角条件进行二维 IFT 后的 ISAR 像

同样的数据由式（4.71）所示的大带宽大转角 ISAR 成像积分处理，积分时采用 Simpson 积分法则，获得的 ISAR 像如图 4.24 所示，散射中心成像良好。此时成像分辨率是由积分时的离散化决定的，由于积分离散间隔很小，因此距离和横向距离分辨率都很高。需要指出的是，在积分中由于离散和近似造成了数字化噪声，如图 4.24 所示，当像素值小于最大值-25dB 时数字化噪声已经清晰可见了。

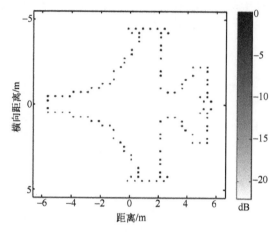

图 4.24　飞机状几何体的大带宽大转角 ISAR 像（直接积分）

4.6.2　极坐标格式法

　　另外一种处理大带宽大转角条件下后向散射场数据的方法是极坐标格式算法，其基本思想是在空间-频率域重新整合数据，然后使用 FFT 进行快速 ISAR 成像。本节将探讨利用极坐标格式法来实现大带宽大转角 ISAR 成像。

　　由于 $E^{s}(k, \varnothing)$ 数据是在频率-方位域获取的，因此在该二维域上数据可形成等间隔矩形网格，但如图 4.25 所示，在空间-频率域（k_{x}-k_{y} 平面）上数据是极坐标格式的。从式（4.68）可以看出，在 k_{x} 和 x、k_{y} 和 y 之间存在傅里叶变换关系，故此，只有当数据在 k_{x}-k_{y} 平面被转变为均匀网格排列时，才能借助 FFT 实现 ISAR 积分快速计算。应用 FFT/IFFT 的前提为数据是离散、均匀等间隔矩形网格排列的，因此需要将获取的后向散射场数据从极坐标格式转变到笛卡儿坐标格式，如图 4.25 所示，这个过程即极坐标格式法。为了将应用极坐标格式法过程中的误差最小化，算法中采用了几种内插值方案，比如最近邻法[7,8]。把数据格式调整正确后，ISAR 图像可以通过 4.4 节所述二维 DFT 操作来得到。

　　利用获取的如图 4.21 所示假想目标的大带宽大转角数据，对极坐标格式法进行演示。频率-角度域的后向散射场数据如图 4.26 所示。利用最近邻插值算法把数据格式处理调整到二维空间频率 k_{x}-k_{y} 平面。最近邻插值算法的细节将在第 5 章 5.3 节进行论述，处理后的数据如图 4.27 所示。当数据完成向 k_{x}-k_{y} 平

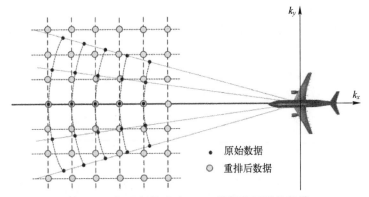

图 4.25 极坐标格式法 ISAR 数据的矩形化重排

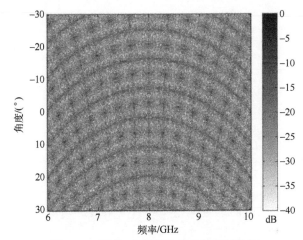

图 4.26 频率-角度域的后向散射场数据

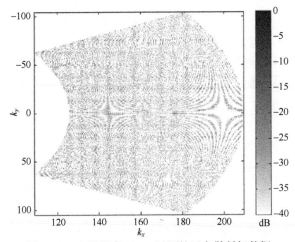

图 4.27 空间频率 k_x-k_y 平面的后向散射场数据

面均匀转换后，则可利用 FFT 处理把数据转换到 $x-y$ 平面，获得图 4.28 所示的二维 ISAR 像。同直接积分法相似，极坐标格式法处理后的 IFFT 运算提供了相较于距离和横向距离尺寸大小良好的分辨率，同时把数据从极坐标格式转换到笛卡儿坐标格式过程中数字化噪声也是不可避免的。在本例中，图像最大幅值-30dB 之下，数字化噪声开始显现。

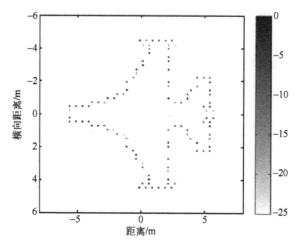

图 4.28　飞机状几何体的大带宽大转角 ISAR 像
（极坐标格式法和 FFT 处理后）

4.7　三维 ISAR 成像

　　传统 ISAR 工作方式为相干系统跟踪目标，利用目标的旋转运动以获取目标在不同频率不同视角下的反射回波。在不同的距离和多普勒频率（或横向距离）处给出目标散射截面积，这就是目标的二维 ISAR 像。类似地，如果目标的平动和转动成分可以测量或可以精确估计，那么就可以获取目标在两个相互垂直方向上的一维像，从而得到目标的三维 ISAR 像。

　　当前对三维 ISAR 成像概念领域的研究主要集中在两个不同的途径：第一种方法是基于相干 ISAR 实现的，利用不同高度的多个天线分解出第二个横向距离维[14-17]，这种方法有许多限制，如对目标闪烁噪声高度敏感，对特定距离-横向距离(x,y)点缺乏多个高度（z）信息等；第二种方法是运用单天线提供目标在多个高度、多个距离和多个横向距离点的一维像数据。部分三维 ISAR 成像算法参见文献 [9-13]。

　　下面将介绍小带宽小转角条件下的三维 ISAR 成像方法。

　　三维 ISAR 像，实际上是距离（x 轴）和两个横向距离（y 轴和 z 轴）域的三维像。因此，如图 4.29 所示，散射场数据将在不同频率、不同方位角和频率角上获取。由图可知，回波数据覆盖了 k_x、k_y 和 k_z 域。如果后向散射场数据是在小频率带宽 B（或 BW_k）、小视角宽 $\mathrm{BW}_\phi \triangleq \Omega$ 和 $\mathrm{BW}_\theta \triangleq \psi$，那么在 k_x–k_y–k_z 空间的数据就接近于线性网格。同二维 ISAR 成像类似，该假设条件下可利用 FFT 进行三维 ISAR 成像。

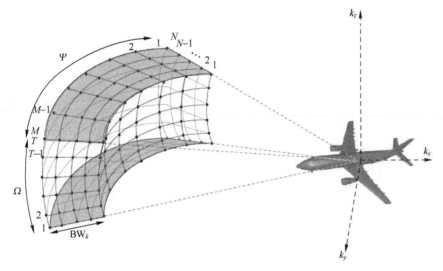

图 4.29　傅里叶空间的原始 ISAR 数据（三维收发同置）

基于一个如图 4.30 所示的点目标模型，散射点位于 $P(x_0,y_0,z_0)$，雷达照射目标的波数矢量为 $\boldsymbol{k}=k\cdot\hat{\boldsymbol{k}}$，照射方向与 z 轴夹角为 θ，与 x-y 平面夹角为 α，A-A' 线段为矢量 $\boldsymbol{k}$ 在 x-y 平面的投影，很明显 $\theta+\alpha=90°$。把原点作为场景的相位中心，则方位角为 ϕ、俯仰角为 θ 的散射点 P 的远场散射场为

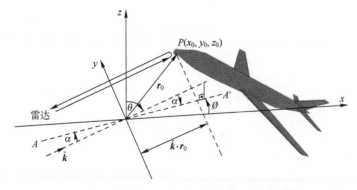

图 4.30　收发同置三维 ISAR 成像几何关系图

$$E^s(k,\varnothing,\theta)=A_0 \cdot e^{-j2k \cdot r_0} \qquad (4.72)$$

式中：A_0 为后向散射场密度幅度；k 为 k 方向的波数矢量；r_0 为从原点到 P 点的矢量。指数项上的系数 "2" 考虑了雷达和散射点间的双程传输。相较于电磁波照射到原点后返回而言，照射到 P 点后原路返回就会有额外的行程距离，即式（4.72）中的相位延迟量 $2k \cdot r_0$。k 矢量可以分解到 x、y 和 z 方向：

$$\begin{aligned}
k &= k \cdot \hat{k} \\
&= k \cdot (\hat{x} \cdot \sin\theta\cos\varnothing + \hat{y} \cdot \sin\theta\sin\varnothing + \hat{z} \cdot \cos\theta) \\
&= k \cdot (\hat{x} \cdot \cos\alpha\cos\varnothing + \hat{y} \cdot \cos\alpha\sin\varnothing + \hat{z} \cdot \sin\alpha)
\end{aligned} \qquad (4.73)$$

式中：$\hat{k}$、$\hat{x}$、$\hat{y}$ 和 $\hat{z}$ 分别为 k、x、y 和 z 方向的单位矢量。式（4.73）中的相位项可以表示为

$$\begin{aligned}
k \cdot r_0 &= k(\hat{x} \cdot \cos\alpha\cos\varnothing + \hat{y} \cdot \cos\alpha\sin\varnothing + \hat{z} \cdot \sin\alpha) \cdot (\hat{x} \cdot x_0 + \hat{y} \cdot y_0 + \hat{z} \cdot z_0) \\
&= k\cos\alpha\cos\varnothing \cdot x_0 + k\cos\alpha\sin\varnothing \cdot y_0 + k\sin\alpha \cdot z_0
\end{aligned}$$

$$(4.74)$$

由此，式（4.72）重写为

$$E^s(k,\varnothing,\theta)=A_0 \cdot e^{-j2k\cos\theta\cos\varnothing \cdot x_0} \cdot e^{-j2k\cos\theta\sin\varnothing \cdot y_0} \cdot e^{-j2k\sin\theta \cdot z_0} \qquad (4.75)$$

式（4.75）中包含的三项相位项分别为空间频率 k、角度 θ 和 $\varnothing$ 的函数。假设后向散射场数据是在相对于中心频率 f_c 很小的带宽 B 内获取的，且转角宽度 θ（俯仰角）和 $\varnothing$（方位角）也很小，如果雷达位于 x 轴附近，则下列近似成立：

$$\begin{cases}
k \cong k_c \\
\cos\alpha\cos\varnothing \cong 1 \\
\cos\alpha\sin\varnothing \cong \varnothing \\
\sin\theta \cong \alpha
\end{cases} \qquad (4.76)$$

式中：$k_c = 2\pi f/c$ 为对应于中心频率的波数。

因此，P 点的散射场近似为

$$E^s(k,\varnothing,\alpha)=A_0 \cdot e^{-j2k \cdot x_0} \cdot e^{-j2k_c\varnothing \cdot y_0} \cdot e^{-j2k_c\alpha \cdot z_0} \qquad (4.77)$$

为了利用 FT，式（4.77）整理为

$$E^s(k,\varnothing,\alpha)=A_0 \cdot e^{-j2\pi\left(\frac{2f}{c}\right) \cdot x_0} \cdot e^{-j2\pi\left(\frac{k_c\varnothing}{\pi}\right) \cdot y_0} \cdot e^{-j2\pi\left(\frac{k_c\alpha}{\pi}\right) \cdot z_0} \qquad (4.78)$$

这样，在 x-y-z 平面上的三维 ISAR 像可以通过对式（4.78）针对 $2f/c$、

$k_c\emptyset/\pi$ 和 $k_c\alpha/\pi$ 做三维 IFT 得到

$$\text{ISAR}(x,y,z) = A_0 \cdot \mathcal{F}_1^{-1}\left\{ e^{-j2\pi\left(\frac{2f}{c}\right) \cdot x_0} \right\} \cdot F_1^{-1}\left\{ e^{-j2\pi\left(\frac{k_c\emptyset}{\pi}\right) \cdot y_0} \right\} \cdot F_1^{-1}\left\{ e^{-j2\pi\left(\frac{k_c\alpha}{\pi}\right) \cdot z_0} \right\}$$

$$= A_0 \cdot \left[\int_{-\infty}^{\infty} e^{-j2\pi\left(\frac{2f}{c}\right) \cdot x_0} \cdot e^{j2\pi\left(\frac{2f}{c}\right) \cdot x} d\left(\frac{2f}{c}\right) \right] \cdot$$

$$\left[\int_{-\infty}^{\infty} e^{-j2\pi\left(\frac{k_c\emptyset}{\pi}\right) \cdot y_0} \cdot e^{j2\pi\left(\frac{k_c\emptyset}{\pi}\right) \cdot y} d\left(\frac{k_c\emptyset}{\pi}\right) \right] \cdot$$

$$\left[\int_{-\infty}^{\infty} e^{-j2\pi\left(\frac{k_c\alpha}{\pi}\right) \cdot z_0} \cdot e^{j2\pi\left(\frac{k_c\alpha}{\pi}\right) \cdot z} d\left(\frac{k_c\alpha}{\pi}\right) \right]$$

$$= A_0 \cdot \delta(x - x_0, y - y_0, z - z_0) \tag{4.79}$$

式中：$\delta(x,y,z)$ 表示 x-y-z 平面上的三维冲激函数。

从式 (4.79) 可以看出，在 ISAR 像中，散射点 P 用位于 (x_0, y_0, z_0) 点且反射系数为 A_0 的三维冲激函数的形式表示。

目标的后向散射场可近似表示为目标上有限个散射中心的散射场之和：

$$E^s(k, \emptyset, \alpha) \cong \sum_{i=1}^{M} A_i \cdot e^{-j2k \cdot r_i} \tag{4.80}$$

式中：目标的后向散射场近似为目标上 M 个不同散射中心的后向散射场之和；A_i 表示第 i 个散射中心的复散射场幅度；$r_i = x_i \cdot \hat{x} + y_i \cdot \hat{y} + z_i \cdot \hat{z}$ 是原点到第 i 个散射中心的位移矢量。

目标的 ISAR 像可以通过下列三维傅里叶积分得到：

$$\text{ISAR}(x,y,z) = \iiint_{-\infty}^{\infty} \{E^s(k, \emptyset, \alpha)\} \cdot e^{j2\pi\left(\frac{2f}{c}\right)x} e^{j2\pi\left(\frac{k_c\emptyset}{\pi}\right)y} e^{j2\pi\left(\frac{k_c\alpha}{\pi}\right)z}$$

$$d\left(\frac{2f}{c}\right) d\left(\frac{k_c\emptyset}{\pi}\right) d\left(\frac{k_c\alpha}{\pi}\right) \tag{4.81}$$

用散射中心替代散射场表示后，小带宽小转角的三维 ISAR 像可近似为

$$\text{ISAR}(x,y,z) \cong \sum_{i=1}^{M} A_i \cdot \delta(x - x_i, y - y_i, z - z_i) \tag{4.82}$$

最终的 ISAR 像为 M 个散射中心的和。当然，式 (4.81) 中积分的上下限在现实中不能是无限的，因为散射场数据只能在有限频率带宽和有限转角范围内获取。因此，实际的 ISAR 像将从冲激函数失真为 sinc 函数。

4.7.1 距离分辨率和横向距离分辨率

三维 ISAR 像中的距离和横向距离分辨率的确定方法和二维 ISAR 相同。因为在三维 ISAR 成像公式 (4.81) 中变量 x 和 y 的相位项与二维 ISAR 相

同，因此在 x 方向的距离分辨率和 y 方向的横向距离分辨率与二维情况相同：

$$\Delta x = \frac{c/2}{B} \tag{4.83}$$

$$\Delta y = \frac{\lambda_c/2}{\Omega} \tag{4.84}$$

在 z 方向的横向距离分辨率可以通过俯仰角变量 α 和横向距离变量 z 之间的傅里叶变换关系得到。如果后向散射场数据是在有限俯仰角宽度 $\mathrm{BW}_\alpha \triangleq \psi$ 内获取的，ISAR 像的 z 向横向距离分辨率为

$$\Delta z = \frac{1}{\mathrm{BW}\left(\dfrac{k_c\alpha}{\pi}\right)}$$
$$= \frac{\pi/k_c}{\mathrm{BW}_\alpha} \tag{4.85}$$
$$= \frac{\lambda_c/2}{\psi}$$

4.7.2 应用实例

下面演示如图 4.17 所示的飞机模型的三维 ISAR 成像。模型在 x、y 和 z 轴方向的长度分别是 7m、11.68m 和 3.30m。

（1）选择雷达的视角中心为 $(\theta_c = 60°, \varnothing_c = 0°)$，飞机的距离范围为 6.6m，横向距离范围分别为 11.68m 和 5.65m。因此，选择三维 ISAR 窗为 12m×16m×6m，可以覆盖整个飞机。

（2）选择距离分辨率和横向距离分辨率分别为 $\Delta x = 18.75\mathrm{cm}$、$\Delta y = 12.50\mathrm{cm}$ 和 $\Delta z = 18.75\mathrm{cm}$。因此，距离向的采样点 (N_x) 和两个横向距离维的采样点 (N_y, N_z) 分别为

$$\begin{cases} N_x = \dfrac{12}{0.1875} = 64 \\[2mm] N_y = \dfrac{16}{0.125} = 128 \\[2mm] N_z = \dfrac{6}{0.1875} = 32 \end{cases} \tag{4.86}$$

（3）确定频率间隔 Δf、俯仰角间隔 $\Delta\alpha$ 和方位角间隔 $\Delta\emptyset$ 分别为

$$
\begin{cases}
\Delta f = \dfrac{3 \cdot 10^8 / 2}{12} = 12.5\mathrm{MHz} \\[2mm]
\Delta\emptyset = \dfrac{0.05/2}{16} = 0.001171875\mathrm{rad}(0.0671°) \\[2mm]
\Delta\alpha = \dfrac{0.05/2}{6} = 0.003125\mathrm{rad}(0.179°)
\end{cases}
\tag{4.87}
$$

假设中心频率为 8GHz，式（4.83）中计算结果确保了小带宽小转角近似成立。

（4）在三维频率-俯仰角-方位角域获取后向散射场数据：

频率：从 7.60～8.3875GHz 共 64 个离散频率点；

方位角：从 -4.30°～4.23°共 128 个离散角度；

俯仰角：从 57.14°～62.69°共 32 个等间隔角度。

至此，该飞机模型在上述频率点和角度处的后向散射场数据 $E^s(k,\emptyset,\alpha)$ 已经仿真完毕。最终，得到了多频点多角度的 $64\times128\times32$ 的后向散射场数据。

（5）对后向散射场数据 $E^s(k,\emptyset,\alpha)$ 做 IFT 就得到了 ISAR 像。如图 4.31 所示，因为 ISAR 像是三维的，给出了对应于不同横向距离变量 z 值的二维距离-横向距离$(x-y)$剖面图。尽管在 $x-y$ 平面上总共有 32 张剖面图，这里仅给出了从 $z=-3\sim1.875\mathrm{m}$ 的 8 张。通过观察这些图，可以看出不同 z 值对应的二维 ISAR 剖面上散射中心也不同。另外一种表示方式，是把三维 ISAR 像投影到二维平面上，如图 4.32 为分别投影到 $x-y$、$x-z$ 和 $y-z$ 平面上的结果。

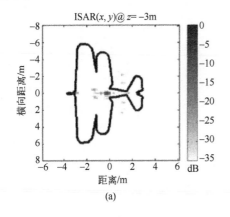

(a)

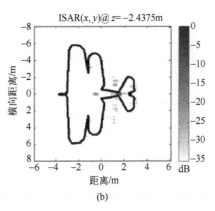

(b)

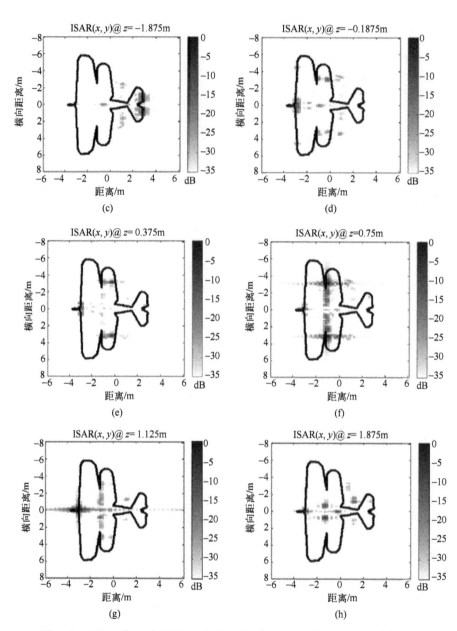

图 4.31　飞机目标三维 ISAR 成像在不同 z 值下的二维 ISAR(x,y) 成像剖面

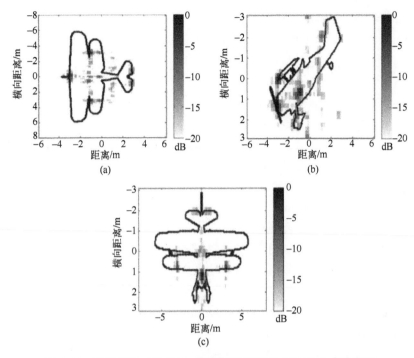

图 4.32　飞机目标三维 ISAR 成像投影在不同二维 ISAR 成像剖面

（a）x-y 平面；（b）x-z 平面；（c）y-z 平面。

4.8　MATLAB 代码

下面给出的 Matlab 源代码用于产生第 4 章中的所有 Matlab 图像。

Matlab code 4.1：Matlab file "Figure4-6.m"

```
%----------------------------------------------------
% This code can be used to generate Figure 4.6
%----------------------------------------------------
% This file requires the following files to be present in the same
% directory:
%
% Es_range.mat
clear all
close all
c = .3; % speed of light
fc = 4; %center frequency
```

phic = 0 * pi/180; % center of azimuth look angles

thc = 80 * pi/180; % center of elevation look angles

%_____PRE PROCESSING_____

BWx = 80; % range extend

M = 32; % range sampling

dx = BWx/M; % range resolution

X =-dx * M/2:dx:dx * (M/2-1); % range vector

XX = -dx * M/2:dx/4:-dx * M/2+dx/4 * (4 * M-1); % range vector (4x upsampled)

%Form frequency vector

df = c/2/BWx; % frequency resolution

F = fc+[-df * M/2:df:df * (M/2-1)]; % frequency vector

k = 2 * pi * F/c; % wavenumber vector

%load backscattered field data for the target

load Es_range

%zero padding (4x);

Enew = E;

Enew(M * 4) = 0;

% RANGE PROFILE GENERATION

RP = M * fftshift(ifft(Enew));

h = plot(XX,abs(RP),'k','LineWidth',2);

set(gca,'FontName', 'Arial', 'FontSize',14,'FontWeight','Bold');

ylabel('Range Profile Intensity'); xlabel('Range [m]');

axis tight

Matlab code 4. 2: Matlab file "Figure4-8. m"

%--

% This code can be used to generate Figure 4. 8

%--

% This file requires the following files to be present in the same

% directory:

%

% Es_xrange. mat

```
clear all
close all

c = .3; % speed of light
fc = 4; % center frequency
phic = 0 * pi/180; %center of azimuth look angles
%_____PRE PROCESSING_____
BWy = 66; % x-range extend
N = 128; % x-range sampling
dy = BWy/N; % x- range resolution
Y = -dy * N/2:dy:dy * (N/2-1); % x-range vector
YY = -dy * N/2:dy/4:-dy * N/2+dy/4 * (4 * N-1); % range vector (4x
upsampled)

%Form angle vector
kc = 2 * pi * fc/c; % center wavenumber
dphi = pi/(kc * BWy); % azimuth angle resolution
PHI=phic+[-dphi * N/2:dphi:dphi * (N/2-1)]; % azimuth angle vector

% load backscattered field data for the target
load Es_xrange

%zero padding (4x);
Enew = E;
Enew(N * 4) = 0;

% X-RANGE PROFILE GENERATION
XRP = N * fftshift(ifft(Enew));
h = plot(YY,abs(XRP),'k','LineWidth',2);
set(gca,'FontName', 'Arial', 'FontSize',14,'FontWeight','Bold');
ylabel('Range Profile Intensity'); xlabel('Cross-range [m]');
axis tight
```

Matlab code 4.3: Matlab file "Figure4. 14. m"
%---

```
% This code can be used to generate Figure 4. 14
%--------------------------------------------------------
% This file requires the following files to be present in the same
% directory:
%
% Escorner. mat
clear all
close all


c = .3; % speed of light
fc = 10; % center frequency
phic = 180 * pi/180; % center of azimuth look angles
%_____PRE PROCESSING OF ISAR_____
BWx = 3; % range extend
M = 16; % range sampling
BWy = 3; % xrange extend
N = 32; % xrange sampling


dx = BWx/M; % range resolution
dy = BWy/N; % xrange resolution


% Form spatial vectors
X = -dx * M/2:dx:dx * (M/2-1);
Y = -dy * N/2:dy:dy * (N/2-1);


%Find resolutions in freq and angle
df = c/(2 * BWx); % frequency resolution
dk = 2 * pi * df/c; % wavenumber resolution
kc = 2 * pi * fc/c;
dphi = pi/(kc * BWy);% azimuth resolution


%Form F and PHI vectors
F=fc+[-df * M/2:df:df * (M/2-1)]; % frequency vector
PHI=phic+[-dphi * N/2:dphi:dphi * (N/2-1)];% azimuth vector
K=2 * pi * F/c; % wanenumber vector
```

```
%_____GET THE DATA_____
load Escorner

%_____POST PROCESSING OF ISAR_____
ISAR = fftshift( ifft2( Es) ) ;
h = figure;
matplot( X, Y, abs( ISAR) ,50) ; % form the image
colormap ( 1-gray) ;
colorbar
set( gca,'FontName', 'Arial', 'FontSize',12,'FontWeight','Bold') ;
xlabel('Range [ m]') ; ylabel('Cross-Range [ m]') ;
line( [ -0. 7071 0] , [ -0. 7071 0] ,'LineWidth',2,'Color','k') ;
line( [ -0. 7071 0] , [ 0. 7071 0] ,'LineWidth',2,'Color','k') ;
```

Matlab code 4. 4: Matlab file "Figure4-15. m"

```
%----------------------------------------------------
% This code can be used to generate Figure 4. 15
%----------------------------------------------------
% This file requires the following files to be present in the same
% directory:
%
% PLANORPHI45_Es. mat
% planorphi45_2_xyout. mat
clear all
close all

c = .3; % speed of light
fc = 6; % center frequency

phic = 45 * pi/180; % center of azimuth look angles

%_____PRE PROCESSING OF ISAR_____
BWx = 13; % range extend
M = 32; % range sampling
```

```matlab
BWy = 13; % xrange extend
N = 64; % xrange sampling

dx = BWx/M; % range resolution
dy = BWy/N; % xrange resolution

% Form spatial vectors
X = -dx * M/2:dx:dx * (M/2-1);
Y = -dy * N/2:dy:dy * (N/2-1);

%Find resolutions in freq and angle
df = c/(2 * BWx); % frequency resolution
dk = 2 * pi * df/c; % wavenumber resolution
kc = 2 * pi * fc/c;
dphi = pi/(kc * BWy);% azimuth resolution

%Form F and PHI vectors
F =fc+[-df * M/2:df:df * (M/2-1)]; % frequency vector
PHI = phic+[-dphi * N/2:dphi:dphi * (N/2-1)];% azimuth vector
K=2 * pi * F/c; % wanenumber vector

%_____GET THE DATA_____
load PLANORPHI45_Es. mat; % load E-scattered
load planorphi45_2_xyout. mat; % load target outline

%_____ POST PROCESSING OF ISAR_____
%windowing;
w=hanning(M) * hanning(N). ';
Ess=Es. * w;
%zero padding;
Enew=Ess;
Enew(M * 4,N * 4)= 0;

% ISAR image formatiom
ISARnew=fftshift(ifft2(Enew));
```

```
h = figure;
matplot2( X, Y, abs( ISARnew) ,22) ; % form the image
colormap( 1-gray) ;colorbar
line( xyout_yout,xyout_xout,'LineWidth',. 25,'LineStyle','. ','Color','k') ;
set( gca,'FontName', 'Arial', 'FontSize',12,'FontWeight','Bold') ;
xlabel('Range [ m]') ; ylabel('Cross-Range [m]') ;
```

Matlab code 4. 5: Matlab file "Figure4-18. m"

```
%---------------------------------------------------
% This code can be used to generate Figure 4. 18
%---------------------------------------------------
% This file requires the following files to be present in the
same
% directory:
%
% Esplanorteta60. mat
% planorteta60_2_xyout. mat
clear all
close all


c = .3; % speed of light
fc = 6; % center frequency
phic = 0 * pi/180; % center of azimuth look angles
thc = 80 * pi/180; %center of elevation look angles
%_____PRE PROCESSING OF ISAR_____
BWx = 12; % range extend
M = 32; % range sampling
BWy = 16; % x-range extend
N = 64; % x-range sampling

dx = BWx/M; % range resolution
dy = BWy/N; % xrange resolution

% Form spatial vectors
```

X = −dx * M/2:dx:dx * (M/2−1);% range vector

XX = −dx * M/2:dx/4:−dx * M/2+dx/4 * (4 * M−1); % range vector (4x upsampled)

Y = −dy * N/2:dy:dy * (N/2−1); % x−range vector

YY = −dy * N/2:dy/4:−dy * N/2+dy/4 * (4 * N−1); % range vector (4x upsampled)

%_____GET THE DATA_____

load Esplanorteta60 % load E−scattered

load planorteta60_2_xyout % load target outline

%_____ POST PROCESSING OF ISAR_____

%zero padding;

Enew = Es;

Enew(M * 4, N * 4)= 0;

% ISAR image formatiom

h = figure;

ISARnew = fftshift(ifft2(Enew));

matplot2(X(M:−1:1),Y,abs(ISARnew. '),22); % form the image

colormap(1−gray);colorbar

line(−xyout_xout,xyout_yout,'LineWidth',. 25,'LineStyle','.',' Color','k');

set(gca,'FontName', 'Arial', 'FontSize',14,'FontWeight', 'Bold');

xlabel('Range [m]'); ylabel('Cross−Range [m]');

Matlab code 4. 6: Matlab file "Figure4−20. m"

```
%-----------------------------------------------------
% This code can be used to generate Figure 4. 20
%-----------------------------------------------------
% This file requires the following files to be present in the same
% directory:
%
% Esairbus. mat
% airbusteta80_2_xyout. mat
clear all
```

```
close all

c = .3; % speed of light
fc = 4; % center frequency
phic = 0 * pi/180; % center of azimuth look angles
thc = 80 * pi/180; % center of elevation look angles

%_____PRE PROCESSING OF ISAR_____
BWx = 80; % range extend
M = 32; % range sampling
BWy = 66; % x-range extend
N = 64; % x-range sampling

dx = BWx/M; %range resolution
dy = BWy/N; % xrange resolution

% Form spatial vectors
X = -dx * M/2:dx:dx * (M/2-1);% range vector
XX = -dx * M/2:dx/4:-dx * M/2+dx/4 * (4 * M-1); % range vector (4x
upsampled)
Y = -dy * N/2:dy:dy * (N/2-1); % x-range vector
YY = -dy * N/2:dy/4:-dy * N/2+dy/4 * (4 * N-1); % range vector (4x
upsampled)

%_____GET THE DATA_____
load Esairbus % load E-scattered
load airbusteta80_2_xyout. mat % load target outline

% ISAR 4x UPSAMPLED------------------
%zero padding;
Enew = Es;
Enew(M * 4,N * 4)= 0;

% ISAR image formatiom
h = figure;
ISARnew = fftshift(ifft2(Enew));
```

```matlab
matplot2(X,Y,abs(ISARnew.')),30); % form the image
colormap(1-gray);colorbar
line(-xyout_xout,xyout_yout,'LineWidth',.25,'LineStyle','.','Color','k');
set(gca,'FontName','Arial', 'FontSize',14,'FontWeight','Bold');
xlabel('Range [m]'); ylabel('Cross-Range [m]');
```

Matlab code 4.7: Matlab file "Figure4-21and4-22. m"

```matlab
%------------------------------------------------------------
% This code can be used to generate Figure4-21 and 4-22
%------------------------------------------------------------
clear all
close all


c = .3; % speed of light
fc = 8; % center frequency
phic = 0 * pi/180; % center of azimuth look angles


%_____PRE PROCESSING OF ISAR_____
BWx = 18; % range extend
M = 64; % range sampling
BWy = 16; % xrange extend
N = 64; % xrange sampling


dx = BWx/M; % range resolution
dy = BWy/N; % xrange resolution


% Form spatial vectors
X = -dx * M/2:dx:dx * (M/2-1);
Y = -dy * N/2:dy:dy * (N/2-1);


%Find resoltions in freq and angle
df = c/(2 * BWx); % frequency resolution
dk = 2 * pi * df/c; % wavenumber resolution
kc = 2 * pi * fc/c;
dphi = pi/(kc * BWy);% azimuth resolution
```

```
%Form F and PHI vectors
F = fc+[−df * M/2:df:df * (M/2−1)]; % frequency vector
PHI =phic+[−dphi * N/2:dphi:dphi * (N/2−1)];% azimuth vector
K = 2 * pi * F/c; % wavenumber vector


%_____FORM RAW BACKSCATTERED DATA_____
%load scattering centers
load fighterSC
l = length(xx);
%---Figure 4. 21--------------------------------------
h =figure;
plot(xx,yy,'.')
set(gca,'FontName', 'Arial', 'FontSize',12,'FontWeight','Bold');
xlabel('Range [m]'); ylabel('Cross − range [m]');
colormap(1−gray);
xlabel('X [m]');
ylabel('Y [m]');
saveas(h,'Figure4−21. png','png');


%form backscattered E−field from scattering centers
Es = zeros(M,N);
for m=1:l;
Es = Es+1. 0 * exp(−j * 2 * K' * (cos(PHI) * xx(m)+sin(PHI) * yy
(m)));
end


%__POST PROCESSING OF ISAR (small−BW small angles)__
ISAR = fftshift(ifft2(Es.'));
%---Figure 4. 22--------------------------------------
h = figure;
matplot2(X,Y,ISAR,25); colormap(1−gray); colorbar
set(gca,'FontName', 'Arial', 'FontSize',12,'FontWeight','Bold');
xlabel('Range [m]'); ylabel('Cross − range [m]');
colormap(1−gray);
```

saveas(h,'Figure4-22. png','png');

Matlab code 4. 8: Matlab file "Figure4-23and24. m"

```matlab
%------------------------------------------------------------
% This code can be used to generate Figure 4. 23 and 4. 24
%------------------------------------------------------------
% This file requires the following files to be present in the
same
% directory:
%
% fighterSC. mat
clear all
close all

c = .3; % speed of light
fc = 8; % center frequency
fMin = 6; % lowest frequency
fMax = 10; % highest frequency

phic = 0 * pi/180; % center of azimuth look angles
phiMin = -30 * pi/180; % lowest angle
phiMax = 30 * pi/180; % highest angle
%------------------------------------------------------------
% WIDE-BW AND LARGE ANGLES ISAR
%------------------------------------------------------------
% A-INTEGRATION
%------------------------------------------------------------
nSampling = 300; % sampling number for integration

% Define Arrays
f = fMin:(fMax-fMin)/(nSampling-1):fMax;
k = 2 * pi * f/.3;
kMax = max(k);
kMin = min(k);
kc = (max(k)+min(k))/2;
```

phi = phiMin:(phiMax-phiMin)/(nSampling-1):phiMax;

% resolutions
dx = pi/(max(k)-min(k)); % range resolution
dy = pi/kc/(max(phi * pi/180)-min(phi * pi/180)); % xrange resolution

% Form spatial vectors
X = -nSampling * dx/2:dx:nSampling * dx/2;
Y = -nSampling * dy/2:dy:nSampling * dy/2;

%_____FORM RAW BACKSCATTERED DATA_____
%load scattering centers
load fighterSC
l = length(xx);
%form backscattered E-field from scattering centers
clear Es;
Es = zeros((nSampling),(nSampling));
for m=1:l;
Es =Es+1.0 * exp(-j * 2 * k.' * cos(phi) * xx(m)). * exp(-j * 2 * k.' * sin(phi) * yy(m));
end

axisX = min(xx)-1:0.05:max(xx)+1;
axisY = min(yy)-1:0.05:max(yy)+1;

% take a look at what happens when DFT is used
%---Figure 4.23--------------------------------------
ISAR1 = fftshift(ifft2(Es.'));
matplot2(axisX,axisY,ISAR1,22);
colormap(1-gray); colorbar
set(gca,'FontName', 'Arial', 'FontSize',12,'FontWeight','Bold');
xlabel('Range [m]'); ylabel('Cross - range [m]');

% INTEGRATION STARTS HERE

```
% Building Simpson Nodes; Sampling Rate is nSampling
% Weights over k
h = (kMax-kMin)/(nSampling-1);
k1 = (kMin:h:kMax).';
wk1 = ones(1,nSampling);
wk1(2:2:nSampling-1) = 4;
wk1(3:2:nSampling-2) = 2;
wk1 = wk1 * h/3;

% Weights over phi
h = (phiMax-phiMin)/(nSampling-1);
phi1 = (phiMin:h:phiMax).';
wphi1 = ones(1,nSampling);
wphi1(2:2:nSampling-1) = 4;
wphi1(3:2:nSampling-2) = 2;

wphi1 = wphi1 * h/3;
% Combine for two dimensional integration
[phi1,k1] = meshgrid(phi1,k1);
phi1 = phi1(:);
k1 = k1(:);
w = wk1.' * wphi1;
w = w(:).';

newEs = Es(:).';
newW = w. * newEs;
% Integrate
b = 2j;
ISAR2 =
zeros((max(xx)-min(xx)+2)/0.05+1,(max(yy)-min(yy)+2)/0.05+1);

k1 = k1. * b;
cosPhi = cos(phi1);
sinPhi = sin(phi1);
```

```
tic;
x1 = 0;
for X1 = axisX
 x1 = x1+1;
 y1 = 0;
 for Y1 = axisY
 y1 = y1+1;
  ISAR2(x1,y1) = newW * (exp(k1. * (cosPhi. * X1+sinPhi. * Y1)));
 end
end
time1 = toc;


%---Figure 4. 24----------------------------------
matplot2(axisX,axisY,ISAR2. ',22);
colormap(1-gray); colorbar
set(gca,'FontName', 'Arial', 'FontSize',12,'FontWeight','Bold');
xlabel('Range [m]');
ylabel('Cross - range [m]');
```

Matlab code 4. 9: Matlab file "Figure4-26thru4-28. m"

```
%-----------------------------------------------
% This code can be used to generate Figure 4. 26 thru 4. 28
%-----------------------------------------------
% This file requires the following files to be present in the same
% directory:
%
% fighterSC. mat
clear all
close all

c = .3; % speed of light
fc = 8; % center frequency
fMin = 6; % lowest frequency
fMax = 10; % highest frequency
```

```matlab
phic = 0 * pi/180; % center of azimuth look angles
phiMin = -30 * pi/180; % lowest angle
phiMax = 30 * pi/180; % highest angle
%------------------------------------------------------
% WIDE BW AND WIDE ANGLE ISAR
%------------------------------------------------------
% B- POLAR REFORMATTING
%------------------------------------------------------
nSampling = 1500; % sampling number for integration

% Define Bandwidth
f = fMin:(fMax-fMin)/(nSampling):fMax;
k = 2 * pi * f/.3;
kMax = max(k);
kMin = min(k);

% Define Angle
phi = phiMin:(phiMax-phiMin)/(nSampling):phiMax;

kc = (max(k)+min(k))/2;

kx=k.' * cos(phi);
ky=k.' * sin(phi);

kxMax = max(max(kx));
kxMin = min(min(kx));
kyMax = max(max(ky));
kyMin = min(min(ky));

MM=4; % up sampling ratio
clear kx ky;
kxSteps = (kxMax-kxMin)/(MM * (nSampling+1)-1);
kySteps = (kyMax-kyMin)/(MM * (nSampling+1)-1);
kx = kxMin:kxSteps:kxMax; Nx=length(kx);
```

```
ky = kyMin:kySteps:kyMax; Ny=length(ky);
kx(MM * (nSampling+1)+1) = 0;
ky(MM * (nSampling+1)+1) = 0;


%_____FORM RAW BACKSCATTERED DATA_____
%load scattering centers
load fighterSC
l = length(xx);

%form backscattered E-field from scattering centers
Es = zeros((nSampling+1),(nSampling+1));
for n=1:length(xx);
 Es = Es+exp(-j * 2 * k.' * cos(phi) * xx(n)). * exp(-j * 2 * k.' * sin
(phi) * yy(n));
end


%---Figure 4. 24--------------------------------------
matplot2(f,phi * 180/pi,Es,40);
colormap(1-gray); colorbar
set(gca,'FontName', 'Arial','FontSize',12,'FontWeight','Bold');
xlabel('Frequency [GHz]');
ylabel('Angle [Degree]');


newEs = zeros(MM * (nSampling+1)+1,MM * (nSampling+1)+1);
t = 0;
v = 0;
for tmpk = k
 t = t+1;
v = 0;
 for tmpPhi = phi
 v = v+1;
 tmpkx = tmpk * cos(tmpPhi);
 tmpky = tmpk * sin(tmpPhi);
 indexX = floor((tmpkx-kxMin)/kxSteps)+1;
 indexY = floor((tmpky-kyMin)/kySteps)+1;
```

```
r1 = sqrt(abs(kx(indexX)-tmpkx)^2+abs(ky(indexY)-tmpky)^2);
r2 = sqrt(abs(kx(indexX+1)-tmpkx)^2+abs(ky(indexY)-tmpky)^2);
r3 = sqrt(abs(kx(indexX)-tmpkx)^2+abs(ky(indexY+1)-tmpky)^2);
r4 = sqrt(abs(kx(indexX+1)-tmpkx)^2+abs(ky(indexY+1)-tmpky)^2);

R = 1/r1+1/r2+1/r3+1/r4;

A1 = Es(t,v)/(r1*R);
A2 = Es(t,v)/(r2*R);
A3 = Es(t,v)/(r3*R);
A4 = Es(t,v)/(r4*R);
newEs(indexY,indexX) = newEs(indexY,indexX)+A1;
newEs(indexY,indexX+1) = newEs(indexY,indexX+1)+A2;
newEs(indexY+1,indexX) = newEs(indexY+1,indexX)+A3;
newEs(indexY+1,indexX+1) = newEs(indexY+1,indexX+1)+A4;
end
end

% down sample newEs by MM times
newEs=newEs(1:MM:size(newEs),1:MM:size(newEs));

%---Figure 4.25------------------------------------------
% reformatted data
h = figure;
Kx = kx(1:Nx-1);
Ky = ky(1:Ny-1);
matplot2(Kx,Ky,newEs,40);
colormap(1-gray);
colorbar
set(gca,'FontName', 'Arial', 'FontSize',12,'FontWeight','Bold');
xlabel('kx [rad/m]'); ylabel('ky [rad/m]');

% Find Corresponding ISAR window in Range and X-Range
kxMax = max(max(kx));
```

```
kxMin = min(min(kx));
kyMax = max(max(ky));
kyMin = min(min(ky));

BWKx = kxMax-kxMin;
BWKy = kyMax-kyMin;

dx = pi/BWKx;
dy = pi/BWKy;
X = dx * (-nSampling/2:nSampling/2);
Y = dy * (-nSampling/2:nSampling/2);


%---Figure 4.26----------------------------------
% Plot the resultant ISAR image
h = figure;
tt = nSampling/4:3 * nSampling/4;
ISAR3 = fftshift(ifft2(newEs));
matplot2(X,Y,ISAR3(:,tt),25);
axis([-8 8 -6 6])
colormap(1-gray);
colorbar
set(gca,'FontName', 'Arial', 'FontSize',12,'FontWeight','Bold');
xlabel('Range [m]');
ylabel('Cross - range [m]');
```

Matlab code 4.10: Matlab file "Figure4-31and4-32. m"

```
%------------------------------------------------
% This code can be used to generate Figure 4.31 and 4.32
%------------------------------------------------
% This file requires the following files to be present in the same
% directory:
%
% E_field. mat
% planorteta60_2_xyout. mat
% planorteta60xzout. mat
```

```
clear all
close all

c = .3; % speed of light
fc = 8; % center frequency
phic = 0 * pi/180; % center of azimuth look angles
thc = 60 * pi/180; % center of elevation look angles

%_____PRE PROCESSING OF ISAR_____
BWx = 12; % range extend
M = 64; % range sampling
BWy = 16; % x-range1 extend
N = 128; % x-range1 sampling
BWz = 6; % x-range2 extend
P = 32; % x-range2 sampling

%Find spatial resolutions
dx = BWx/M; % range resolution
dy = BWy/N; % xrange1 resolution
dz = BWz/P; % xrange1 resolution

% Form spatial vectors
X = -dx * M/2:dx:dx * (M/2-1);% range vector
XX = -dx * M/2:dx/4:-dx * M/2+dx/4 * (4 * M-1); % range vector (4x
upsampled)
Y = -dy * N/2:dy:dy * (N/2-1); % x-range1 vector
YY = -dy * N/2:dy/4:-dy * N/2+dy/4 * (4 * N-1); % x-range1 vector
(4x upsampled)
Z = -dz * P/2:dz:dz * (P/2-1); % x-range2 vector
ZZ = -dz * P/2:dz/4:-dz * P/2+dz/4 * (4 * P-1);% x-range2 vector (4x
upsampled)

%Find resoltions in freq and angle
df = c/(2 * BWx);
```

```
dk = 2 * pi * df/c;
kc = 2 * pi * fc/c;

dphi =pi/(kc * BWy);
dth = pi/(kc * BWz);

%Form F and PHI vectors
F = fc+[-df * M/2:df:df * (M/2-1)];
PHI = phic+[-dphi * N/2:dphi:dphi * (N/2-1)];
TET = thc+[-dth * P/2:dth:dth * (P/2-1)];

%_____GET THE DATA_____
load E_field % load E-scattered
load planorteta60_2_xyout %load target outline

% ISAR
ISAR=fftshift(ifftn(E3d));

%------ISAR(x,y) Slices------------
A = max(max(max(ISAR)));
for m=1:P;
EE=ISAR(:,:,m);
  EE(1,1,1)=A;
  zp = num2str(Z(m));
  zpp = ['ISAR(x,y) @ z = ' zp 'm'];
%---Figure 4. 31-------------------------------------
  matplot2(-X,Y, EE.',35);colorbar; colormap(1-gray);
  set(gca,'FontName', 'Arial', 'FontSize',14,'FontWeight','Bold');
  xlabel('Range [m]'); ylabel('X-Range [m]');
  drawnow;
  title(zpp);
  h = line(-xyout_xout,xyout_yout,'Color','k','LineStyle','.','MarkerSize',5);
  pause
end
```

```
%---Figure 4. 32----------------------------------------
%-------XY Projection------------
figure;
EExy = zeros(M,N);
load planorteta60_2_xyout

for m = 1:P;
  EExy = EExy+ISAR(:,:,m);
end
matplot2(-X,Y,EExy.',20);
colorbar;
colormap(1-gray);
set(gca,'FontName', 'Arial', 'FontSize',14,'FontWeight','Bold');
xlabel('Range [m]');
ylabel('X-Range [m]');
h=line(-xyout_xout,xyout_yout,'Color','k','LineStyle','.','MarkerSize',5);

%-------XZ Projection------------
figure;
load planorteta60xzout.mat
for m = 1:M;
for n = 1:P
  EExz(m,n) = sum(ISAR(m,:,n));
end
end
matplot2(-X,Z,EExz.',20);colorbar;
colormap(1-gray);
set(gca,'FontName', 'Arial','FontSize',14,'FontWeight','Bold');
xlabel('Range [m]');
ylabel('X-Range [m]');
h=line(-xzout_xout,-xzout_zout,'Color','k','LineStyle','.','MarkerSize',5);

%-------YZ Projection------------
figure;
load planorteta60yzout.mat
```

```
for m = 1 : N ;
for n = 1 : P ;
EEyz( m , n ) = sum( ISAR( : , m , n ) ) ;
end
end
matplot2( -Y , Z , EEyz. ' , 20 ) ; colorbar ;
colormap( 1-gray ) ;
set( gca , 'FontName' , 'Arial' , 'FontSize' , 14 , 'FontWeight' , 'Bold' ) ;
xlabel( 'X-Range [ m ]' ) ;
ylabel( 'X-Range [ m ]' ) ;
h = line( -yzout_yout , -yzout_zout , 'Color' , 'k' , 'LineStyle' , '. ' , 'MarkerSize' , 5 ) ;
```

参 考 文 献

[1] T. H. Chu and D. -B. Lin, Y. -W. Kiang. Microwave diversity imaging of perfectly conducting objects in close near field region. *Antennas and Propagation Society International Symposium*, 1989. AP-S. Digest, vol. 1, (1995), 82-85.

[2] R. Bhalla and H. Ling. ISAR image formation using bistatic data computed from the shooting and bouncing ray technique. *Journal of Electromagnetic Waves and Applications* 7 (9) (1993), 1271-1287.

[3] H. Ling, R. Chou, and S. W. Lee. Shooting and bouncing rays: Calculating the RCS of an arbitrary shaped cavity. *IEEE Transactions on Antennas and Propagation* 37 (1989), 194-205.

[4] D. R. Wehner. *High resolution radar*. Artech House, Norwood, MA, 1997.

[5] J. E. Luminati. *Wide-angle multistatic synthetic aperture radar: Focused image formation and aliasing artifact mitigation*, PhD thesis, Air Force Institute of Technology, Wright-Patterson Air Force Base, Ohio, USA, 2005.

[6] C. Ozdemir, O. Kirik, and B. Yilmaz. Sub-aperture method for the wide-bandwidth wide-angle Inverse Synthetic Aperture Radar imaging. International Conference on Electrical and Electronics Engineering-ELECO'2009, Bursa, Turkey, December 2009, 288-292.

[7] C. Özdemir, R. Bhalla, L. C. Trintinalia, and H. Ling. ASAR—Antenna synthetic aperture radar imaging. *IEEE Transactions on Antennas and Propagation* 46 (12) (1998), 1845-1852.

[8] J. Li, et al. Comparison of high-resolution ISAR imageries from measurement data and synthetic signatures. SPIE Proceedings on Radar Processing, Technology, and Applications IV, vol. 3810: 170-179, 1999.

[9] F. E. McFadden. Three dimensional reconstruction from ISAR sequences. Proceedings of

SPIE, vol. 4744, 2002, 58-67.

[10] J. T. Mayhan, M. L. Burrows, and K. M. Cuomo. "High resolution 3D snapshot" ISAR imaging and feature extraction. *IEEE Transactions on Aerospace and Electronic Systems* 37 (2) (2001), 630-642.

[11] F. Fortuny. An efficient 3-D near field ISAR algorithm. *IEEE Transaction on Aerospace and Electronic Systems* 34 (1998), 1261-1270.

[12] K. K. Knoell and G. P. Cardillo. Radar tomography for the generation of threedimensional images. *IEE Proceedings on Radar, Sonar and Navigation* 142 (2) (1995), 54-60.

[13] R. T. Lord, W. A. J. Nel, and M. Y. Abdul Gaffar. Investigation of 3-D RCS image formation of ships using ISAR. 6th European Conference on Synthetic Aperture Radar—EUSAR 2006, Dresden, Germany, 2006, 4-7.

[14] X. Xu and R. M. Narayanan. 3-D interferometric ISAR images for scattering diagnosis of complex radar targets. IEEE Radar Conference, April 1999, 237-241.

[15] G. Wang, X. G. Xia, and V. C. Chen. Three-dimensional ISAR imaging of maneuvering targets using three receivers. *IEEE Transactions on Image Processing* 10 (3) (2001), 436-447.

[16] X. Xu and R. M. Narayanan. Three-dimensional interferometric ISAR imaging for target scattering diagnosis and modeling. *IEEE Transactions on Image Processing* 10 (7) (2001), 1094-1102.

[17] Q. Zhang, T. S. Yeo, G. Du, and S. Zhang. Estimation of three dimensional motion parameters in interferometric ISAR imaging. *IEEE Transactions on Geoscience and Remote Sensing* 42 (2) (2004), 292-300.

[18] W. - R. Wu. Target tracking with glint noise. IEEE Transactions on Aerospace and Electronic Systems 29 (1) (1993), 174-185.

第 ⑤ 章

逆合成孔径雷达成像关键技术

当进行逆合成孔径雷达成像时，有一些问题，例如原始 ISAR 数据格式转换和窗函数运用等，必须仔细处理才能保证和提升最终的 ISAR 像品质。本章将分析和讨论如何处理这些问题以获得高质量的 ISAR 像。

◼ 5.1 傅里叶变换应用

在本书的许多地方都均可看出，傅里叶变换（FT）在 SAR/ISAR 成像领域是非常重要的。ISAR 成像的经典方法就是运用 FT 把频率–角度域的散射场数据转换到图像域。

在 SAR/ISAR 处理中，获取的数据序列首先要被数字化，才可利用数字信号处理算法进行成像[1,2]。信号的数字化过程在第 1.6 节已经进行论述。完成数字化后，可以很方便地应用离散傅里叶变换（DFT）。下面，简单介绍下获取高质量 ISAR 图像的几个关键问题。

5.1.1 DFT 回顾

模拟信号的采样和数字化过程如图 5.1 所示，图 5.1（a）中 $x(t)$ 为时域连续信号，图 5.1（b）中 $s(t)$ 是在一段时间 T 内观测（或记录）的时域信号，因此 $s(t)$ 可以代表原始信号 $x(t)$ 的一部分。以间隔 $T_s = 1/f_s$ 对 $s(t)$ 进行采样，得到离散序列 $s[n]$，如图 5.1（c）所示。这里，f_s 是采样频率，也是周期性观测信号 $s(t)$ 的基本频率。事实上，图 5.1（d）中最终的时域离散信号 $s[n]$ 是时域周期性的。后面将会看到，它的 DFT 变换 $S[k]$ 在频域也是周期性的。$s[n]$ 的时域周期为采用间隔的 N 倍：

$$T = N \cdot T_s \tag{5.1}$$

需要指出的是，仅仅 $s[n]$ （$n=0,1,2,\cdots,N-1$）为一个周期的时域离散基信号，而数据 $s[N]$ 是属于下一个周期的，且等同于 $s[0]$。这一点对于在时域（或频域）选择正确的信号时段（或带宽）是非常重要的。下面的例子将会解释这一现象。

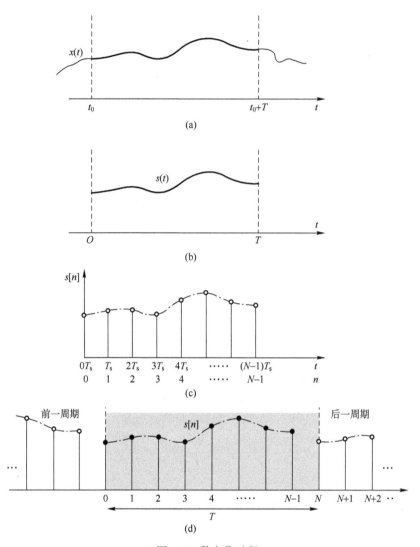

图 5.1 数字化过程
（a）原始时域连续信号；（b）观测时间 T 内的信号；
（c）N 个离散点的采样信号；（d）相应的周期性时域离散信号 $s[n]$。

例 5.1：假设一个时域离散信号是在 1ms 时间段内采集到 128 个采样点。第一个采样点在 $t=0\mathrm{s}$ 时刻，最后一个采样点在 $t=1\mathrm{ms}$ 时刻，共 128 个点。因此，采样间隔为

$$T_\mathrm{s}=\frac{1\mathrm{ms}}{127} \tag{5.2}$$
$$=7.874\mu\mathrm{s}$$

总的信号持续时间为

$$T = N \cdot T_s$$
$$= 128 \times 7.874 \mu s \qquad (5.3)$$
$$= 1.0078 ms$$

T 是大于 1ms 的，原因在于 DFT 是周期性的，下一周期总是从上一采样周期的最后一个采样处开始。这对于完成另一个域内的标定问题非常重要，尤其是在计算分辨率和带宽时。因此，本例的频率间隔为

$$\Delta f = \frac{1}{T}$$
$$= \frac{1}{1.0078 ms} \qquad (5.4)$$
$$= 992.1875 Hz$$

频率带宽为

$$B = N \cdot \Delta f$$
$$= 128 \cdot 992.1875 \qquad (5.5)$$
$$= 127 kHz$$

为了检查计算的准确性，再次计算时间间隔为

$$\Delta t = \frac{1}{B}$$
$$= \frac{1}{127 kHz} \qquad (5.6)$$
$$= 7.874 \mu s$$

与采样间隔 T_s 一致。

例 5.2：考虑一个 ISAR 带宽和分辨率计算的问题。假设针对某一场景，步进频雷达系统在频域获取后向散射场数据，雷达记录 8~10GHz 共 201 个均匀间隔采样的频域信号。因此，频率间隔为

$$\Delta f = \frac{2GHz}{200} \qquad (5.7)$$
$$= 10 MHz$$

总带宽为

$$B = N \cdot \Delta f$$
$$= 201 \cdot 10 MHz \qquad (5.8)$$
$$= 2.01 GHz$$

距离分辨率为

$$\Delta r = \frac{c}{2B}$$

$$= \frac{0.3}{2 \cdot 2.01}$$

$$= 7.4627 \text{cm} \tag{5.9}$$

总距离就可以通过距离分辨率乘以采样点数得到：

$$R = N \cdot \Delta r$$

$$= 201 \times 7.4627 \text{cm} \tag{5.10}$$

$$= 15 \text{m}$$

为了检查计算的正确性，再通过下式计算频率间隔：

$$\Delta f = \frac{c}{2 \cdot R}$$

$$= \frac{0.3 \cdot 10^9 \frac{\text{m}}{\text{s}}}{2 \cdot 15} \tag{5.11}$$

$$= 10 \text{MHz}$$

与式（5.7）结果一致。

5.1.2　DFT中的正/负频率

第1章已经给出了DFT定义，正向和逆向DFT变换对如下：

$$S[k] = \sum_{n=0}^{N-1} s[n] \cdot \text{e}^{-\text{j}2\pi \frac{k}{N} n} \quad k = 0, 1, 2, \cdots, N-1 \tag{5.12}$$

$$s[n] = \sum_{n=0}^{N-1} S[k] \cdot \text{e}^{\text{j}2\pi \frac{n}{N} k} \quad n = 0, 1, 2, \cdots, N-1 \tag{5.13}$$

$s[n]$和$S[k]$分别表示时域和频域的信号。式（5.13）中每一个n代表时间轴上的一个T_s增量，式（5.12）中每一个k代表频率轴上的一个$f_s = 1/T$增量。重点指出的是，DFT变换包含了正频率和负频率。表5-1解释了正频率和负频率的下标。前$N/2$个下标项表示的是正频率，后$N/2$个下标项表示的是其负频率。从DFT的定义中得知，把后一个$N/2$个下标项中的下标用$(N-k)$代替k，有

$$S[N-k] = \sum_{n=0}^{N-1} s[n] \cdot \text{e}^{-\text{j}2\pi \frac{(N-k)}{N} n}$$

$$= \sum_{n=0}^{N-1} s[n] \cdot \text{e}^{-\text{j}2\pi n} \cdot \text{e}^{-\text{j}2\pi \frac{(-k)}{N} n} \tag{5.14}$$

$$= \sum_{n=0}^{N-1} s[n] \cdot \text{e}^{-\text{j}2\pi \frac{(-k)}{N} n}$$

$$\triangleq S[-k]$$

表 5-1　DFT 表示正、负频率的下标分配

下　　标	对应谐波频率
$0 \leqslant k \leqslant \dfrac{N}{2}-1$	正频率：$k \cdot f_s$
$\dfrac{N}{2} \leqslant k \leqslant N-1$	负频率：$(k-N) \cdot f_s$

可见，$S[N-k]$ 等于 $S[-k]$，这个现象如图 5.2 所示。因为负频率出现在正频率之后，因此必须进行位置交换才能得到正确的频率值。

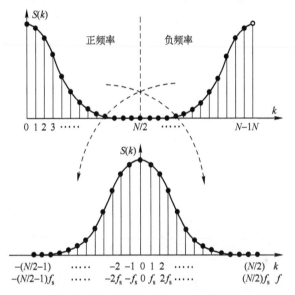

图 5.2　DFT 中正负频率的演示（将 DFT 频率轴按照零点编排）

类似地，如果数据是在频域获取的，那么经过逆 DFT 变换后的时域信号也包含正时间项和负时间项。从逆 DFT 的定义中看出：把后 $N/2$ 个下标项中的下标用 $(N-n)$ 代替 n，有

$$
\begin{aligned}
S[N-n] &= \sum_{k=0}^{N-1} S[k] \cdot \mathrm{e}^{\mathrm{j}2\pi\frac{(N-n)}{N}k} \\
&= \sum_{k=0}^{N-1} S[k] \cdot \mathrm{e}^{\mathrm{j}2\pi k} \cdot \mathrm{e}^{\mathrm{j}2\pi\frac{(-k)}{N}n} \\
&= \sum_{k=0}^{N-1} S[k] \cdot \mathrm{e}^{\mathrm{j}2\pi\frac{(-n)}{N}k} \\
&\triangleq S[-n]
\end{aligned}
\tag{5.15}
$$

式（5.15）中可以清晰地看出后 $N/2$ 项实际上是负时间项。

　　在 ISAR 成像中，原始数据一般是在频率-角度域获取的，经过 FT 后变换到距离-横向距离（距离-多普勒）域。为了正确定位 ISAR 像，需要将距离和横向距离轴上对应的正和负的数据项进行交换。

　　为了演示雷达图像这一特点，重新分析图 4.22 中飞机的例子。从这个例子的 Matlab 代码中可以看出，通过"fftshift"命令把 ISAR 像进行了交换，从而得到了正确的 ISAR 像。这是因为 DFT 和 IDFT 操作是周期性的，这意味着图像在图像窗 $(\Delta x \cdot N_x) \times (\Delta y \cdot N_y)$ 间会重复出现，如图 5.3（a）所示。经 DFT 操作后，在距离-横向距离域中离散数据项的第一项表示 0m，如图 5.3（b）所示。交换负和正的距离-横向距离项后，最终在图像域定位正确，如图 5.3（c）所示。

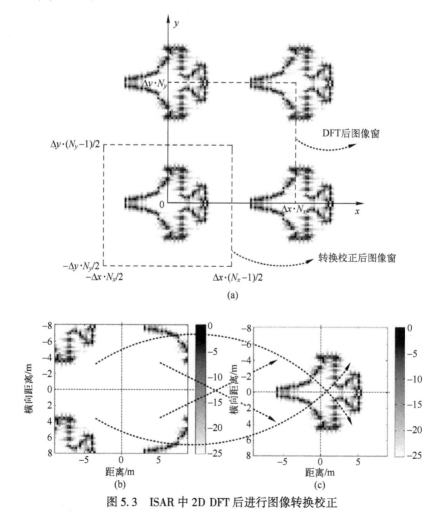

图 5.3　ISAR 中 2D DFT 后进行图像转换校正

▣ 5.2　图像折叠

当获取的散射场数据不满足所需的最小频率采样间隔和/或角度采样间隔时，就会发生 ISAR 图像折叠。这是 DFT 变换的本质在 ISAR 信号处理时的具体表现。本节将用一个例子来解释这一现象。

同样对图 4.21 所示的多个散射点模拟的飞机进行 ISAR 成像，ISAR 像大小选择为 18m×16m，在此参数设置下，频率和角度的采样率为

$$
\Delta f = \frac{\dfrac{c}{2}}{X_{\max}}
$$
$$
= \frac{\dfrac{3 \cdot 10^8}{2}}{18}
$$
$$
= 8.333\text{MHz} \tag{5.16}
$$

$$
\Delta\varnothing = \frac{\dfrac{\lambda_c}{2}}{Y_{\max}}
$$
$$
= \frac{0.0375}{16}
$$
$$
= 0.001171875\text{rad}(0.0671°) \tag{5.17}
$$

若以该采样率来获取数据，则会得到如图 4.22 所示的正确图像。然而，如果数据是欠采样的，那么 ISAR 图像就会折叠。以式（5.16）和式（5.17）所计算的采样间隔的两倍来采样，即 $\Delta f = 16.666\text{MHz}$、$\Delta\varnothing = 0.1342°$。这种参数选择在频率和角度上对应着一个较小的 ISAR 窗。在图 5.4 中，因为新的 Δf

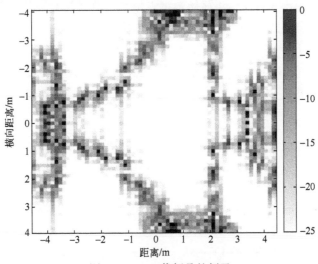

图 5.4　ISAR 像折叠的例子

和 $\Delta\emptyset$ 对应的 ISAR 像大小为 9m×8m，从图中可以明显看出，数据欠采样导致了图像发生折叠。根据傅里叶变换理论，超出该图像范围的散射中心会发生泄露，从图像画面的另一侧进入图像。

▣ 5.3 极坐标格式算法回顾

极坐标格式算法是常见的映射技术，广泛用于 SAR/ISAR 处理中[3,4]。极坐标格式算法已经在第 4.6.2 节讲过，如图 5.5 所示，它主要是把收集的空间-频率域上极坐标格式的后向散射场数据转换为矩形网格格式的数据，从而可用于 ISAR 快速成像。

本节将通过分析一些常用的插值算法来更深入地窥探极坐标格式算法的相关原理。

5.3.1 最近邻插值

如图 5.5 所示，由于获取的频率-角度数据在 k_x-k_y 平面上不处于矩形网格上，因此多数数据点与傅里叶域上的网格点是不一致的。

在极坐标格式算法中最常用的插值算法是最近邻算法[3,5]。这是一个普遍适用的算法，可用于任何数据，而不仅仅是均匀网格形式的数据。在 SAR/ISAR 应用中，一般需要把极坐标格式数据插值到等间隔的矩形网格上。如图 5.5 所示，在一阶插值方法中，根据均匀网格中原始数据点（k_{xi}，k_{yi}）与周围最近邻 4 个点间距离的比值关系将原始数据幅度分配至这四个点。若是三维数据，则如图 5.6 所示，将原始数据点幅度按照其与 k_x-k_y-k_z 空间均匀网格中最近邻 8 个点间距离的比值关系分配其幅度。

二维情况下，如果原始数据点幅度为 A_i，处于 $[n\cdot\Delta k_x, m\cdot\Delta k_y]$ 和 $[(n+1)\cdot\Delta k_x, (m+1)\cdot\Delta k_y]$ 之间，那么在 k_x-k_y 平面上最近邻的 4 个点用如下方法更新幅值：

$$\begin{cases} \widetilde{E}^s[n\cdot\Delta k_x, m\cdot\Delta k_y] = A_i\cdot\dfrac{R}{r_1} \\[2mm] \widetilde{E}^s[n\cdot\Delta k_x, (m+1)\cdot\Delta k_y] = A_i\cdot\dfrac{R}{r_2} \\[2mm] \widetilde{E}^s[(n+1)\cdot\Delta k_x, (m+1)\cdot\Delta k_y] = A_i\cdot\dfrac{R}{r_3} \\[2mm] \widetilde{E}^s[(n+1)\cdot\Delta k_x, m\cdot\Delta k_y] = A_i\cdot\dfrac{R}{r_4} \end{cases} \quad (5.18)$$

$$R = \cfrac{1}{\cfrac{1}{r_1} + \cfrac{1}{r_2} + \cfrac{1}{r_3} + \cfrac{1}{r_4}} \qquad (5.19)$$

式中：r_k 为原始数据点到 4 个最近邻网格点的距离，$k=1,2,3,4$；$\widetilde{E}^s$ 为 $k_x - k_y$ 平面上转换后的均匀采样数据。从式（5.18）和式（5.19）可以看出，对原始数据点幅度的分配是反比于其到原始数据点距离的。越接近原始数据点，就会分配较大份额的原始数据点幅度，反之则分配较小的份额。

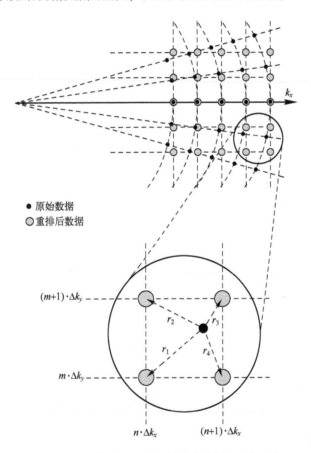

图 5.5　二维情况下，通过插值方法用于把极坐标 ISAR 数据转换到矩形网格

　　二阶插值方法如图 5.7 所示，均匀网格上 16 个最近邻点以同样的方式更新其幅值。

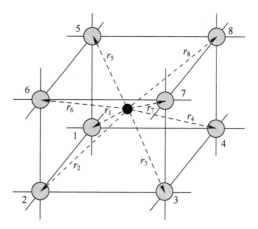

图 5.6　三维情况下的一阶最近邻插值：8 个最近邻点被更新

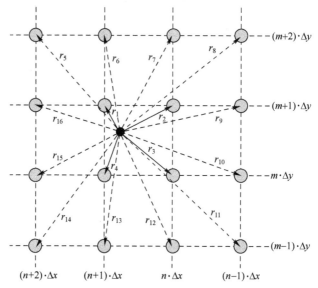

图 5.7　二维情况下的二阶最近邻插值：16 个最近邻点被更新

5.3.2　双线性插值

　　另一个常见的数据插值算法是双线性插值算法[6]。与最近邻算法相比，它要求原始数据网格是均匀采样的。因为获取的后向散射场数据在频率-角度平面上是矩形网格格式的，而在傅里叶空间是极坐标格式的，所以这种插值方法应该应用于频率-角度域。双线性插值算法的实现如图 5.8 所示，图中原始数据（黑点）在 f-$\varnothing$ 平面上是均匀的。而为了利用 FFT，所需的数据应该在 k_x-k_y 平面上是均匀的。如果把 k_x-k_y 平面上均匀采样的网格点转变到 f-$\varnothing$ 平面上，将是如图 5.8 所示非均匀的极坐标格式。

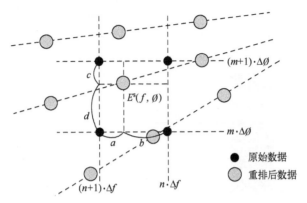

图 5.8　双线性插值示意图（二维情况下）

根据双线性插值算法，均匀采样数据间的任一点可根据下列方式插值：

$$
\begin{aligned}
\widetilde{E}^s(f,\emptyset) = {}& E^s(n\cdot\Delta f, m\cdot\Delta\emptyset)\cdot\frac{b\cdot d}{(a+b)\cdot(c+d)} \\
& + E^s((n+1)\cdot\Delta f, m\cdot\Delta\emptyset)\cdot\frac{a\cdot d}{(a+b)\cdot(c+d)} \\
& + E^s(n\cdot\Delta f, (m+1)\cdot\Delta\emptyset)\cdot\frac{b\cdot c}{(a+b)\cdot(c+d)} \\
& + E^s((n+1)\cdot\Delta f, (m+1)\cdot\Delta\emptyset)\cdot\frac{a\cdot c}{(a+b)\cdot(c+d)}
\end{aligned}
\tag{5.20}
$$

这里，$a=(n+1)\cdot\Delta f-f$、$b=f-n\Delta f$、$c=(m+1)\cdot\Delta\emptyset-\emptyset$ 和 $d=\emptyset-m\cdot\Delta\emptyset$。

如果把三维均匀数据插值到非均匀的三维网格上，那么合适的插值方法为三线性插值[7]。同时，利用三次近似来插值规则网格之间的点也是可行的，双三法[8]和三三法[9]可分别应用于二维和三维数据的插值。

5.4　补　　零

补零也可认为是一种插值技术，用于增强 SAR/ISAR 图像感观上的质量。从如图 5.9 所示的 FT 变换对可以说明在一个域上补零意味着另一个域上的插值。众所周知，对于持续时间为 T 的矩形脉冲，其 FT 为如图 5.9 所示的 sinc 波形函数，在 $1/T$ 的整数倍处存零点。矩形脉冲的 FT 变换对为

$$
\mathrm{FT}\left\{\mathrm{rect}\left(\frac{t}{T}\right)\right\} = T\cdot\mathrm{sinc}(fT)
\tag{5.21}
$$

如图 5.9（a）所示的时域脉冲信号采样后得到如图 5.9（c）所示的梳状

离散信号波形。这个离散序列的 DFT 变换恰好是如图 5.9（d）所示的频域上的单根非零谱线。如图 5.9（b）所示，如果时域信号持续时间为 T，则频率间隔为 $1/T$，它与连续波 sinc 函数的零穿越间隔相等。如图 5.9（e）所示，

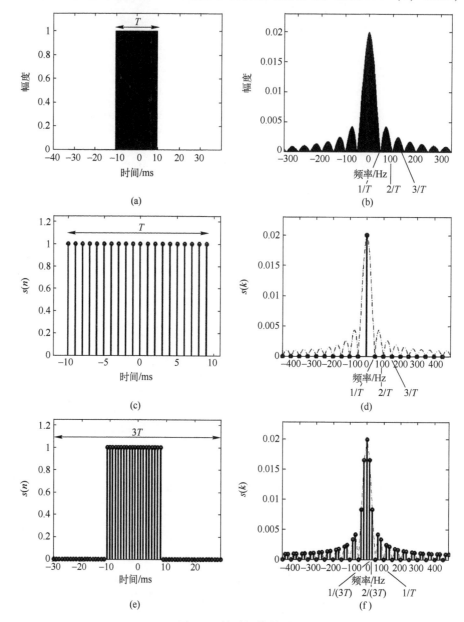

图 5.9　补零插值说明

（a）一个时域矩形脉冲；（b）傅里叶变换为 sinc 函数；（c）离散时域脉冲；
（d）DFT 变换为临界采样的 sinc 函数；（e）对离散时域脉冲补零；（f）傅里叶变换为插值的 sinc 函数。

对该离散信号进行补零, 使其持续时间变为 $3T$。此时信号的 DFT 结果如图 5.9 (f) 所示, 频率采样间隔为原来的 1/3。DFT 处理后, 新得到的频域信号长度为原来的 3 倍, 同时可以绘出 sinc 波形。在一个域进行补零将导致与之对应的另一个域信号有更多的采样, 这个过程称为 "FFT 变换插值"。

通过补零进行插值的方法常用于 SAR/ISAR 图像中。因为 SAR/ISAR 数据是二维或三维的, 补零需要在所有的方向上进行。图 5.10 所示是一些补零 ISAR 图像例子。图 5-10 (a)、(c)、(e) 是原始图像, 图 5-10 (b)、(d)、(f)

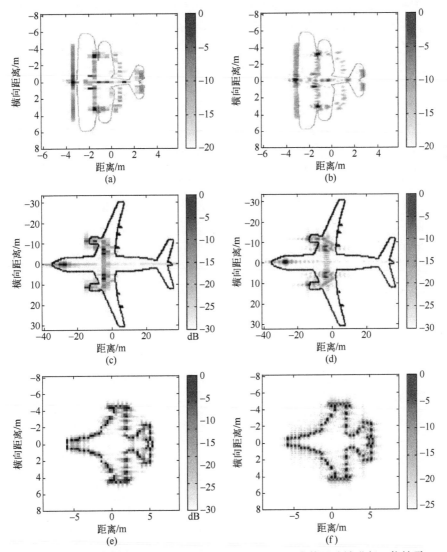

图 5.10　补零插值原始 ISAR 像 ((a)、(c)、(e)), 在傅里叶域进行 4 倍补零
处理后得到的插值 ISAR 像 ((b)、(d)、(f))

是在频率-角度域 4 倍补零处理后获得的具有更多采样点的图像。明显看出，图 5-10（b）、（d）、（f）图像中的散射中心分布更加平滑，产生了视觉上更令人满意的图像。需要指出的是，补零操作不会真正提高图像的分辨率，它只是对数据进行插值从而使图像看起来更加平滑而已。

▧ 5.5　点扩散函数（PSF）

通常"点扩散响应"（PSR）或 PSF 的定义为成像系统对点源或点目标的响应。在 SAR/ISAR 术语中，则是指 SAR/ISAR 成像系统对点散射体的冲激响应。

如同前面章节的定义，二维 ISAR 像可用下列双重积分描述：

$$\text{ISAR}(x,y) = \frac{1}{\pi^2} \cdot \int_{-\infty}^{\infty} \int_{-\infty}^{\infty} \left\{ E^s(k_x, k_y) \right\} \cdot e^{j2(k_x \cdot x + k_y \cdot y)} dk_x \cdot dk_y \quad (5.22)$$

通常，散射场可近似为目标上有限个散射点的响应之和，称为"散射点模型"，这在第 7 章中将会详细论述。在此假设下，$E^s(k_x, k_y)$ 可表示为

$$E^s(k_x, k_y) \cong \sum_{i=1}^{N} A_i \cdot e^{-j2(k_x \cdot x_i + k_y \cdot y_i)} \quad (5.23)$$

式中：N 为散射点的总个数；A_i 为第 i 个散射点的散射场幅度；(x_i, y_i) 为第 i 个散射点的空间位置。

理想情况下，可对这些散射点进行完美成像，假设在无限多个 k_x 和 k_y（或频率和角度）上获取散射场数据，则 ISAR 像可表示为二维理想冲激函数：

$$
\begin{aligned}
\text{ISAR}(x,y) &= \sum_{i=1}^{N} \frac{1}{\pi^2} \cdot \int_{-\infty}^{\infty} \int_{-\infty}^{\infty} A_i \cdot e^{j2(k_x \cdot (x - x_i) + k_y \cdot (y - y_i))} dk_x \cdot dk_y \\
&= \sum_{i=1}^{N} A_i \cdot \delta(x - x_i, y - y_i)
\end{aligned}
\quad (5.24)
$$

现实中，频率和角度（或 k_x 和 k_y）是有限的。令 k_x^L、k_x^H、k_y^L 和 k_y^H 为空间频率的上下限，定义为

$$
\begin{aligned}
k_x^H &= k_{xo} + \frac{BW_{k_x}}{2} \\
k_x^L &= k_{xo} - \frac{BW_{k_x}}{2} \\
k_y^H &= k_{yo} + \frac{BW_{k_y}}{2} \\
k_y^L &= k_{yo} - \frac{BW_{k_y}}{2}
\end{aligned}
\quad (5.25)
$$

式中：k_{xo} 和 k_{yo} 为中心空间频率，BW_{k_x} 和 BW_{k_y} 分别为个 k_x 和 k_y 域的带宽。ISAR 积分计算如下：

$$
\begin{aligned}
\text{ISAR}(x,y) &= \sum_{i=1}^{N} \frac{1}{\pi^2} \cdot \int_{k_x^L}^{k_x^H} \int_{k_y^L}^{k_y^H} A_i \cdot e^{j2(k_x \cdot (x-x_i)+k_y \cdot (y-y_i))} dk_x \cdot dk_y \\
&= \sum_{i=1}^{N} A_i \cdot \left(\frac{e^{j2k_x^H(x-x_i)} - e^{j2k_x^L(x-x_i)}}{j2\pi(x-x_i)} \right) \cdot \left(\frac{e^{j2k_y^H(y-y_i)} - e^{j2k_y^L(y-y_i)}}{j2\pi(x-x_i)} \right) \\
&= \sum_{i=1}^{N} A_i \cdot \left(e^{j2k_{xo}(x-x_i)} \cdot \frac{e^{jBW_{k_x}(x-x_i)} - e^{-jBW_{k_y}(x-x_i)}}{j2\pi(x-x_i)} \right) \\
&\quad \cdot \left(e^{j2k_{yo}(y-y_i)} \cdot \frac{e^{jBW_{k_x}(y-y_i)} - e^{jBW_{k_y}(y-y_i)}}{j2\pi(y-y_i)} \right) \\
&= \sum_{i=1}^{N} A_i \cdot \left(e^{j2k_{xo}(x-x_i)} \cdot \frac{BW_{k_x}}{\pi} \cdot \text{sinc}\left(\frac{BW_{k_x}}{\pi}(x-x_i) \right) \right) \\
&\quad \cdot \left(e^{j2k_{yo}(y-y_i)} \cdot \frac{BW_{k_y}}{\pi} \cdot \text{sinc}\left(\frac{BW_{k_y}}{\pi}(y-y_i) \right) \right)
\end{aligned}
$$

$$(5.26)$$

式（5.26）经整理后，更能反映 PSF 的物理含义：

$$
\text{ISAR}(x,y) = \sum_{i=1}^{N} A_i \cdot \delta(x-x_i, y-y_i) * h(x,y) \tag{5.27}
$$

式中：$h(x, y)$ 就是 PSF，即

$$
h(x,y) = \left(e^{j2k_{xo} \cdot x} \cdot \frac{BW_{k_x}}{\pi} \cdot \text{sinc}\left(\frac{BW_{k_x}}{\pi} x \right) \right) \cdot \left(e^{j2k_{yo} \cdot y} \cdot \frac{BW_{k_y}}{\pi} \cdot \text{sinc}\left(\frac{BW_{k_y}}{\pi} y \right) \right)
$$

$$(5.28)$$

由式（5.27），PSF 可以认为是 ISAR 成像系统对目标上任意散射点的冲激响应。图 5.11 表示了 PSF 的物理意义。如图 5.11（a）所示，在二维 $x-y$ 平面存在不同幅度的几个散射点，所成的 ISAR 像（图 5.11（c））正是散射点与二维 PSF 函数（图 5.11（b））的卷积。如图 5.11（d）所示，ISAR 像的一般显示在二维距离–横向距离平面上。因为 k_x 和 k_y 为有限带宽，所以 PSF 在距离和横向距离方向均会有拖尾，这是由于 sinc 函数的旁瓣引起的，通常采用加窗的方法抑制 PSF 旁瓣。

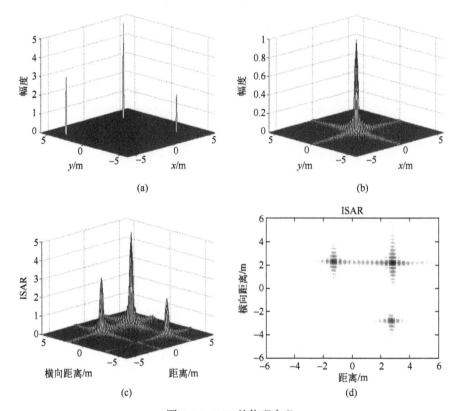

图 5.11   PSF 的物理含义

（a）散射点；（b）PSF；（c）散射点和 PSF 卷积后形成的 ISAR 像；
（d）PSF 的影响：辛格旁瓣很明显。

5.6   加 窗 处 理

5.6.1   常见窗函数

在雷达成像中，加窗处理是个常用的做法，可以抑制 PSF 的旁瓣，使得最终的 SAR/ISAR 像看起来更加平滑，使散射点定位更加局部化。窗函数在选定的区域是非零的，而在该区域之外则全为零，定义窗函数为

$$w[n]=\begin{cases}h[n], & n=0,1,2,N-1 \\ 0, & \text{其他}\end{cases} \tag{5.29}$$

式中：$h[n]$ 小于或等于 1；N 点的 $w[n]$ 将作用于长度为 T_0 的信号。

在实际应用中，有着平滑的"钟形"特点的窗函数已经广泛用于抑制不

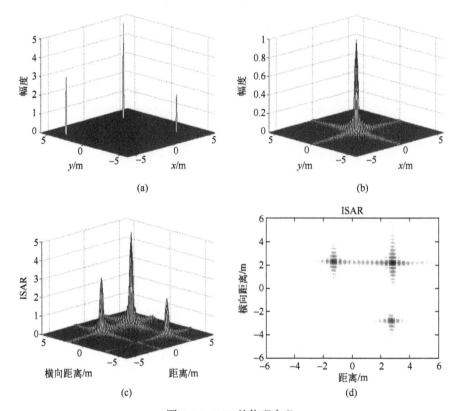

期望的旁瓣。Hanning、Hamming、Kaiser、Blackman 和 Chebyshev 等窗函数都属于这一类。应用这种窗函数一方面降低旁瓣水平（SLL）从而提供更好的聚焦图像，但同时相对于矩形窗和三角窗将增大主瓣宽度而降低图像分辨率。

5.6.1.1 矩形窗

如果在选定区域有 $h[n]=1$，则这种窗函数就是众所周知的矩形窗，如图 5.12（a）所示。运用矩形窗形成的数据与把相应部分数据做截断处理是一样的。如图 5.12（b）所示，矩形窗频谱有最大的 SLL，约为 -13dB，这相比于其他窗函数是最大的。然而，相较其他窗函数，矩形窗具有最窄的主瓣。-3dB 宽度位于主瓣宽度的 88% 处，主瓣宽度对应位置为 -4dB 宽度。频谱谱线间隔为采样时间的倒数，即 $1/(T_0N)$。

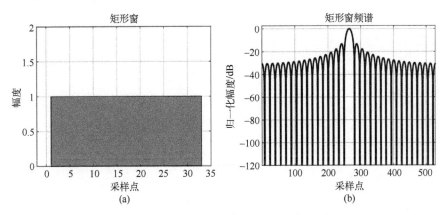

图 5.12　矩形窗和矩形窗频谱

5.6.1.2 三角窗

三角窗如图 5.13（a）所示，在选定区域有

$$h[n]=1-\frac{2}{N}\cdot\left|n-\frac{N-1}{2}\right| \tag{5.30}$$

长度为 N 的三角窗可以由两个相同的长度为 $N/2$ 的矩形窗卷积得到，因此长度为 N 的三角窗的频谱等于长度为 $N/2$ 的矩形窗频谱的平方。所以，如图 5.13（b）所示，三角窗的主瓣宽度为相同长度矩形窗主瓣宽度的两倍。三角窗频谱的最大 SLL 大约为 -26dB，同样为矩形窗的两倍。

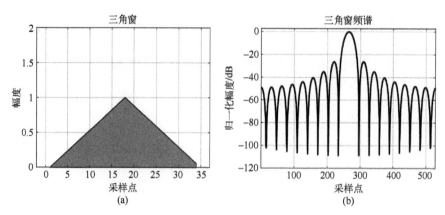

图 5.13　三角窗和三角窗频谱

5.6.1.3　Hanning 窗

Hanning 窗看起来与一个周期的余弦波形相似[10]，其公式定义如下：

$$h[n] = 0.5 \cdot \left(1 - \cos\left[\frac{2\pi n}{N-1}\right]\right) \tag{5.31}$$

从式（5.31）和图 5.14（a）可以看出，Hanning 窗实际上就是归一化余弦波形的上移版，这也是 Hanning 窗被称为"上升余弦"窗的原因。Hanning 窗的频谱最大 SLL 约为 −32dB。

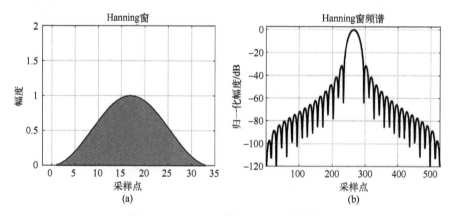

图 5.14　Hanning 窗和 Hanning 窗频谱

5.6.1.4　Hamming 窗

Hamming 窗如图 5.15（a）所示，是 Hanning 窗的调整版，其公式如下：

$$h[n] = 0.53868 - 0.46164 \cdot \cos\left[\frac{2\pi n}{N-1}\right] \tag{5.32}$$

Richard W. Hamming[11]通过对 Hanning 窗的两项系数进行调整，使其频谱的最大 SLL 降到约 -43dB。如图 5.15（b）所示，这种系数的选择有助于降低靠近主瓣的旁瓣，但同时也增大了远离主瓣的旁瓣。

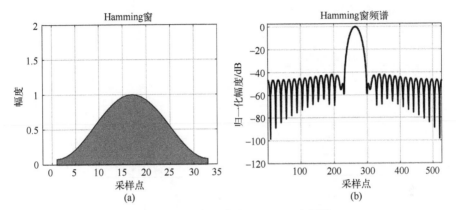

图 5.15　Hamming 窗和 Hamming 窗频谱

5.6.1.5　Kaiser 窗

Kaiser 窗的公式[12]如下：

$$h[n] = \frac{I_0\left(\alpha\left(1 - \left(\frac{2n}{N-1} - 1\right)^2\right)^{\frac{1}{2}}\right)}{I_0(\alpha)} \tag{5.33}$$

式中：$I_0(\alpha)$ 是第一类零阶修正 Bessel 函数。当 $\alpha = 1.5\pi$ 时，Kaiser 窗的最大 SLL 约为 -36dB。Kaiser 窗波形及其频谱如图 5.16 所示。

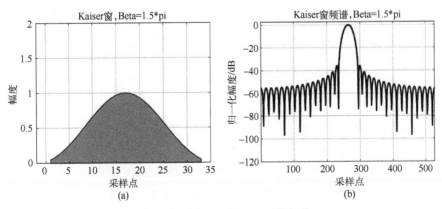

图 5.16　Kaiser 窗和 Kaiser 窗频谱

5.6.1.6 Blackman 窗

Blackman 窗的公式[13]如下：

$$h[n] = 0.42 - 0.5 \cdot \cos\left[\frac{2\pi n}{N-1}\right] + 0.08 \cdot \cos\left[\frac{4\pi n}{N-1}\right] \tag{5.34}$$

Blackman 窗频谱的最大 SLL 约为 -58dB。Blackman 窗波形及其频谱如图 5.17 所示。

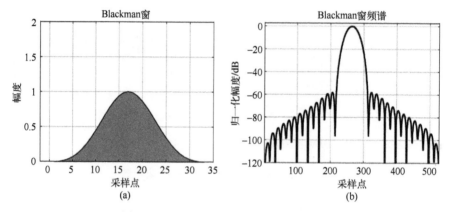

图 5.17　Blackman 窗和 Blackman 窗频谱

5.6.1.7 Chebyshev 窗

Chebyshev 窗函数[14]公式如下：

$$h[n] = \frac{(r+2)}{N}\sum_{k=1}^{\frac{(N-1)}{2}} C_{N-1}\left(t_0\cos\left(\frac{k\pi}{N}\right)\right)\cos\left(\frac{2k\pi\left(n-\frac{(N-1)}{2}\right)}{N}\right) \tag{5.35}$$

式中：r 为主瓣与旁瓣的比值；$C_k(\alpha)$ 为第 k 阶切比雪夫多项式：

$$C_k(\alpha) = \begin{cases} \cos(k\arccos(\alpha)) & (\alpha) \leqslant 1 \\ \cosh(k\arccosh(\alpha)) & (\alpha) > 1 \end{cases} \tag{5.36}$$

参数 t_0 为

$$t_0 = \cosh\left[\frac{\arccosh(r)}{N-1}\right] \tag{5.37}$$

Chebyshev 窗波形及其频谱如图 5.18 所示，图中的 r 为 80dB，如图 5.18（b）所示，频谱有最大旁瓣为 -80dB 的波纹。

表 5-2 总结了几种常用于数据平滑的窗函数的特点。高分辨率意味着高旁瓣，因此在选择平滑窗时应对主瓣宽度和最大 SLL 进行折中考虑。表 5-2 给出了本书所列的窗函数的 -3dB 主瓣宽度和最大 SLL 值。

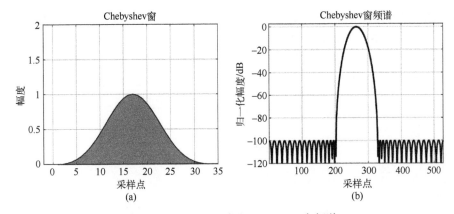

图 5.18　Chebyshev 窗和 Chebyshev 窗频谱

表 5-2　不同窗函数特征比较

窗函数	表 达 式	−3dB 主瓣宽度	最大 SLL/dB
矩形窗	$h[n]=1$	0.88	−13
三角窗	$h[n]=1-\dfrac{1}{N}\cdot\left\| n-\dfrac{N-1}{2}\right\|$	1.24	−26
Hanning 窗	$h[n]=0.5\cdot\left(1-\cos\left[\dfrac{2\pi n}{N-1}\right]\right)$	1.40	−32
Hamming 窗	$h[n]=0.53836-0.46164\cdot\cos\left[\dfrac{2\pi n}{N-1}\right]$	1.33	−43
Kaiser 窗	$h[n]=\dfrac{I_0\left(\alpha\left(1-\left(\dfrac{2n}{N-1}-1\right)^2\right)^{\frac{1}{2}}\right)}{I_0(\alpha)}$	1.30	−36 $(\alpha=1.5\pi)$
Blackman 窗	$h[n]=0.42-0.5\cdot\cos\left[\dfrac{2\pi n}{N-1}\right]+0.08\cdot\cos\left[\dfrac{4\pi n}{N-1}\right]$	1.69	−58
Chebyshev 窗	$h[n]=\dfrac{(r+2)}{N}\sum\limits_{k=1}^{\frac{(N-1)}{2}}C_{N-1}\left(t_0\cos\left(\dfrac{k\pi}{N}\right)\right)\cdot\cos\left(\dfrac{2k\pi\left(n-\dfrac{(N-1)}{2}\right)}{N}\right)$	1.68	−80 $(r=80)$

5.6.2　通过加窗平滑 ISAR 图像

在得到最终 ISAR 像之前通常都会进行加窗处理，以完成对目标上散射中心的平滑，这样会损失一些分辨率但同时也抑制了散射中心的旁瓣，会大大增强图像的视觉效果。

下面利用如图 5.10 所示图像来演示 ISAR 成像中窗函数的运用效果。原始 ISAR 图像如图 5.19（a）、（c）、（e）所示。在傅里叶域运用二维 Hanning 窗，并利用4倍补零方案对数据进行插值。最终的二维 ISAR 像如图 5.19（b）、（d）、（f）所示。在新的图像中，散射中心的拖尾被抑制，在第一幅和第三幅 ISAR 像中可以清晰地看出散射中心 PSF 的散射机理。但如前文所述，新 ISAR 像的分辨率也相应降低。

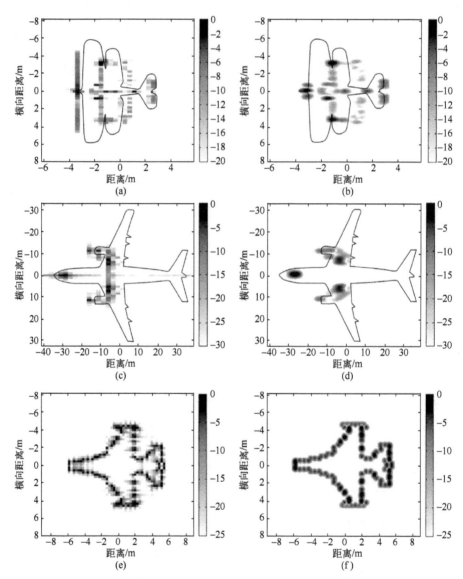

图 5.19　加平滑窗的效果原始 ISAR 像（（a）、（c）、（e））插值后的 ISAR 像（（b）、（d）、（f））（在傅里叶变换域运用了4倍补零处理和加 Hamming 窗处理）

📐 5.7　MATLAB 代码

下面给出的 Matlab 源代码用于产生第 5 章中的所有 Matlab 图像。

Matlab code 5.1：Matlab file "Figure5-9. m"

```
%----------------------------------------------------
% This code can be used to generate Figure 5.9
%----------------------------------------------------
clear all
close all
%_____Implementation OF FT Window/Sinc_____
M = 500;
t = (-M:M) * 1e-3/5;
E(450:550) = 1;E(1001)= 0;
T = t(550)-t(450);
index = 300:700;
%---Figure 5.9(a)--------------------------------
area(t(index) * 1e3,E(index)); axis([min(t(index)) * 1e3
max(t(index)) * 1e3 0 1.15])
set(gca,'FontName', 'Arial', 'FontSize',14,'FontWeight','Bold');
xlabel('Time (ms)');ylabel('Amplitude');
colormap(gray);
%---Figure 5.9(b)--------------------------------
index = 430:570;
d = 1/(max(t)-min(t));
f = (-M:M) * df;
Ef = T * fftshift(fft(E))/length(450:550);
figure;
area(f(index),abs(Ef(index)));
axis([min(f(index)) max(f(index)) 0 .023])
set(gca,'FontName', 'Arial', 'FontSize',14,'FontWeight','Bold');
xlabel('Frequency (Hz)'); ylabel('Amplitude');%grid on;
colormap(gray);
%_____Implementation OF DFT_____
clear all;
```

```
% TIME DOMAIN SIGNAL
t = (-10:9) * 1e-3; N=length(t);
En(1:N) = 1;
%---Figure 5.9(c)-------------------------------------
figure;
stem(t*1e3,En,'k','LineWidth',3); axis([min(t) * 1.2e3 max(t) * 1.2e3
0 1.25])
set(gca,'FontName', 'Arial', 'FontSize',12,'FontWeight','Bold');
xlabel('Time [ms]'); ylabel('s[n]');%grid on;
%----------FREQ DOMAIN SIGNAL---
dt = t(2)-t(1);
BWt = max(t)-min(t)+dt;
df = 1/BWt;
f = (-10:9) * df;
Efn = BWt * fftshift(fft(En))/length(En);
%---Figure 5.9(d)-------------------------------------
figure;
stem(f,abs(Efn),'k','LineWidth',3);
axis([min(f) max(f) 0 1.15])
set(gca,'FontName', 'Arial', 'FontSize',14,'FontWeight','Bold');
xlabel('Frequency [Hz]'); ylabel('S[k]');%grid on;
colormap(gray);hold on
%----this part for the sinc template
clear En2;
En2(91:110) = En;
En2(200) = 0;
Efn2 = BWt * fftshift(fft(En2))/length(En);
f2 = min(f):df/10:(min(f)+df/10 * 199);
plot(f2,abs(Efn2),'k-.','LineWidth',1);
axis([min(f2) max(f2) 0 .023]); hold off
%--------ZERO PADDING ----------
%TIME DOMAIN
clear En_zero;
En_zero(20:39) = En;
En_zero(60) = 0;
```

```
dt = 1e-3;
t2 = dt * (-30:29);
%---Figure 5.9(e)-----------------------------------
figure;
stem(t2 * 1e3,En_zero,'k','LineWidth',3); axis([-dt * 30e3 dt * 29e3 0
1.25])
set(gca,'FontName', 'Arial', 'FontSize',14,'FontWeight','Bold');
xlabel('Time [ms]'); ylabel('s[n]');%grid on;
%FREQUENCY DOMAIN
Efn2_zero = BWt * fftshift(fft(En_zero))/length(En);
f2 = min(f):df/3:(min(f)+df/3 * 59);
%---Figure 5.9(f)-----------------------------------
figure;
plot(f2,abs(Efn2_zero),'k-.','LineWidth',1);hold on
stem(f2,abs(Efn2_zero),'k','LineWidth',3);
set(gca,'FontName', 'Arial', 'FontSize',12,'FontWeight','Bold');
xlabel('Frequency [Hz]'); ylabel('S[k]');%grid on;
axis([min(f2) max(f2) 0 0.023]); hold off
```

Matlab code 5.2: Matlab file "Figure5-10ab.m"

```
%--------------------------------------------------
% This code can be used to generate Figure 5.10 (a-b)
%--------------------------------------------------
% This file requires the following files to be present in the same
% directory:
%
% Esplanorteta60.mat
% planorteta60_2_xyout.mat
clear all
close all
c=.3; % speed of light
%_____PRE PROCESSING OF ISAR_____
%Find spatial resolutions
BWx = 12;
BWy = 16;
```

```
M = 32;
N = 64;
fc = 6;
phic=0;
dx = BWx/M;
dy = BWy/N;
% Form spatial vectors
X = -dx * M/2:dx:dx * (M/2-1);
Y = -dy * N/2:dy:dy * (N/2-1);
%Find resoltions in freq and angle
df = c/(2 * BWx);
dk =2 * pi * df/c;
kc = 2 * pi * fc/c;
dphi = pi/(kc * BWy);
%Form F and PHI vectors
F = fc+[-df * M/2:df:df * (M/2-1)];
PHI = phic+[-dphi * N/2:dphi:dphi * (N/2-1)];
k = 2 * pi * F/c;
% Load the backscattered data
load Esplanorteta60
load planorteta60_2_xyout
%_____ POST PROCESSING OF ISAR_____
ISAR = fftshift(fft2(Es.'));
ISAR = ISAR/M/N;
%---Figure 5.10(a)-------------------------------------
matplot2(X(32:-1:1),Y,ISAR,20);
colormap(1-gray);
colorbar
set(gca,'FontName', 'Arial', 'FontSize',14,'FontWeight','Bold');
xlabel('Range [m]');
ylabel('Cross - range [m]');%grid on;
line(-xyout_xout,xyout_yout,'Color','k','LineStyle','.','MarkerSize',3);
%zero padding;
Enew = Es;
Enew(M * 4,N * 4) = 0;
```

```
XX = X(1):dx/4:X(1)+dx/4*(4*M-1);
YY = Y(1):dy/4:Y(1)+dy/4*(4*N-1);
% ISAR image formatiom
ISARnew = fftshift(fft2(Enew.'));
ISARnew = ISARnew/M/N;
figure;
%---Figure 5.10(b)-------------------------------------------------
matplot2(XX(4*M:-1:1),YY,abs(ISARnew),20);
colormap(1-gray);
colorbar
line(-xyout_xout,xyout_yout,'Color','k','LineStyle','.','MarkerSize', 3);
set(gca,'FontName', 'Arial', 'FontSize',14,'FontWeight','Bold');
xlabel('Range [m]');
ylabel('Cross - range [m]');%grid on;
```

Matlab code 5.3: Matlab file "Figure5-10cd. m"

```
%------------------------------------------------------------------
% This code can be used to generate Figure 5.10 (c-d)
%------------------------------------------------------------------
% This file requires the following files to be present in the same
% directory:
%
% Esairbus. mat
%airbusteta80_2_xyout. mat
clear all
close all
c=.3; % speed of light
%_____PRE PROCESSING OF ISAR_____
%Find spatial resolutions
BWx = 80;
BWy = 66;
M = 32;
N = 64;
fc = 4;
phic = 0;
```

```
dx = BWx/M;
dy = BWy/N;
% Form spatial vectors
X = -dx * M/2:dx:dx * (M/2-1);
Y = -dy * N/2:dy:dy * (N/2-1);
%Find resoltions in freq and angle
df = c/(2 * BWx);
dk = 2 * pi * df/c;
kc = 2 * pi * fc/c;
dphi = pi/(kc * BWy);
%Form F and PHI vectors
F = fc+[-df * M/2:df:df * (M/2-1)];
PHI = phic+[-dphi * N/2:dphi:dphi * (N/2-1)];
k = 2 * pi * F/c;
%Load the backscattered data
load Esairbus
load airbusteta80_2_xyout
%_____ POST PROCESSING OF ISAR_____
ISAR = fftshift(fft2(Es.'));
ISAR = ISAR/M/N;
%---Figure 5. 10(c)------------------------------------------
matplot2(X(32:-1:1),Y,ISAR,30); colormap(1-gray); colorbar
set(gca,'FontName', 'Arial', 'FontSize',14,'FontWeight','Bold');
xlabel('Range [m]'); ylabel('Cross - range [m]');%grid on; colormap(1-
gray);
line(-xyout_xout,xyout_yout,'Color','k','LineStyle','.');
%zero padding with 4 times;
Enew = Es;
Enew(M * 4,N * 4) = 0;
figure;
% ISAR image formatiom
ISARnew = fftshift(fft2(Enew.'));
ISARnew = ISARnew/M/N;
%ISARnew(1,1)=2.62
load airbusteta80_2_xyout. mat;
```

```
%---Figure 5. 10(d)------------------------------------
matplot2(X(32:-1:1),Y,ISARnew,30);
colormap(1-gray);
line(-xyout_xout,xyout_yout,'Color','k','LineStyle','.');
set(gca,'FontName', 'Arial', 'FontSize',14,'FontWeight','Bold');
xlabel('Range [m]'); ylabel('Cross - range [m]');
```

Matlab code 5. 4: Matlab file "Figure5-10ef. m"

```
%-----------------------------------------------------
% This code can be used to generate Figure 5. 10 (e-f)
%-----------------------------------------------------
% This file requires the following files to be present in the same
% directory:
%
% ucak. mat
clear all
close all
c=.3; % speed of light
%_____PRE PROCESSING OF ISAR_____
%Find spatial resolutions
BWx = 18;
BWy = 16;
M = 64;
N = 64;
fc = 8;
phic = 0;
% Image resolutions
dx = BWx/M;
dy = BWy/N;
% Form spatial vectors
X = -dx * M/2:dx:dx * (M/2-1);
Y = -dy * N/2:dy:dy * (N/2-1);
%Find resoltions in freq and angle
df = c/(2 * BWx);
dk = 2 * pi * df/c;
```

```
kc = 2 * pi * fc/c;
dphi = pi/(kc * BWy);
%Form F and PHI vectors
F = fc+[-df * M/2:df:df * (M/2-1)];
PHI = phic+[-dphi * N/2:dphi:dphi * (N/2-1)];
K = 2 * pi * F/c;
%_____FORM RAW BACKSCATTERED DATA_____
load ucak
l = length(xx);
Es = zeros(M,N);
for m=1:l;
Es = Es+1.0 * exp(j * 2 * K' * (cos(PHI) * xx(m)+sin(PHI) * yy(m)));
end
%_____ POST PROCESSING OF ISAR(Small BW Small angle)_____ _
ISAR=fftshift(fft2(Es.'));  ISAR=ISAR/M/N;
%---Figure 5-10(e)--------------------------------------
h=figure;
matplot2(X(M:-1:1),Y,ISAR,25);
colormap(1-gray);
colorbar
set(gca,'FontName', 'Arial', 'FontSize',14,'FontWeight','Bold');
xlabel('Range [m]'); ylabel('Cross - range [m]');%grid on;
colormap(1-gray);%colorbar
%-------------zero padding with 4 times----------
Enew = Es;
Enew(M * 4,N * 4) = 0;
% ISAR image formatiom
ISARnew = fftshift(fft2(Enew.'));
ISARnew = ISARnew/M/N;
%ISARnew(1,1)=2.62
load airbusteta80_2_xyout.mat;
%---Figure 5-10(f)--------------------------------------
h=figure;
matplot2(X(M:-1:1),Y,ISARnew,25);
colormap(1-gray);
```

```
colorbar
set( gca,'FontName', 'Arial','FontSize',14,'FontWeight','Bold') ;
xlabel('Range [m]') ;
ylabel('Cross - range [m]') ;%grid on;
```

Matlab code 5.5: Matlab file "Figure5-11. m"

```
%-------------------------------------------------------
% This code can be used to generate Figure 5-11
%-------------------------------------------------------
clear all
close all
clc
% Prepare mesh
[X,Y] = meshgrid(-6:. 1:6, -6:. 1:6) ;
M = length(X) ;
N = length(Y) ;
Object = zeros(M,N) ;
% Set 3 scattering centers
hh = figure;
Object(101,95) = 5;
Object(30,96) = 2;
Object(100,15) = 3;
%---Figure 5-11(a) -------------------------------------
surf(X,Y,Object) ;
colormap(1-gray) ;
axis tight;
set( gca,'FontName', 'Arial', 'FontSize',12,'FontWeight','Bold') ;
xlabel('X [m]') ;
ylabel('Y [m]') ;
zlabel('Amplitude')
view(-45,20)
saveas( hh,'Figure5-11a. png','png') ;
%Find spatial resolutions
% fc = 10; % center frequency
% phic = 0; % center angle
```

```
% c = .3; % speed of light
dx = X(1,2)-X(1,1); % range resolution
dy = dx; % xrange resolution
%Find Bandwidth in spatial frequencies
BWkx = 1/dx;
BWky = 1/dy;
% PSF
h = sinc(BWkx * X/pi). * sinc(BWky * Y/pi);
%---Figure 5-11(b)-------------------------------------
hh = figure;
surf(X,Y,abs(h));
axis tight;
colormap(1-gray);
axis([-6 6 -6 6 0 1])
set(gca,'FontName', 'Arial', 'FontSize',12,'FontWeight','Bold');
xlabel('X [m]');
ylabel('Y [m]');
zlabel('Amplitude');
view(-45,20)
saveas(hh,'Figure5-11b. png','png');
%Convolution
hh = figure;
ISAR = fft2(fft2(Object). * fft2(h))/M/N;
%---Figure 5-11(c)-------------------------------------
surf(X,Y,abs(ISAR));
axis tight;
colormap(1-gray);
set(gca,'FontName', 'Arial', 'FontSize',12,'FontWeight','Bold');
xlabel('Range [m]');
ylabel('Cross - range [m]');
zlabel('ISAR ');
view(-45,20)
saveas(hh,'Figure5-11c. png','png');
%---Figure 5-11(c)-------------------------------------
hh = figure;
```

```
matplot( X( 1,1:M) ,Y( 1:N,1) ,ISAR,30) ;
colormap( 1-gray) ;
set( gca,'FontName', 'Arial', 'FontSize',12,'FontWeight','Bold') ;
xlabel('Range [m]') ;
ylabel('Cross - range [m]') ;
title('ISAR ') ;
saveas( hh,'Figure5-11d. png','png') ;
```

Matlab code 5. 6: Matlab file "Figure5-12thru5-18. m"

```
%------------------------------------------------
% This code can be used to generate Figure 5. 12 - 5. 18
%------------------------------------------------
% Comparison of windowing functions
%--------------------------------
clear all
close all
N = 33;
%---Figure 5. 12( a) --------------------------------
%---Rectangular window
rect = rectwin( N) ;
h = figure;
area( rect) ;
grid;
colormap( gray)
set( gca,'FontName', 'Arial', 'FontSize',12,'FontWeight','Bold') ;
xlabel(' samples ') ;
ylabel('Amplitude') ;
title(' Rectangular Window')
axis( [-2 N+2 0 2])
%---Figure 5. 12( b) --------------------------------
rect( 16 * N) = 0;
Frect = fftshift( fft( rect) ) ;
Frect = Frect/max( abs( Frect) ) ;
h = figure;
plot( mag2db( abs( Frect) ) ,'k','LineWidth',2) ;
```

```
grid
axis tight;
set(gca,'FontName', 'Arial', 'FontSize',12,'FontWeight','Bold');
xlabel('samples ');
ylabel('Normalized amplitude[dB]');
title ('Spectrum of Rectangular Window')
axis([1 16 * N -120 3])
%---Figure 5. 13(a)--------------------------------------
%---Triangular window
tri = triang(N);
h = figure;
area([0 tri.']);
grid;
colormap(gray)
set(gca,'FontName', 'Arial', 'FontSize',12,'FontWeight','Bold');
xlabel(' samples ');
ylabel('Amplitude');
title (' Triangular Window')
axis([-2 N+4 0 2])
%---Figure 5. 13(b)--------------------------------------
tri(16 * N)= 0;
Ftri = fftshift(fft(tri));
Ftri = Ftri/max(Ftri);
h = figure;
plot(mag2db(abs(Ftri)),'k','LineWidth',2);
grid;
hold off;
axis tight; set(gca,'FontName', 'Arial', 'FontSize',12,'FontWeight', 'Bold');
xlabel('samples ');
ylabel('Normalized amplitude [dB]');
title ('Spectrum of Triangular Window')
axis([1 16 * N -120 3])
%---Figure 5. 14(a)--------------------------------------
%---Hanning window
han = hanning(N);
```

```
h = figure;
area(han);
grid;
colormap(gray);
set(gca,'FontName', 'Arial', 'FontSize',12,'FontWeight','Bold');
xlabel('samples ');
ylabel('Amplitude');
title ('Hanning Window')
axis([-2 N+2 0 2])
%---Figure 5.14(b)--------------------------------------
han(16 * N) = 0;
Fhan = fftshift(fft(han));
Fhan = Fhan/max(Fhan);
h = figure;
plot(mag2db(abs(Fhan)),'k','LineWidth',2);
grid;
hold off;
axis tight; set(gca,'FontName', 'Arial', 'FontSize',12,'FontWeight', 'Bold');
xlabel('samples ');
ylabel('Normalized amplitude [dB]');
title ('Spectrum of Hanning Window')
axis([1 16 * N -120 3])
%---Figure 5.15(a)--------------------------------------
%---Hamming window
ham = hamming(N);
h = figure;
area(ham);
grid;
colormap(gray);
set(gca,'FontName', 'Arial', 'FontSize',12,'FontWeight','Bold');
xlabel('samples');
ylabel('Amplitude');
title ('Hamming Window')
axis([-2 N+2 0 2])
%---Figure 5.15(b)--------------------------------------
ham(16 * N)= 0;
```

```matlab
Fham = fftshift(fft(ham));
Fham = Fham/max(Fham);
h = figure;
plot(mag2db(abs(Fham)),'k','LineWidth',2);
grid;
hold off;
axis tight; set(gca,'FontName', 'Arial', 'FontSize',12,'FontWeight', 'Bold');
xlabel('samples ');
ylabel('Normalized amplitude [dB]');
title ('Spectrum of Hamming Window')
axis([1 16*N -120 3])
%---Figure 5.16(a)-------------------------------------
%---Kaiser window
ksr = kaiser(N,1.5*pi);
h = figure;
area(ksr);
grid;
colormap(gray);
set(gca,'FontName', 'Arial', 'FontSize',12,'FontWeight','Bold');
xlabel('samples ');
ylabel('Amplitude');
title ('Kaiser Window, Beta=1.5*pi')
axis([-2 N+2 0 2])
%---Figure 5.16(b)-------------------------------------
ksr(16*N) = 0;
Fksr = fftshift(fft(ksr));
Fksr = Fksr/max(Fksr);
h = figure;
plot(mag2db(abs(Fksr)),'k','LineWidth',2);
grid;
hold off;
axis tight; set(gca,'FontName', 'Arial', 'FontSize',12,'FontWeight', 'Bold');
xlabel('samples ');
ylabel('Normalized amplitude [dB]');
title ('Spectrum of Kaiser Window, Beta=1.5*pi')
axis([1 16*N -120 3])
```

```
%---Figure 5. 17(a)----------------------------------
%---Blackman window
blk = blackman(N);
h = figure;
area(blk);
grid;
colormap(gray);
set(gca,'FontName', 'Arial', 'FontSize',12,'FontWeight','Bold');
xlabel('samples ');
ylabel('Amplitude');
title ('Blackman Window')
axis([-2 N+2 0 2])
%---Figure 5. 17(b)----------------------------------
blk(16 * N) = 0;
Fblk = fftshift(fft(blk));
Fblk = Fblk/max(Fblk);
h = figure;
plot(mag2db(abs(Fblk)),'k','LineWidth',2);
grid;
hold off;
axis tight; set(gca,'FontName','Arial', 'FontSize',12,'FontWeight', 'Bold');
xlabel('samples ');
ylabel('Normalized amplitude [dB]');
title ('Spectrum of Blackman Window')
axis([1 16 * N -120 3])
%---Figure 5. 18(a)----------------------------------
%---Chebyshev window
cheby = chebwin(N);
h = figure;
area(blk);
grid;
colormap(gray);
set(gca,'FontName', 'Arial', 'FontSize',12,'FontWeight','Bold');
xlabel('samples ');
ylabel('Amplitude');
title ('Chebyshev Window')
```

```
axis([-2 N+2 0 2])
%---Figure 5.18(b)------------------------------------
cheby(16 * N) = 0;
Fcheby = fftshift(fft(cheby));
Fcheby = Fcheby/max(Fcheby);
h = figure;
plot(mag2db(abs(Fcheby)),'k','LineWidth',2);
grid;
hold off;
axis tight; set(gca,'FontName', 'Arial', 'FontSize',12,'FontWeight', 'Bold');
xlabel('samples ');
ylabel('Normalized amplitude [dB]');
title ('Spectrum of Chebyshev Window')
axis([1 16 * N -120 3])
```

Matlab code 5.7: Matlab file "Figure5-19ab. m"

```
%----------------------------------------------------
% This code can be used to generate Figure 5.19 (a-b)
%----------------------------------------------------
% This file requires the following files to be present in the same
% directory:
%
% Esplanorteta60. mat
% planorteta60_2_xyout. mat
clear all
close all
c=.3; % speed of light
%_____PRE PROCESSING OF ISAR_____
%Find spatial resolutions
BWx = 12;
BWy = 16;
M = 32;
N = 64;
fc = 6;
phic = 0;
% Image resolutions
```

```
dx = BWx/M;
dy = BWy/N;
% Form spatial vectors
X = -dx * M/2:dx:dx * (M/2-1);
Y = -dy * N/2:dy:dy * (N/2-1);
%Find resoltions in freq and angle
df = c/(2 * BWx);
dk = 2 * pi * df/c;
kc = 2 * pi * fc/c;
dphi = pi/(kc * BWy);
%Form F and PHI vectors
F = fc+[-df * M/2:df:df * (M/2-1)];
PHI = phic+[-dphi * N/2:dphi:dphi * (N/2-1)];
% Load the backscattered data
load Esplanorteta60
load planorteta60_2_xyout
%_____ POST PROCESSING OF ISAR_____
ISAR = fftshift(fft2(Es.'));
ISAR = ISAR/M/N;
%---Figure 5.19(c)--------------------------------
h = figure;
matplot2(X(32:-1:1),Y,ISAR,20);
colormap(1-gray);
colorbar
set(gca,'FontName', 'Arial', 'FontSize',12,'FontWeight','Bold');
xlabel('Range [m]');
ylabel('Cross - range [m]');%grid on;
h = line(-xyout_xout,xyout_yout,'Color','k','LineStyle','.','MarkerSize',3);
%windowing;
w = hamming(M) * hamming(N).';
Ess = Es. * w;
%zero padding;
Enew = Ess;
Enew(M * 4,N * 4) = 0;
XX = X(1):dx/4:X(1)+dx/4 * (4 * M-1);
YY = Y(1):dy/4:Y(1)+dy/4 * (4 * N-1);
```

```
% ISAR image formatiom
ISARnew = fftshift(fft2(Enew.'));
ISARnew = ISARnew/M/N;
%---Figure 5.19(d)------------------------------------
load planorteta60_2_xyout. mat
h = figure;
matplot2(XX(4 * M:-1:1),YY,abs(ISARnew),20);
colormap(1-gray);
colorbar
line(-xyout_xout,xyout_yout,'Color','k','LineStyle','.','MarkerSize',3);
set(gca,'FontName', 'Arial', 'FontSize',12,'FontWeight','Bold');
xlabel('Range [m]');
ylabel('Cross - range [m]');
```

Matlab code 5.8: Matlab file "Figure5-19cd. m"
```
%-----------------------------------------------------
% This code can be used to generate Figure 5.19 (c-d)
%-----------------------------------------------------
% This file requires the following files to be present in the same
% directory:
%
% ucak. mat
clear all
close all
c =.3; % speed of light
%_____PRE PROCESSING OF ISAR_____
%Find spatial resolutions
BWx = 18;
BWy = 16;
M = 64;
N = 64;
fc = 8;
phic = 0;
% Image resolutions
dx = BWx/M;
dy = BWy/N;
```

```
% Form spatial vectors
X = -dx * M/2:dx:dx * (M/2-1);
Y = -dy * N/2:dy:dy * (N/2-1);
%Find resoltions in freq and angle
df =c/(2 * BWx);
dk = 2 * pi * df/c;
kc = 2 * pi * fc/c;
dphi = pi/(kc * BWy);
%Form F and PHI vectors
F = fc+[-df * M/2:df:df * (M/2-1)];
PHI = phic+[-dphi * N/2:dphi:dphi * (N/2-1)];
K = 2 * pi * F/c;
%_____ FORM RAW BACKSCATTERED DATA_____
load ucak
l = length(xx);
Es =zeros(M,N);
for m=1:l;
Es=Es+1.0 * exp(j * 2 * K' * (cos(PHI) * xx(m)+sin(PHI) * yy(m)));
end
%_____ POST PROCESSING OF ISAR (Small BW Small angle)_____
ISAR = fftshift(fft2(Es.'));
ISAR = ISAR/M/N;
h = figure;
matplot2(X(M:-1:1),Y,ISAR,25);
colormap(1-gray);
colorbar
set(gca,'FontName', 'Arial', 'FontSize',12,'FontWeight','Bold');
xlabel('Range [m]');
ylabel('Cross - range [m]');%grid on;
colormap(1-gray);
%windowing;
w = hamming(M) * hamming(N).';
Ess = Es. * w;
%------------zero padding with 4 times----------
Enew = Ess;
Enew(M * 4,N * 4) = 0;
```

```
% ISAR image formatiom
ISARnew = fftshift(fft2(Enew.'));
ISARnew = ISARnew/M/N;
h = figure;
matplot2(X(M:-1:1),Y,ISARnew,25);
colormap(1-gray);
colorbar
set(gca,'FontName', 'Arial', 'FontSize',12,'FontWeight','Bold');
xlabel('Range [m]');
ylabel('Cross - range [m]');%grid on;
```

Matlab code 5. 9: Matlab file "Figure5-19ef. m"

```
%----------------------------------------------------
% This code can be used to generate Figure 5. 19 (e-f)
%----------------------------------------------------
% This file requires the following files to be present in the same
% directory:
%
% Esairbus. mat
% airbusteta80_2_xyout. mat
clear all
close all
c=.3; % speed of light
%_____PRE PROCESSING OF ISAR_____
%Find spatial resolutions
BWx = 80;
BWy = 66;
M = 32;
N = 64;
fc = 4;
phic = 0;
% Image resolutions
dx = BWx/M;
dy = BWy/N;
% Form spatial vectors
X = -dx * M/2:dx:dx * (M/2-1);
```

Y = -dy * N/2 : dy : dy * (N/2-1) ;

%Find resoltions in freq and angle

df = c/(2 * BWx) ;

dk = 2 * pi * df/c ;

参 考 文 献

[1] E. F. Knott, J. F. Shaeffer, and M. T. Tuley. *Radar cross section*, 2nd ed. Artech House, Norwood, MA, 1993.

[2] R. J. Sullivan. *Microwave radar imaging and advanced concepts*. Artech House, Norwood, MA, 2000.

[3] R. M. Mersereau and A. V. Oppenheim. Digital reconstruction of multidimensional signals from their projections. *Proc IEEE* 62 (10) (1974), 1319-1338.

[4] D. A. Ausherman, A. Kozma, J. L. Walker, H. M. Jones, and E. C. Poggio. Developments in radar imaging. *IEEE Trans Aerosp Electron Syst* AES-20 (4) (1984), 363-400.

[5] C. Ozdemir, R. Bhalla, L. C. Trintinalia, and H. Ling. ASAR—Antenna synthetic aperture radar imaging. *IEEE Trans Antennas Propagat* 46 (12) (1998), 1845-1852.

[6] M. Abramowitz and I. A. Stegun. *Handbook of mathematical functions*. Dover Publications Inc., New York, 1970.

[7] T. Kohler, H. Turbell, and M. Grass. Efficient forward projection through discrete data sets using tri-linear interpolation. IEEE Nuclear Science Symposium 2000, vol. 2, pp. 15/113-15/115, 2000.

[8] R. Keys. Cubic convolution interpolation for digital image processing. *IEEE Transactions Acoustics, Speech and Signal Processing* 29 (1981), 1153-1160.

[9] F. Lekien and J. Marsden. Tricubic interpolation in three dimensions. *Int J Numer Methods Eng* 63 (2005), 455-471.

[10] R. B. Blackman and J. W. Tukey. *"Particular pairs of windows." The measurement of power spectra, from the point of view of communications engineering*. Dover, New York, 1959, 95-101.

[11] L. D. Enochsonand R. K. Otnes. Programming and analysis for digital time series data, U. S. Deptartment of Defense, Shock and Vibration Information Center, 142, 1968.

[12] J. F. Kaiser. Nonrecursive digital filter design using the I0- sinh window function. Proc. 1974 IEEE Symp. Circuits and Systems, 20-23, 1974.

[13] A. V. Oppenheim and R. W. Schafer. *Discrete - time signal processing*. Prentice - Hall, Upper Saddle River, NJ, 1999, 468-471.

[14] F. J. Harris. *Multirate signal processing for communication systems*. Prentice Hall PTR, Upper Saddle River, NJ, 2004, 60-64.

第❻章

逆合成孔径雷达距离多普勒处理

第 4 章给出了逆合成孔径雷达（ISAR）成像的基本算法。算法假定目标为静态的，并通过有限次数的视角步进过程完成数据采集。然而在实际场景中，目标通常是运动的，因此，在雷达相参处理时间期间，只有当目标运动使得雷达能从不同的视角看目标时，才能获得多组目标数据。雷达通常发射 Chirp（线性调频［LFM］）或步进频脉冲信号从不同视角捕获目标。对于雷达而言，由于雷达视线（RLOS）关于目标坐标轴的角度值未知，因此雷达接收机收集了目标脉冲回波之后，只能形成距离-多普勒域上的二维 ISAR 图像。对该现象的解释将在后续小节中给出。

本章我们将研究现实场景中的 ISAR 成像技术。即目标相对于雷达运动，雷达采集由多普勒频移引起的后向散射数据。书中给出了常用的 ISAR 波形，包括线性调频脉冲（LFM）和步进频率连续波（SFCW）脉冲波形，并描述了基于这些波形的二维距离-多普勒 ISAR 成像算法。

▌6.1 ISAR 应用场景

前面章节已经提及，ISAR 提供了相对雷达运动的目标的电磁（EM）图像。在雷达接收机处的目标后向散射信号，经处理后，转换为时间（或距离）和多普勒频率（或方位）。时间（或距离）处理是利用雷达脉冲的频率带宽，完成对距离向（RLOS）上各个点的分辨。由于目标相对于雷达运动会产生多普勒频移，因此伴随着目标的移动，雷达能利用收集到来自目标的散射信息，分析多普勒频率在垂直于 RLOS 方向的方位向上的各个分辨点。

在现实应用中，目标可能在空中，如飞机、直升机，也可能在地面或海上，如坦克或船。大多数场景中，空中目标通常借助于地基雷达进行成像，而地面或海上目标则由机载雷达进行成像。

6.1.1 空中目标地基雷达成像

如图 6.1 所示，在该场景中，地面雷达静止，空中目标相对于雷达做常规

运动。正如在前面的章节中所提到的，利用充足的频率带宽可以获得距离向
（雷达视线方向）的分辨力。如果目标转动，则很容易获得目标的多个角度的
数据。对于做直线运动并且无旋转的目标，如图 6.1 所示，其运动可以分解为
互相垂直的两个运动分量，即切向运动和沿 RLOS 轴的径向运动。与目标转动
场景相比，在这种场景中目标切向运动所产生的多普勒频率比较缓慢，因此，
需要较长的时间才能获得目标的多角度数据。设目标与雷达的距离为 R，运动
速度为 v，如图 6.1 所示，则切向速度为 $v_t = v \cdot \sin\emptyset$，相应的角速度为

$$\omega = \frac{v_t}{R} \tag{6.1}$$

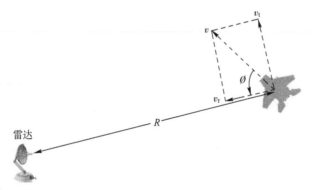

图 6.1　ISAR 成像所需的姿态多样性由目标转动或相对于雷达的切向运动两部分组成

设相参积累时间（也称相参处理时间，成像帧时间或者驻留时间）为 T，
则雷达的观测积累角度为

$$\Omega = \omega T \tag{6.2}$$

该角度值如何引起多普勒频移，以及与之相关的为获得方位向分辨力而进
行的信号处理等内容将在 6.3 节讨论。

空中目标通常沿直线运动，很少做旋转运动。在这种情况下，如图 6.1 所
示，ISAR 成像所需的角度多样性可由目标相对于雷达的切向运动而获得。

表 6.1 列出了不同距离以及不同切向速度条件下空中目标的观测积累角
值。大部分喷气式歼击机的典型速度为 800 ~ 900km/h，表 6.1 中案例#1 对应
飞机主要沿切向飞行的情况，表中显示，若雷达位于 13km 处，则雷达观测到
的旋转角速度为 0.73（°）/s。考虑仅 3s 相参积累时间内，目标的雷达的观测
积累角度达 2.2°，这足够形成一幅好的 ISAR 图像。在案例#2 中，有些情况下
目标切向速度相对较小，雷达的观测积累角度小于 1°。在这个应用场景中，
由于雷达的观测积累角度太小，不能在方位向分辨目标上的各个散射中心点，
因此不可能获得高质量的 ISAR 图像。在案例#3 和案例#4 中，目标距离较近，

应当根据合理的雷达的观测积累角度值来决定积累时间。生成 ISAR 快视图像的观测积累角度经验值为 2°～7°。如果不重视积累时间，比如在案例#5 中雷达的观测积累角度达 10°，在此期间目标散射点可能跨越了多个距离单元，基于这些数据进行相参处理会导致生成的 ISAR 图像呈现模糊、散焦等不想要的运动效果。此外，在这种情况下，小角度近似条件已不再满足，因此不能使用FFT 快速生成 ISAR 图像。

表 6-1　对具有切向方向运动的目标成像所需的角速度以及雷达的观测积累角度

案例编号	目标距离 R/km	目标切向速度 v_t/(km/h)	相应的转动角速度 ω/(°/s)	积累时间 T/s	雷达的观测积累角度 Ω/(°)
1	13	600	0.73	3	2.2
2	13	40	0.05	3	0.15
3	4	600	2.39	1	2.39
4	4	40	0.80	4	3.2
5	4	600	2.39	4	9.56

同样重要的是，要注意在雷达相参积累期间，目标可能会同时做偏航、横滚、俯仰等机动飞行。在这种情况下，目标相对于雷达的旋转运动将主要由目标本身的旋转运动所决定。此时雷达的观测积累角度将会比表 6.1 中所示的情况更大，并且非常短的积累时间就足以构建一幅高质量的 ISAR 图像。

在大多数实际应用中，目标的平移速度、平移加速度、旋转速度、旋转加速度等运动参数对于雷达都是未知的。并且，初始时刻目标相对于 RLOS 的姿态角也是不确定量。因此，在大多数情况下难以得出合适的方位向尺寸的。所以，最终的 ISAR 图像显示的可能不是"距离-方位"维，而是"时间-多普勒"维或者"距离-多普勒"维。

6.1.2　地/海面目标机载雷达成像

涉及机载雷达时，ISAR 成像主要用于对坦克、船只、舰艇等海上或地面目标进行识别或归类。在这种情况下，目标和雷达都在运动，雷达相对于目标的运动为接收信号的相位贡献了额外的多普勒频移，这使得问题的分析和处理变得更加复杂。另一项需要管理的事务是跟踪，即引导雷达天线波束指向目标的问题，大多数时候这不是一项容易的工作。因此，有效的目标跟踪系统是必不可少的雷达部件。

另外值得一提的是，电磁波在空气介质中的传播特性在采集可靠的接收信号时发挥了重要的作用。不良天气条件（雾、雨、暴风雨、雪等）下的电波传播特性也不同于无风好天气下的理想情况。大气噪声、背景噪声和雷达平台的电子噪声本身可能会影响到信号的接收质量。

对于空中目标，多普勒频移主要来源于目标相对于雷达的旋转或切向运动。由于地面/海上目标的运动速度较慢，因而这些平台的切向运动所引起的多普勒频移通常很小。这类目标的多普勒频移主要来源于目标绕自身坐标轴的转动，即偏航、横滚和俯仰。如图 6.2 所示，在雷达相参积累时间（或雷达照射时间）期间，平台的偏航、横滚和俯仰运动能够产生所需的角度变化。

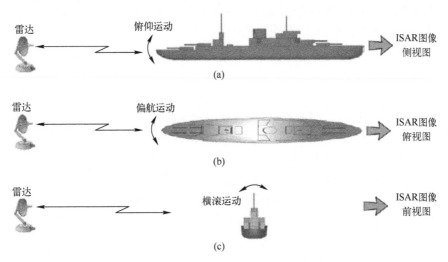

图 6.2　旋转运动平台的二维 ISAR 成像结果
（a）俯仰；（b）偏航；（c）横滚。

船只的偏航、横滚和俯仰通常是由不同海况条件下的波浪运动引起的。在海洋学中，"海况"常用于描述某一时刻一定位置的庞大水体的自由表面关于风浪和泳浪的一般状况[1]。海况指数的范围为 0（平静）~9（激烈），具体取决于波浪的高度。海况指数为 3~4 对应轻微~中度，表示海浪高度为 0.5~2.5m。

偏航运动即船只绕向上的垂直轴线的转动，是由航向的临时改变引起的。船只的偏航角度最大可达几十度。偏航运动周期一般等于波浪的周期[2]。

横滚运动是船只绕向前的水平轴线的转动。影响横滚角极大值的最重要的参数有海况条件、波浪拍打的频率、船只的复原力臂曲线等。当海况指数为 3~4 时，横滚角的典型极大值只有几度，然而当海况指数为 8 时，该值能跳到几十度。

俯仰运动是船只绕横轴（指向侧边）的转动。俯仰运动主要依赖于海况条件和垂线间的长度[2]，通常船只越长俯仰起伏角越小。海况指数为 4 时，俯仰角的典型取值范围为 $1°~2°$，海况指数为 8 时，取值范围为 $5°~11°$[2]。

通过宽频带后向散射回波采样，可实现对平台的距离向分辨，而方位向（或多普勒频移）分辨的获得，是靠采集不同角度上的接收信号实现的。图 6.2 给出了平台做俯仰、偏航和横滚运动时的二维 ISAR 图像，在图 6.2（a）中，平台做俯仰运动，雷达从不同的俯仰视角采集平台后向散射数据。这种俯仰角变化提供了在垂直方向上的空间分辨。同样地，利用接收脉冲的频率带宽可实现沿纵向（距离向）的距离分辨。进而获得了平台侧视图的二维 ISAR 图像。

图 6.2（b）给出了该目标的另一幅 ISAR 图像。目标做偏航运动，雷达从不同的方位视角采集平台回波信号。这种数据布局使得有可能在方位向上分辨不同的点。与图 6.2（a）中的情况类似，发射信号频率分集使得有可能在纵向（距离向）上分辨不同的点。于是我们可获得从上方（或下方）查看平台时的 ISAR 图像。

考虑图 6.2（c）中的情况，平台的横滚运动使得有可能沿垂直方向分辨各个点，这与图 6.2（a）的情况类似。与第一种情况相比，图 6.2（c）中的平台在方位向上旋转了 90°，因此频率分集提供了在波束方向上的对平台的距离分辨。因此所得 ISAR 图像为目标的前（或后）视图。

如图 6.3 所示，在大多数实际应用中，目标相对于雷达的位置以及轴向运动是随机的。在这种情况下，目标 ISAR 图像将投影到一个二维平面，该平面的距离轴为 RLOS 轴，方位轴与目标的机动（俯仰，偏航或横滚）轴同向，并且垂直于距离轴，如图 6.3 所示。

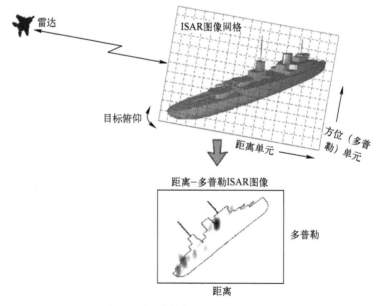

图 6.3　机动平台的 ISAR 网格结构

6.2　距离-多普勒处理中的 ISAR 波形

实际场景中，ISAR 通过采集宽频带、多角度条件下的目标回波信号，实现对飞机、直升机、船只、坦克等多种平台的成像。一般采用下列的常用波形之一进行成像。

（1）展宽波形（Stretch）或线性调频（LFM 或 Chirp）脉冲串。

（2）SFCW 脉冲串。

这些波形已经在 2.6.5 节和 2.7 节中研究过。下面我们将温习一下线性调频脉冲串和步进频率脉冲串，以及它们在 ISAR 距离-多普勒处理中的应用。

6.2.1　线性调频脉冲串

图 6.4 给出了一个由 N 个线性调频脉冲波形组成的常规雷达脉冲串，其中，T_P 为脉冲持续时间或称脉宽，T_{PRI} 为脉冲重复间隔（PRI），驻留时间（常称相参积累时间）T 定义为

$$T = N \cdot T_{PRI}$$
$$= N/PRF \tag{6.3}$$

式中：PRF 为脉冲重复频率。

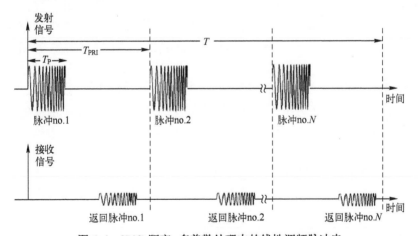

图 6.4　ISAR 距离-多普勒处理中的线性调频脉冲串

为避免产生距离模糊，每一个回波都应该在发射下一个脉冲之前返回到雷达。设目标距离雷达为 R，则为避免距离模糊，PRI 的最小值应为

$$T_{PRI_{min}} = \frac{c}{2R} \tag{6.4}$$

这表明 PRI 应该始终小于或等于最大值：

$$\mathrm{PRF}_{\max} = \frac{2R}{c} \qquad (6.5)$$

举个例子，若目标距离为 30km，则为了避免距离模糊，PRF 应该小于 200μs。

线性调频信号的频率变化范围提供了沿距离向分辨各点所需的频率带宽。线性调频脉冲的带宽的取值由距离分辨率决定：

$$B = \frac{c}{2 \cdot \Delta r} \qquad (6.6)$$

式中：Δr 为所需的距离分辨率。线性调频脉冲波形的瞬时频率由下式给出：

$$f_i = f_0 + K \cdot t; \quad 0 \leqslant t \leqslant T \qquad (6.7)$$

式中：f_0 为线性调频信号的起始频率，K 为调频斜率。因此，为了获得距离向处理所需的带宽，应当根据下式选择 LFM 脉冲的线性调频斜率：

$$K = \frac{B}{T} \qquad (6.8)$$

线性调频脉冲雷达的相参积累时间由式（6.3）给出。

6.2.2　步进频脉冲串

SFCW 脉冲是 ISAR 成像中最常用的雷达波形之一，其详细说明已在 2.6.3 节中给出了，第 4 章说明了该波形在距离向-方位向 ISAR 成像中的用法。本章将说明 SFCW 脉冲串在距离-多普勒 ISAR 成像中的应用方法。如图 6.5 所示，在 SFCW 脉冲串处理期间，向目标一共发射了 M 组相同的簇发脉冲串，每一组脉冲串都由 N 个单载频正弦脉冲信号组成。设第一个脉冲的频率为 f_L，后续脉冲的频率以 Δf 为步长递增，任意簇发脉冲串中的第 n 个脉冲的频率可由下式决定：

$$f_n = f_L + (n-1) \cdot \Delta f \qquad (6.9)$$

因此，任意脉冲串的第 N 个脉冲频率为

$$f_N \triangleq f_H$$
$$= f_L + (N-1) \cdot \Delta f \qquad (6.10)$$

因此，步进频率脉冲串的频率带宽为

$$B = N \cdot \Delta f \qquad (6.11)$$

一组簇发脉冲串的总时长为

$$T_{\mathrm{burst}} = N \cdot T_{\mathrm{PRI}}$$
$$= \frac{N}{\mathrm{PRF}} \qquad (6.12)$$

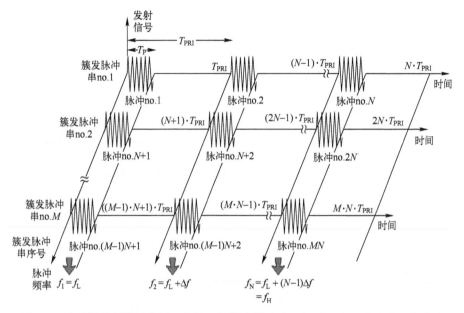

图 6.5　步进频率信号示意图，发射 M 组簇发脉冲串，每一组含 N 个步进频率波形

M 组簇发脉冲串的相参积累时间或驻留时间为

$$T = M \cdot T_{\text{burst}}$$
$$= M \cdot N \cdot T_{\text{PRI}} \tag{6.13}$$
$$= \frac{M \cdot N}{\text{PRF}}$$

为避免测距模糊，目标回波应当在发射下一个脉冲之前返回。因此，PRF 最大值由式（6.5）给出，这与发射线性调频脉冲的情况相同。

📐 6.3　多普勒频移与方位向的关系

我们先从分析目标运动引起的多普勒频移入手。如图 6.6 所示，假定目标只做转动，转动角速度为 ω。下面推导由目标上的散射点 P 做旋转运动而引起的多普勒频移量。如图 6.6 所示，点 $P(x_p, y_p)$ 到目标旋转轴的距离为 R_p。则 P 点的切向速度为

$$v = R_p \cdot \omega \tag{6.14}$$

由图 6.6 中的两个相似三角形可得，散射中心沿雷达视线方向的径向速度 v_r 为

$$v_r = \frac{y_p}{R_p} \cdot v \tag{6.15}$$

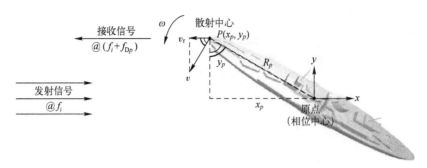

图 6.6　目标旋转产生了散射点回波的多普勒频移

将式（6.14）代入式（6.15）可得：

$$v_r = \frac{y_p}{R_p} \cdot (R_p \cdot \omega) \tag{6.16}$$
$$= y_p \cdot \omega$$

式（6.16）清晰表明，目标散射点的"径向速度"与该散射点的"方位向距离值"直接关联。现在，我们可以容易地计算出散射点的径向速度所导致的多普勒频移为

$$f_{Dp} = \frac{2v_r}{c} \cdot f_i \tag{6.17}$$
$$= \frac{2\omega}{\lambda_i} \cdot y_p$$

式中：f_i 和 λ_i 分别为线性调频脉冲波形的瞬时频率和相应的波长。因此，从 P 点返回的电波将具有大小为 f_{Dp} 的距离多普勒频移，f_{Dp} 的计算由式（6.17）给出。该结果清晰表明，由散射点运动引起的多普勒频移与该散射点的方位向位置 y_p 呈正比。因此，若将所有散射中心点的回波信号绘制到多普勒频移域，则所绘制的曲线将与目标的方位像成正比。若能正确地估计目标的角速度，则可以正确地标记目标的方位像。

6.3.1　多普勒频移分辨率

通常情况下，目标上坐标为 (x, y) 的点的多普勒频移为

$$f_D = \frac{2\omega}{\lambda_i} \cdot y \tag{6.18}$$

于是，多普勒频移的分辨率为

$$\Delta f_D = \frac{2\omega}{\lambda_i} \cdot \Delta y \tag{6.19}$$

正如在第 4 章（式 4.45）所描述的，方位向分辨率为 $\Delta y = (\lambda/2)/\Omega$，其

中，Ω 为总的角度宽度，即目标相对于雷达的观测积累角度。易得 Ω 与角速度 ω 以及总的观察目标时间（即驻留时间）T 的关系为

$$\Omega = \omega \cdot T \tag{6.20}$$

于是方位向分辨率等于：

$$\Delta y = \frac{\lambda_i / 2}{\omega T} \tag{6.21}$$

最后，将式（6.21）代入式（6.19），则 Δf_D 可由 T 确定：

$$\begin{aligned} \Delta f_D &= \frac{2\omega}{\lambda_i} \cdot \frac{\lambda_i}{2\omega T} \\ &= \frac{1}{T} \end{aligned} \tag{6.22}$$

因此，多普勒频移的分辨率是总观察时间的倒数，根据傅里叶变换理论，结论符合预期。

6.3.2 多普勒频移与方位向分辨

考虑图 6.7 中的几何结构，目标以角速度 $R(t)$ 旋转，几何结构的原点距离雷达 R_0。

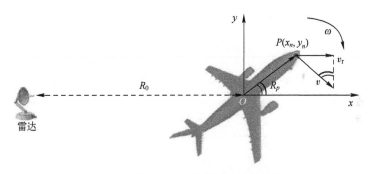

图 6.7 旋转目标多普勒处理几何结构

假定目标位于雷达远场区域，从目标上的第 n 个散射中心点 $P(x_n, y_n)$ 返回的信号，其相位具有如下形式：

$$\varphi = \mathrm{e}^{-\mathrm{j}2kR_n(t)} \tag{6.23}$$

式中：$R_n(t)$ 为散射点到雷达的径向距离，其表达式可写为

$$R_n(t) = (R_0 + x_n) + v_{rn} \cdot t \tag{6.24}$$

式中：v_{rn} 对应为第 n 个散射点的径向速度。于是式（6.23）中的相位可以重新写成如下形式：

$$\varphi = \mathrm{e}^{-\mathrm{j}2k(R_0 + x_n)} \cdot \mathrm{e}^{-\mathrm{j}2kv_{rn} \cdot t} \tag{6.25}$$

注意到第一项为随时间不变的常量，仅有第二项是时变的。将 $v_{rn} = \lambda \cdot f_{Dn}/2$ 代入式（6.25）可得

$$
\begin{aligned}
\varphi &= \mathrm{e}^{-\mathrm{j}2k(R_0+x_n)} \cdot \mathrm{e}^{-\mathrm{j}2\left(\frac{2\pi}{\lambda}\right)\left(\frac{\lambda \cdot f_{Dn}}{2}\right) \cdot t} \\
&= \mathrm{e}^{-\mathrm{j}2k(R_0+x_n)} \cdot \mathrm{e}^{-\mathrm{j}2\pi f_{Dn} \cdot t}
\end{aligned}
\tag{6.26}
$$

式中：f_{Dn} 为第 n 个散射点的多普勒平移。

很显然，在时间变量 t 和多普勒频移变量 f_{Dn} 之间存在傅里叶变换关系。因此，对接收到的信号时域进行逆傅里叶变换（IFT），易得第 n 个散射点的多普勒频移量。正如式（6.18）所示，方位向距离正比于多普勒频移。如果旋转速度 ω 预先知道，则方位维 y_n 也能正确地标定。

6.4　距离−多普勒成像

假设我们使用 N 个散射点对图 6.7 中的目标进行建模，散射点位于 (x_n, y_n)，其中，n 的取值为 $1 \sim N$，则接收信号可近似表示为

$$
E^s(k,t) \cong \sum_{n=1}^{N} A_n \cdot \mathrm{e}^{-\mathrm{j}2k(R_0+x_n)} \cdot \mathrm{e}^{-\mathrm{j}2\pi f_{Dn}t}
\tag{6.27}
$$

式中：A_n 为第 n 个散射中心的复幅度。

将目标原点作为几何结构的相位中心，则相位项 $\mathrm{e}^{-\mathrm{j}2kR_0}$ 可省去，于是有

$$
E^s(k,t) \cong \sum_{n=1}^{N} A_n \cdot \mathrm{e}^{-\mathrm{j}2\pi\left(\frac{2f}{c}\right)x_n} \cdot \mathrm{e}^{-\mathrm{j}2\pi f_{Dn}t}
\tag{6.28}
$$

对后向散射信号做关于 $(2f/c)$ 和 (t) 的二维 IFT，可得

$$
\begin{aligned}
F_2^{-1}\{E^s(f,t)\} &\cong \sum_{n=1}^{N} A_n \cdot F_1^{-1}\left\{\mathrm{e}^{-\mathrm{j}2\pi\left(\frac{2f}{c}\right)x_n}\right\} \cdot F_1^{-1}\left\{\mathrm{e}^{-\mathrm{j}2\pi f_{Dn}t}\right\} \\
&= \sum_{n=1}^{N} A_n \cdot \delta(x-x_n) \cdot \delta(f_D-f_{Dn}) \\
&\triangleq \mathrm{ISAR}(x, f_D)
\end{aligned}
\tag{6.29}
$$

该结果清楚表明，二维成像结果数据位于距离−多普勒面。显然，通过上述分析能够容易地确定散射中心点的距离分量 $x_n s$，这与常规 ISAR 成像方式相同。另一维是多普勒频率维，其坐标轴与方位向坐标轴成比例关系。若已知目标旋转速度，或者正确地估计该值，则可以采用下列转换公式将多普勒频率空间映射到方位向空间：

$$
y = \frac{\lambda_c}{2\omega} \cdot f_D
\tag{6.30}
$$

式中：λ_c 为波长，与中心频率相关。经过上述变换，方位向分量 $y_n s$ 也确定

了，并且可以在距离-方位面上进行 ISAR 成像。

6.5　ISAR 接收机

多数 ISAR 系统设计采用线性调频或 SFCW 脉冲串波形，部分系统使用了展宽波形[3]。因此，要根据照射波形的类型设计 ISAR 接收机电路。

6.5.1　Chirp 脉冲雷达的 ISAR 接收机

线性调频（或 Chirp）脉冲串波形在 SAR 和 ISAR 应用中得到了广泛的使用，这得益于该波形的易适应性。Chirp 脉冲 ISAR 接收机的一般结构框图如图 6.8 所示，接收机逐个脉冲对接收信号进行处理，从而获取与每个脉冲相关的距离像。借助于傅里叶变换运算，可测量每个距离单元的多普勒频移量，最终可获得目标的距离-多普勒二维像。

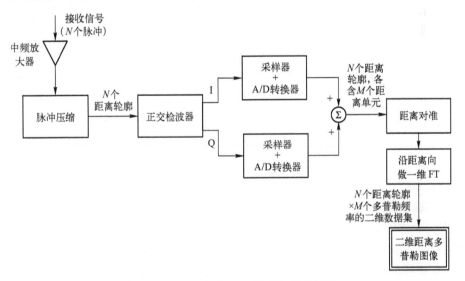

图 6.8　Chirp 脉冲 ISAR 接收机结构框图

让我们对图 6.8 中的接收机进行更详细的分析。首先，采集从目标返回的 Chirp 脉冲信号，通过中频（IF）放大器后，信号变换到中频以待进一步处理。然后，应用匹配滤波对每个输入脉冲进行压缩处理。如同 3.5.1 节中给出的示例，匹配滤波（或脉冲压缩）的输出为接收脉冲的压缩形式，是目标的一维距离像，只针对一个脉冲，因此对应 N 个脉冲回波将生成 N 个一维距离像，随后正交检波在基带频率上检测返回信号的幅度和相位信息。关于正交检波的细节将在 6.6 节给出。

6.5.2 SFCW 雷达的 ISAR 接收机

SFCW 信号也是雷达成像常用的波形，因为它能够提供数字数据，便于快速、可靠地进行 SAR/ISAR 图像处理。SFCW 发射机重复发射 M 组步进频率波形的脉冲串，每个脉冲串包含了 N 个步进频率波形。基于 SFCW 的 ISAR 接收机的一般结构框图如图 6.9 所示。

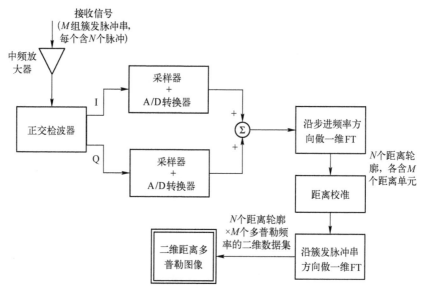

图 6.9 步进频率雷达 ISAR 接收机结构框图

接收机采集所有的 M 组 N 步进频率脉冲串的散射回波数据。接收信号通过中频放大器后，变换到中频以待进一步处理。随后，正交检波器在基带采集返回信号的幅度和相位信息。正交检波器输出的 I、Q 两路信号，经过采样器和 A/D 转换器的采样和数字化，得到 M 组脉冲串的 $M \times N$ 矩阵，对应 M 个方位向时刻和 N 个步进频率。沿步进频率做一维 IFT 将产生总计 M 个不同的距离像，每个距离像含 N 个距离单元。若目标径向速度不小或者 PRF 不足够高（因而驻留时间较长），则距离像可能对不齐，需要在沿方位向的处理之前进行距离像的校准，对此将在 6.7 节中解释。若没有进行距离对准，则由于散射点距离位置在不同距离单元间的移动，会导致 ISAR 图像变模糊。在这种情况下，应当在整个二维数据集上将距离单元对齐。然后，沿脉冲串（或方位向时刻）方向作一维 IFT 将数据转换为多普勒频移域。二维矩阵结果为目标的距离–多普勒域 ISAR 图像。

📉 6.6　正 交 检 波

正交检波的结构框图如图 6.10 所示。在 ISAR 成像中，正交检波接收器通常在脉冲压缩滤波器之后使用，如图 6.8 所示。输入到正交检波接收器的信号被馈送到同相（I）通道和相对于参考信号延迟 90° 的本振（LO）或正交（Q）通道。

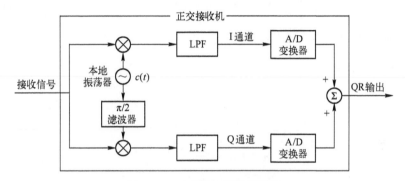

图 6.10　正交检波的结构框图

让我们假定发射信号具有如下的简单正弦形式：

$$s(t) = A_i \cdot \cos(2\pi f_i t) \tag{6.31}$$

式中：f_i 为发射信号带宽内的瞬时频率。

从距离雷达 R_0 的散射点返回的接收信号具有如下形式：

$$E(t) = A_i \cdot \cos\left(2\pi f_i\left(t - \frac{2R_0}{c}\right)\right) \tag{6.32}$$

式中：A_i 为后向散射的振幅。下面详细讨论 I 通道处理和 Q 通道处理。

6.6.1　I 通道处理

接收信号与稳定本振信号：

$$c(t) = B_i \cdot \cos(j2\pi f_i t) \tag{6.33}$$

相乘，得到 I 通道的乘积输出为

$$
\begin{aligned}
E(t) \cdot c(t) &= A_i B_i \cdot \cos\left(2\pi f_i\left(t - \frac{2R_0}{c}\right)\right) \cdot \cos(j2\pi f_i t) \\
&= \frac{A_i B_i}{2} \cdot \left[\cos\left(4\pi f_i t - 2\pi f_i \frac{2R_0}{c}\right) + \cos\left(2\pi f_i \frac{2R_0}{c}\right)\right]
\end{aligned} \tag{6.34}
$$

通过低通滤波，第一项 $(2f_i)$ 频率分量被滤除，剩余的第二项为时间不变（或直流）量：

$$s^{[I]} = C_i \cdot \cos\left(2\pi f_i \frac{2R_0}{c}\right) \qquad (6.35)$$

6.6.2　Q 通道处理

希尔伯特（或 $-\pi/2$）滤波器的输出信号相对于本振信号延迟 $\pi/2$ 弧度（或 90°），即

$$\hat{c}(t) = B_i \cdot \cos\left(2\pi f_i t - \frac{\pi}{2}\right) \qquad (6.36)$$

Q 通道中的乘积产生下列输出：

$$
\begin{aligned}
E(t) \cdot \hat{c}(t) &= A_i B_i \cdot \cos\left(2\pi f_i\left(t - \frac{2R_0}{c}\right)\right) \cdot \cos\left(\mathrm{j}2\pi f_i t - \frac{\pi}{2}\right) \\
&= \frac{A_i B_i}{2} \cdot \left[\cos\left(4\pi f_i t - 2\pi f_i \frac{2R_0}{c} - \frac{\pi}{2}\right) + \cos\left(-2\pi f_i \frac{2R_0}{c} + \frac{\pi}{2}\right)\right] \\
&= \frac{A_i B_i}{2} \cdot \left[\cos\left(4\pi f_i t - 2\pi f_i \frac{2R_0}{c} - \frac{\pi}{2}\right) + \sin\left(-2\pi f_i \frac{2R_0}{c}\right)\right]
\end{aligned}
$$

$$(6.37)$$

低通滤波操作将第一项滤除，保留第二项直流分量：

$$
\begin{aligned}
s^{[Q]} &= C_i \cdot \sin\left(-2\pi f_i \frac{2R_0}{c}\right) \\
&= -C_i \sin\left(2\pi f_i \frac{2R_0}{c}\right)
\end{aligned}
\qquad (6.38)
$$

两个通道都采用了 A/D 转换器处理，将 $s^{[I]}$ 和 $s^{[Q]}$ 转换为 M 个不同频率的数字信号（图 6.10），则基带 I、Q 信号的最终输出合计为

$$
\begin{aligned}
s_{\mathrm{out}}[f_i] &= s^{[I]} + s^{[Q]} \\
&= C_i \cdot \cos\left(2\pi f_i \frac{2R_0}{c}\right) - \mathrm{j}C_i \cdot \sin\left(2\pi f_i \frac{2R_0}{c}\right) \\
&= C_i \cdot \exp\left(-\mathrm{j}2\pi f_i\left(\frac{2R_0}{c}\right)\right)
\end{aligned}
\qquad (6.39)
$$

输出信号相对于发射信号存在 $(2R_0/c)$ 的相位延迟，该相位明显地给出了散射点的位置。输出信号的幅度直接与散射点的后向散射强度相关。

为了能够对接收信号进行数字信号处理，应当借助于 A/D 转换器对数据进行数字化采样。距离分辨率的定义：

$$\Delta r = \frac{c}{2B} \qquad (6.40)$$

若将频率带宽数字化为共计 M 个离散频率，则

$$\Delta f = \frac{B}{M} \tag{6.41}$$

式（6.41）也等于：

$$\Delta f = \frac{c}{2R_{max}} \tag{6.42}$$

式中：$R_{max} = M \cdot \Delta r$ 为雷达的最大不模糊距离。

因此，频率变量 f_i 可替换为下列离散变量：

$$f_i = f_0 + i \cdot \Delta f; \quad i = 0, 1, 2, \cdots, M-1 \tag{6.43}$$

式中：f_0 为初始或起始频率。

A/D 转换器的输出为 N 个距离像的数字形式，每个距离像对应共计 M 个距离单元。由于目标通常是运动的，因此会产生接收脉冲间的多普勒频移。目标可能会相对于雷达做平移或转动。不管是哪种情况，图像中任意方位向上的点都将产生脉间多普勒频移。

将全部接收信号数字化之后，数据可表示为二维形式，如图 6.11（a）所示，列为各个脉冲的时间响应（即距离像），一列对应一个接收脉冲。

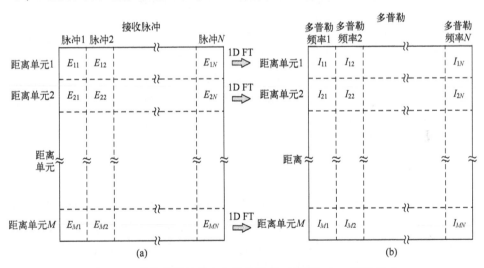

图 6.11　接收信号经数字化后的距离-多普勒 ISAR 图像格式

◤ 6.7　距 离 对 准

在多数情况下，有必要在正交检波的末端进行距离对准，然后再对距离像的每个距离单元进行方位压缩。距离对准用于对距离徙动现象进行补偿。在典

型的 ISAR 成像场景中，距离徙动主要由目标相对于雷达的径向平移运动所致。距离值在距离包络间的变化会引起散射点在距离单元间走动。目标速度恒定时，能够估计出其平移速度，并相应地进行距离像的对准。然而在实际场景中，目标运动比较复杂，可能同时含有高阶的径向分量和切向分量。这种情况下不易进行距离对准；已经开发了许多运动补偿算法来解决此问题[4-10]。例如，在一个距离像上找出一个特显点，然后在其他距离像上跟踪该特显点，这样做有时是有效的[9-10]。各种运动补偿算法，包括特显点技术将在第 8 章涵盖。

某些情况下目标运动速度慢、驻留时间短，距离变化量可能小于距离分辨率，即走动不超过一个距离单元，因此不需要距离校正。在其他一些情况下，当积累时间足够短，使得该目标的运动可以近似为具有恒定的径向速度，则可以应用一种有效的距离对准方法获得任意走动的距离像。

当所有的距离像都对齐了，则可以可靠地应用逆傅里叶变换对每个距离单元进行多普勒处理。IFT 提供了目标在二维距离–多普勒面的最终 ISAR 矩阵，如图 6.11（b）所示。

6.8 距离–多普勒 ISAR 成像参数定义

虽然基于 SFCW 的系统较容易实现、适用于 ISAR 成像应用，不过基于 Chirp 脉冲的 ISAR 系统工作速度更快，适用于飞机、战斗机等快速运动目标。进一步，如 3.4.1 节所给出的图像，Chirp 脉冲系统的输出图像具有更好的信噪比（SNR）。由于实际应用中噪声总是存在，不可避免，因而基于 Chirp 脉冲的 ISAR 系统更可靠和适用。下面，我们将讨论实现距离–多普勒 ISAR 成像处理步骤的一般方法。

6.8.1 图像尺寸

ISAR 应用程序的最终目标是获得目标的电磁反射率，因此，指定的图像框架，即图像在距离–方位（即多普勒）面的尺寸，应当覆盖整个目标（图 6.12）。设目标投影到距离–方位面的尺寸为 $X_p \times Y_p$，则为了避免图像走样，将图像框架大小设定为该投影尺寸的 2~3 倍总是安全的。

6.8.2 距离–方位分辨率

应该根据目标在距离向上的尺寸选择距离向分辨率。设所选择的距离分辨率为 δr，则沿距离向的目标散射点的最大数目为

$$N = \text{floor}\left(\frac{R_{\max}}{\delta r}\right) \tag{6.44}$$

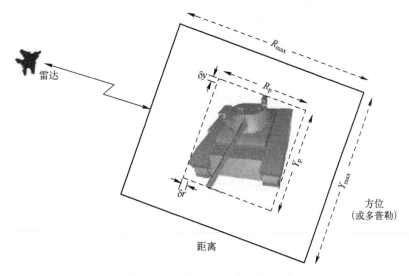

图 6.12 一些 ISAR 成像设计参数

式中："floor" 函数返回小于或等于所给参数的最大整数。类似地，若方位向分辨率为 Δy，则沿方位向的目标散射点的最大数目为

$$M = \mathrm{floor}\left(\frac{Y_{\max}}{\Delta y}\right) \tag{6.45}$$

因此，应当根据为清楚分辨目标特征而设定的距离和方位分辨率来确定 N 和 M 值。

6.8.3 频率带宽和中心频率

根据设定的距离分辨率，所需频率带宽应为

$$B = \frac{c}{2 \cdot \delta r} \tag{6.46}$$

为了快速处理 ISAR 数据，可以将中心频率至少设定为频率带宽的 10 倍，即 $f_c > 10B$。否则，则应采用直接集成的 ISAR 方案或采用极坐标格式方案，解释见 4.6 节。

6.8.4 多普勒频率带宽

正如式（6.20）所列出的，目标多普勒频偏的分辨率与相对于雷达的角速度一起旋转，即

$$\Delta f_{\mathrm{D}} = \frac{2f_c}{c} \cdot \omega \Delta y \tag{6.47}$$

因此，总的多普勒频率带宽为

$$\begin{aligned}
\mathrm{BW_D} &= \Delta f_\mathrm{D} \cdot M \\
&= \frac{2f_\mathrm{c}}{c} \cdot \omega(\Delta y \cdot M) \\
&= \frac{2f_\mathrm{c}}{c} \cdot \omega Y_{\max}
\end{aligned} \tag{6.48}$$

6.8.5　脉冲重复频率

上述多普勒频率带宽覆盖了所有方位向散射点，这些散射点在方位向上的延伸范围为 $Y_{\max}$。当考虑 Chirp 脉冲雷达应用时，则对方位宽度为 $Y_{\max}$ 的散射空间进行非混叠采样所需的 PRF 为

$$\begin{aligned}
\mathrm{PRF} &= \frac{1}{T_2} \\
&\geqslant \frac{2f_\mathrm{c}}{c} \cdot \omega Y_{\max}
\end{aligned} \tag{6.49}$$

因此，PRF 的最小值为

$$\mathrm{PRF_{min}} = \frac{2f_\mathrm{c}}{c} \cdot \omega Y_{\max} \tag{6.50}$$

或者 PRI 的最大值为

$$\mathrm{PRF_{max}} = \frac{c}{2f_c \omega Y_{\max}} \tag{6.51}$$

另一方面，最小 PRI 由目标与雷达的距离决定，即返回脉冲应当在下一个脉冲发射离开之前到达：

$$\mathrm{PRI_{min}} = \frac{2R_0}{c} \tag{6.52}$$

因此，为避免方位维模糊，选定的 PRI 应当在上述两个最小值之间。

考虑 SFCW 运算，一个簇发脉冲串共发射了 N 个脉冲，若单载频脉冲的脉宽为 R_0，则有

$$\begin{aligned}
\frac{\mathrm{PRF}}{N} &= \frac{1}{N \cdot T_\mathrm{p}} \\
&\geqslant \frac{2f_\mathrm{c}}{c} \cdot \omega Y_{\max}
\end{aligned} \tag{6.53}$$

因此，步进频率雷达的最小 PRF 应为

$$\begin{aligned}
\mathrm{PRF_{min}} &= N \cdot \frac{2f_\mathrm{c}}{c} \cdot \omega Y_{\max} \\
&\geqslant \frac{2f_\mathrm{c}}{c} \cdot \omega Y_{\max}
\end{aligned} \tag{6.54}$$

6.8.6　相参积累（驻留）时间

为了达到选定的方位向分辨率，Chirp 照射脉冲的总观察时间（或驻留时间）应等于：

$$T = N \cdot \text{PRI}$$

$$= N \cdot \frac{c}{2f_c \omega Y_{\text{max}}} \tag{6.55}$$

$$= \frac{c}{2f_c \omega \Delta y}$$

该值反过来约束了雷达的观测积累角度：

$$\Omega = \omega T \tag{6.56}$$

考虑 SFCW，相参积累时间等于：

$$T = M \cdot N \cdot \text{PRI}$$

$$= M \cdot N \cdot \frac{c}{2M \cdot f_c \omega Y_{\text{max}}} \tag{6.57}$$

$$= \frac{c}{2f_c \omega \delta y}$$

式（6.57）与式（6.55）相同。因此，驻留时间相同时，SFCW 系统应当比 Chirp 脉冲系统快 N 倍。

6.8.7　脉宽

非调制（或单载频）脉冲的最小持续时间或发射脉宽为

$$T_{\text{pmin}} = \frac{R_{\text{max}}}{c} \tag{6.58}$$

另一方面，如同 3.4 节所解释的，脉内线性调频可能具有较长的脉宽。因此，应考虑脉冲功率大小来确定实际的脉冲宽度 T_p。一旦确定了 T_p，则可以根据下列条件确定压缩率 D：

$$D \leqslant \frac{T_p}{T_{\text{pmin}}} \tag{6.59}$$

设定好压缩率之后，调频斜率 K 可由式（3.47）计算，即

$$K = \frac{D}{T_p^2} \tag{6.60}$$

于是可得向目标发射的 Chirp 脉冲为

$$s_{\text{tx}}(t) \sim \exp\left(j2\pi \left(f_c t + K \frac{t^2}{2} \right) \right), \quad |t| \leqslant T_p/2 \tag{6.61}$$

▨ 6.9 基于 Chirp 脉冲的距离–多普勒 ISAR 成像实例

本例将演示 Chirp 脉冲雷达所照射目标的距离–多普勒 ISAR 成像，其场景如图 6.13 所示。以雷达位置为原点，设目标中心位于二维坐标系的某点(x_0, y_0)。假设目标散射率由一些相等量级的散射点来表征，这些散射点在二维笛卡儿坐标系中的位置如图 6.14 所示。目标平台的速率 v_x 恒定，速度方向为 x 轴方向。本例列出了一个想定战情以及相应的参数，如表 6.2 所示。

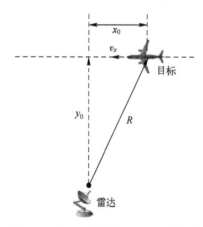

图 6.13 距离–多普勒 ISAR 成像场景

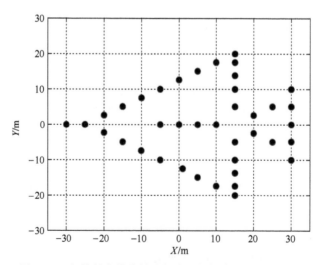

图 6.14 与散射率等价的理想点目标组成的虚拟战斗机

表 6-2　Chirp 脉冲照射下的目标仿真参数

参数名称		符　号	值
目标参数	x 轴上的目标初始位置	x_0	0m
	y 轴上的目标初始位置	y_0	24km
	目标沿 x 轴的速率	v_x	120m/s
雷达参数	调频中心频率	f_c	10GHz
	调频带宽	B	2.5GHz
	单个脉冲的脉宽	T_P	0.4μs
	调频斜率	$K \sim \dfrac{T_P}{B}$	6.25×10^{15} s/Hz

雷达的 Chirp 脉冲波形参数如表 6.2 所列。因此发射机发射的 Chirp 脉冲为

$$s_{tx}(t) \sim \begin{cases} \exp\left[j2\pi\left(f_0 t + K\dfrac{t^2}{2} \right) \right] & (m-1)\cdot T_2 \leqslant t \leqslant (m-1)\cdot T_2 + T_p \\ 0 & \text{其他} \end{cases} \tag{6.62}$$

式中：$m = 1:N_P$ 为脉冲序号，$T_2 = 1/\text{PRF} \triangleq \text{PRI}$ 为脉冲重复间隔。

发射 Chrip 脉冲波形如图 6.15 所示。从距离雷达 R_0 的散射点的返回信号具有如下形式：

$$s_{rx}(t) \sim \begin{cases} \exp\left[j2\pi\left(f_0\left(t - \dfrac{2R}{c} \right) + K\dfrac{\left(t - \dfrac{2R}{c} \right)^2}{2} \right) \right] & \begin{array}{l} (m-1)\cdot T_2 + \dfrac{2R}{c} \leqslant t \\ \leqslant (m-1)\cdot T_2 + \dfrac{2R}{c} + T_p \end{array} \\ 0 & \text{其他} \end{cases} \tag{6.63}$$

式中

$$R = \left((x_0 - v_x \cdot t)^2 + y_0^2 \right)^{1/2} \tag{6.64}$$

从式（6.63）中可见，由于目标运动，电磁波的路径 R 随时间变化。因此，接收信号 s_{rx} 的频率含有预期的多普勒频移分量。同样重要的是要注意，来自环境、大气效应和雷达电子电路的杂波会产生的一些加性噪声。因此，接收机处总的接收信号 $g_{rx}(t)$ 为接收信号与加性噪声相加之和：

$$g_{rx}(t) = s_{rx}(t) + n(t) \tag{6.65}$$

虽然希望 SNR 尽可能高，不过大多数时候这难以实现。因此，在这个例子中，考虑了一个很差的 SNR 值 0.0013（或者 -28.93dB）。选择高斯白噪声作为加性噪声信号。

为了能以数字化方式处理接收信号，应及时对接收脉冲进行采样。设发射信号带宽为 B，则对应的最小采样时间间隔为

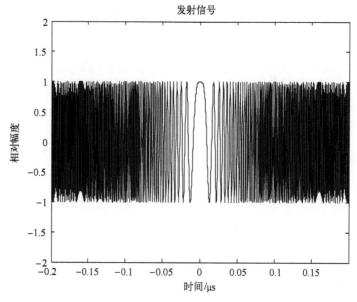

图 6.15　发射 Chirp 脉冲波形

$$t_s = \frac{1}{B} \tag{6.66}$$

因此，每个脉冲的采样点数为

$$N_{\text{sample}} \cong \frac{T_p}{t_s} \tag{6.67}$$

采样处理之后，接收数据可表示为 $M_p \times N_{\text{sample}}$ 的二维矩阵。于是，可以运用脉压程序对每个数字脉冲进行距离压缩。脉压过程为运用原始脉冲的副本对每个脉冲进行匹配滤波，详见 3.5 节。发射 Chirp 脉冲的匹配滤波器响应如图 6.16 所示，该信号作为发射脉冲的频域副本应用于匹配滤波处理。匹配滤波之后的距离压缩结果数据绘制于图 6.17，该图清晰地显示了不同距离单元上各个方位时刻的距离像，从该图还可以看出加性噪声效果，噪声以杂波形式遍布整幅图像。得益于 3000Hz 的高 PRF，不同方位时刻的距离像很好地对齐了。因此，在方位压缩之前无须再进行距离对准步骤。如果 PRF 较低，驻留时间 $T = M_p/\text{PRF}$ 较大，则不同接收脉冲的距离像可能会对不齐，此时就要在应用方位维处理之前执行距离对准步骤。

最后，由于方位维上的不同点呈现出不同的多普勒频移，沿脉冲索引方向执行 IFT 操作可以将这些点分辨。因此，最后获得的 ISAR 图像位于距离-多普勒面，如图 6.18 所示，目标散射点在距离向上获得了好的分辨，并且目标在方位向上的有限速度分量使得方位向也获得了相当好的分辨。得益于匹配滤波，接收机中的噪声被极大地抑制了。观察图 6.18 容易得到，尽管接收到的噪声功率比信号功率高约 29dB，但在图像中，噪声电平至少比点目标图像的电平低 25dB。只有目标角速度已知或者提供了其估计值，才能构造如图 6.19 所示的距离-方位 ISAR 图像，从多普勒频移轴到方位轴的转换可由式（6.31）完成。

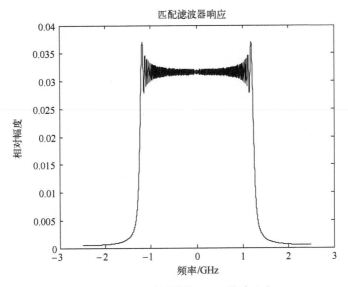

图 6.16　匹配滤波器的 Chirp 脉冲响应

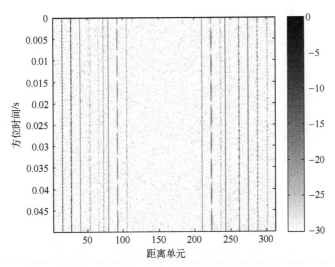

图 6.17　存在加性噪声的距离压缩数据

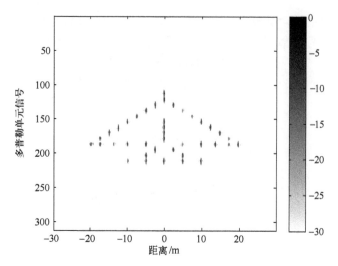

图 6.18　伴有随机加性噪声的目标距离-多普勒 ISAR 图像

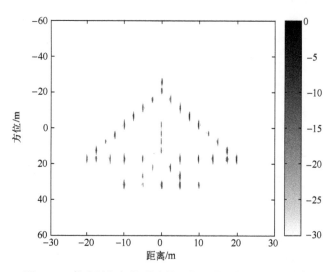

图 6.19　伴有随机加性噪声的目标距离-方位 ISAR 图像

📐 6.10　基于 SFCW 的距离-多普勒 ISAR 成像实例

本例将演示 SFCW 雷达照射目标的距离-多普勒 ISAR 成像，其场景如图 6.20 所示。在这个场景中，目标具有径向和转动运动分量，假定目标的径向平移速度分量为 v_r，径向平移加速度为 a_r，进一步还假定目标具有转动速度分量 ω。本例所采用的目标和雷达参数如表 6.3 所示。

图 6.20　ISAR 成像场景的几何图形

表 6-3　SFCW 照射下的目标仿真参数

参数名称		符　号	值
目标参数	目标初始位置的距离	R_0	4km
	目标径向速度	v_{r}	5m/s
	目标径向加速度	a_{r}	0.04m/s²
	目标旋转速度	w	1.2 (°)/s
雷达参数	起始频率	f_0	9GHz
	频率带宽	B	125MHz
	脉冲重复频率	PRF	35kHz
	脉冲数目	N_{pulse}	128
	激发脉冲串数目	M_{pulse}	128

假设目标由若干相等幅度的理想散射点组成，这些散射中心点的位置如图 6.21 所示。目标的后向散射电场理论值由一段 MATLAB 代码（见本章末尾的 MATLAB 代码 6.2）计算。计算结果还叠加了高斯白噪声，用以描述各种因素引起的噪声效果。仿真过程中假定 SNR 为 3.55（或 5.50dB）。

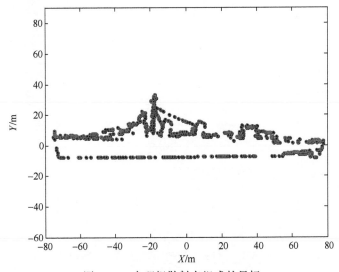

图 6.21　由理想散射点组成的目标

首先，沿着频率分集数据进行一维 IFT 运算可获得目标的距离像，不同脉冲串索引对应的距离像绘制于图 6.22。由于距离像在脉冲串之间看起来已对齐，因此无须执行距离对准步骤。此时沿着脉冲串的 IFT 操作使得有可能在方位向上分辨散射点，并将这些点在多普勒频移轴上聚焦。因此，结果图像就是在距离–多普勒面上的二维 ISAR 图像，如图 6.23 所示。

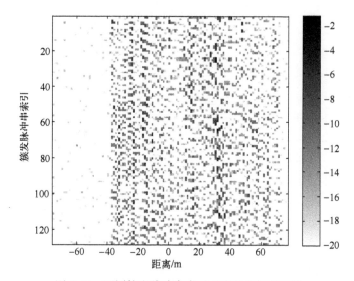

图 6.22　不同簇发脉冲串索引对应的目标距离像

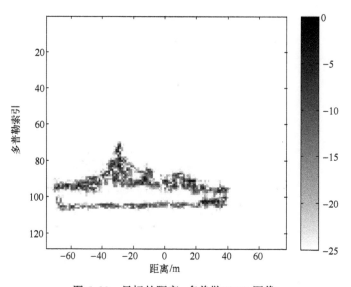

图 6.23　目标的距离–多普勒 ISAR 图像

⬛ 6.11　MATLAB 代码

下面给出的 Matlab 源代码用于产生第 6 章中的所有 Matlab 图像。

Matlab code 6.1: Matlab file "Figure6-14thru19. m"

```
%----------------------------------------------------
% This code can be used to generate Figure 6. 14 thru 19
%----------------------------------------------------
% This file requires the following files to be present in the same
% directory:
%
% fighter. mat
clear all
close all
%---Radar parameters---------------------------------
c = 3e8; % speed of EM wave [m/s]
fc = 10e9; % Center frequency of chirp [Hz]
BWf = 2. 5e9; % Frequency bandwidth of chirp [Hz]
T1 =.4e-6; % Pulse duration of single chirp [s]
%---target parameters---------------------------------
Vx= 120; % radial translational velocity of target [m/s]
Xo = 0e3; % target's initial x coordinate wrt radar
Yo = 24e3; % target's initial y coordinate wrt radar
Xsize = 180; % target size in cross-range [m]
Ysize = 60; % target size in range [m]
%----set parameters for ISAR imaging-------------------
% range processing
Ro = sqrt(Xo^2+Yo^2); % starting range distance [m]
dr = c/(2 * BWf); % range resolution [m]
fs = 2 * BWf; % sampling frequency [Hz]
M = round(T1 * fs); % range samples
Rmax = M * dr; %max. range extend [m]
RR = -M/2 * dr:dr:dr * (M/2-1); % range vector [m]
Xmax = 1 * Xsize; % range window in ISAR [m]
Ymax = 1 * Ysize; % cross-range window in ISAR [m]
```

```
% Chirp processing
U = Vx/Ro; % rotational velocity [rad/s]
BWdop = 2 * U * Ysize * fc/c; % target Doppler bandwith [Hz]
PRFmin = BWdop; % min. PRF
PRFmax = c/(2 * Ro); % max. PRF
N = floor(PRFmax/BWdop);% # of pulses
PRF = N * BWdop; % Pulse repetition frequency [Hz]
T2 = 1/PRF; % Pulse repetition interval
T = T2 * N; % Dwell time [s](also = N/PRF)
% cross- range processing
dfdop = BWdop/N; % doppler resolution
lmdc = c/fc; % wavelength at fc
drc = lmdc * dfdop/2/U; % cross-range resolution
RC = -N/2 * drc:drc:(N/2-1) * drc; % cross-range vector
%---load the coordinates of the scattering centers on the fighter------
load fighter


%---Figure 6. 14----------------------------------------
h = figure;
plot(-Xc,Yc,'o', 'MarkerSize',8,'MarkerFaceColor', [0, 0, 1]);grid;
set(gca,'FontName', 'Arial', 'FontSize',12,'FontWeight','Bold');
axis([-35 35 -30 30])
xlabel('X [m]'); ylabel('Y [m]');
%--- sampling & time parameters -------------------------
dt = 1/fs; % sampling time interval
t = -M/2 * dt:dt:dt * (M/2-1); % time vector along chirp pulse
XX = -Xmax/2:Xmax/(M-1):Xmax/2;
F = -fs/2:fs/(length(t)-1):fs/2; % frequency vector
slow_t = -M/2 * dt:T2: -M/2 * dt+(N-1) * T2;
%--- transmitted signal --------------------------------
Kchirp = BWf/T1; % chirp pulse parameter
s = exp(j * 2 * pi * (fc * t+Kchirp/2 * (t.^2))); % original signal
sr =exp(j * 2 * pi * (fc * t+Kchirp/2 * (t.^2))); % replica
H = conj(fft(sr)/M); % matched filter transfer function
```

```
%---Figure 6. 15----------------------------------
h = figure;
plot(t * 1e6, s, 'k','LineWidth',0. 5)
set(gca,'FontName', 'Arial', 'FontSize',12,'FontWeight','Bold');
title('transmitted signal');
xlabel(' Time [ \mus]')
axis([min(t) * 1e6 max(t) * 1e6 -2 2 ]);


%---Figure 6. 16----------------------------------
h = figure;plot(F * 1e-9,abs(fftshift(H)), 'k','LineWidth',2)
set(gca,'FontName', 'Arial', 'FontSize',12,'FontWeight','Bold');
title('Matched filter response');
xlabel(' Frequency [GHz]')
%--- Received Signal ----------------------------
for n=1: N
Es(n,1:M) = zeros(1,M);
for m =1: length(Xc);
x = Xo+Xc(m)-Vx * T2 * (n-1);
R = sqrt((Yo+Yc(m))^2+x^2);
Es(n,1:M) =
Es(n,1:M)+exp(j * 2 * pi * (fc * (t-2 * R/c)+Kchirp/2 * ((t-2 * R/c).^
2)));
end
% define noise
noise=5 * randn(1,M);
NS(n,1:M)= noise;
% Matched filtering
EsF(n,1:M) = fft(Es(n,1:M)+noise)/M;
ESS(n,1:M) = EsF(n,1:M). * H;
ESS(n,1:M) = ifft(ESS(n,1:M));
end;
E_signal = sum(sum(abs(EsF.^2)));
E_noise = sum(sum(abs(NS.^2)));
SNR = E_signal/E_noise;
SNR_db = 10 * log10(SNR);
```

```
%---Figure 6.17---------------------------------------------------
rd = 30; % dynamic range of display
h = figure;
matplot2(1:N,slow_t,(ESS),rd);
colormap(1-gray);
colorbar
set(gca,'FontName', 'Arial', 'FontSize',12,'FontWeight','Bold');
xlabel('Range bins');
ylabel('Azimuth time [s]');


%---Figure 6.18---------------------------------------------------
h = figure;
matplot2(RC,1:N,fftshift(fft(ESS. * win)),rd);
colormap(1-gray);
colorbar
set(gca,'FontName', 'Arial', 'FontSize',12,'FontWeight','Bold');
xlabel('Range [m]');
ylabel('Doppler index');


%---Figure 6.19---------------------------------------------------
win = hanning(N) * ones(1,M); % prepare window in cross-range direction
h = figure;
matplot2(RC,XX,fftshift(fft(ESS. * win)),rd);
colormap(1-gray);
colorbar
set(gca,'FontName', 'Arial', 'FontSize',12,'FontWeight', 'Bold');
xlabel('Range [m]');
ylabel('Cross-Range [m]');
axis([-30 30 -60 60])
```

Matlab code 6.2: Matlab file "Figure6-21thru23.m"

```
%----------------------------------------------------------------
% This code can be used to generate Figure 6.21 thru 6.23
%----------------------------------------------------------------
```

```
% This file requires the following files to be present in the same
% directory:
%
% CoutUssFletcher. mat
clear all
close all
clc
%---Radar parameters--------------------------------
pulses = 128; % # no of pulses
burst = 128;% # no of bursts
c = 3.0e8; % speed of EM wave [m/s]
f0 = 9e9; % Starting frequency of SFR radar system [Hz]
bw = 125e6; % Frequency bandwidth [Hz]
T1 = (pulses-1)/bw; % Pulse duration [s]
PRF = 35e3; % Pulse repetition frequency [Hz]
T2 = 1/PRF; % Pulse repetition interval [s]
%---target parameters--------------------------------
theta0 = 0; % Initial angle of target's wrt target [degree]
w = 1.2; % Angular velocity [degree/s]
Vr = 5.0; % radial velocity of EM wave [m/s]
ar = 0.04; % radial accelation of EM wave [m/s^2]
R0 = 4e3; % target's initial distance from radar [m]
dr = c/(2 * bw); % range resolution [m]
W = w * pi/180; % Angular velocity [rad/s]
%---load the coordinates of the scattering centers on the fighter------
load CoutUssFletcher


%---Figure 6.21--------------------------------------
n = 10;
Xc =(xind(1:n:6142)-93.25)/1.2;
Yc =-zind(1:n:6142)/1.2;
h = figure;
plot(Xc,-Yc,'o','MarkerSize',3,'MarkerFaceColor', [0, 0, 1]);
set(gca,'FontName', 'Arial', 'FontSize',12,'FontWeight','Bold');
axis([-80 80 -60 90])
```

```
xlabel('X [m]');
ylabel('Y [m]');
%---Scattering centers in cylindirical coordinates--------------------
[theta,r] = cart2pol(Xc,Yc);
Theta = theta+theta0 * 0.017455329; %add initial angle
i = 1:pulses * burst;
T = T1/2+2 * R0/c+(i-1) * T2;%calculate time vector
Rvr = Vr * T+(0.5 * ar) * (T.^2);%Range Displacement due to radial vel.
& acc.
Tetw = W * T;% Rotational Displacement due to angular vel.
i = 1:pulses;
df = (i-1) * 1/T1; % Frequency incrementation between pulses
k = (4 * pi * (f0+df))/c;
k_fac = ones(burst,1) * k;
%------Calculate backscattered E-field---------------------------
Es(burst,pulses)=0.0;
for scat=1:1:length(Xc);
arg = (Tetw - theta(scat));
rngterm = R0 + Rvr - r(scat) * sin(arg);
range = reshape(rngterm,pulses,burst);
range = range.';
phase = k_fac. * range;
Ess = exp(j * phase);
Es = Es+Ess;
end
Es = Es.';
% define noise
noise=10 * randn(burst,pulses);
E_signal = sum(sum(abs(Es.^2)));
E_noise = sum(sum(abs(noise.^2)));
SNR = E_signal/E_noise
SNR_db = 10 * log10(SNR)
Es = Es+noise.';


%---Figure 6.22-----------------------------------------
```

```
% Check out the range profiles
X = -dr * ( ( pulses)/2-1) :dr:dr * pulses/2;Y = X/2;
RP = fft( ( Es. ') ) ;
RP = fftshift( RP,1) ;
h = figure;
matplot2( X,1:burst,RP. ',20) ;
colormap( 1-gray) ;
colorbar;
set( gca,'FontName', 'Arial', 'FontSize',12,'FontWeight','Bold') ;
xlabel('Range [ m]') ;
ylabel('Burst index') ;
%Form ISAR Image ( no compansation)


%---Figure 6. 23--------------------------------------------
ISAR = abs( fftshift( fft2( ( Es) ) ) ) ;
h = figure;
matplot2( X,1:burst,ISAR( :,pulses:-1:1) ,25) ;
colormap( 1-gray) ;
colorbar;
set( gca,'FontName', 'Arial', 'FontSize',12,'FontWeight','Bold') ;
xlabel('Range [ m]') ;
ylabel('Doppler index') ;
```

参 考 文 献

[1] From http://en. wikipedia. org/wiki/Sea_state.

[2] A. W. Doerry. Ship dynamics for maritime ISAR imaging, Technical Report, Sandia National Laboratories, SAND2008-1020, February. 2008.

[3] J. C. Curlander and R. N. McDonough. *Synthetic aperture radar systems and signal processing.* John Wiley and Sons, New York, 1991.

[4] J. C. Kirk. Motion compensation for synthetic aperture radar. *IEEE Trans Aerosp Electron Syst* 11 (1975), 338-348.

[5] H. Wu, et al. Translational motion compensation in ISAR image processing. *IEEE Trans Image Process* 14 (11) (1995), 1561-1571.

[6] C. C. Chen and H. C. Andrews. Target-motion-induced radar imaging. *IEEE Trans Aerosp Electron Syst* 16 (1) (1980), 2-14.

逆合成孔径雷达成像（MATLAB算法设计）

［7］ T. Itoh, H. Sueda, and Y. Watanabe. Motion compensation for ISAR via centroid tracking. *IEEE Trans Aerosp Electron Syst* 32 （3） （1996）, 1191–1197.

［8］ X. Li, G. Liu, and J. Ni. Autofocusing of ISAR images based on entropy minimization. *IEEE Trans Aerosp Electron Syst* 35 （4） （1999）, 1240–1251.

［9］ T. K. Isar imaging and motion compensation, MS thesis, Middle East Technical University, 2006.

［10］ Y. Wang, H. Ling, and V. C. Chen. ISAR motion compensation via adaptive joint time-frequency technique. *IEEE Trans Aerosp Electron Syst* 34 （2） （1998）, 670–677.

第 7 章

逆合成孔径雷达散射中心表示

在雷达成像过程中，散射中心的概念十分重要，尤其体现在雷达目标截面积的表示及 SAR/ISAR 的成像处理方面。当目标被电磁波照射之后，目标表面很多位置形成了局部散射能量，这里将散射能量密集的位置称为散射中心。散射中心能够为 ISAR 图像提供一种稀疏点阵的表示方法，并利用目标上的离散点替代了传统的体散射模式，其原理如图 7.1 所示。这种表示方法具备多种优势，主要体现在以下几个方面：

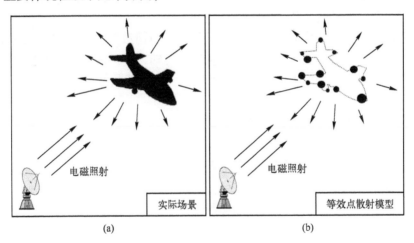

图 7.1 目标散射图
(a) 远场目标的真实散射图；(b) 等效的点散射图。

(1) 对于电磁散射及 SAR/ISAR 图像，能够获得一种简单的稀疏点阵表示方法；

(2) 由于这是一种稀疏的点阵表示方法，因此能够对散射数据及 SAR/ISAR 图像数据实现比较高的数据压缩率；

(3) 由于新的数据集要比原始数据集小很多，因此能够实现散射数据及 SAR/ISAR 图像数据的快速重构；

(4) 基于该表示方法能够对散射数据及 SAR/ISAR 图像数据进行内插，从

（5）在有限频带与角度内，基于该表示方法能够实现对散射数据及 SAR/ISAR 图像数据的外推；

（6）该表示方法揭示了散射机理，有助于进一步理解目标散射的因果关系。

基于散射中心的表示方式是通过将散射点参数化来实现的。因此，本章首先定义了基于散射中心的表示方法，并结合散射场数据及 SAR/ISAR 图像数据引入了特定的参数提取算法，如果参数提取得当，散射数据将能够实现重构。本章将重点介绍上面所涉及的两部分内容。

▊7.1　基于散射中心的表示方法

通过观察前面第 4~6 章中的 ISAR 图像可以发现，图像中存在很多强散射点，由此得到了基于散射中心的表示方法。众所周知，后向散射特征一般是通过对目标体上散射中心点的数据集进行建模得到的。由于散射中心被认为是二级点辐射源，因此它又称为辐射中心。

角反射器结构类型的平面能够提供强大的镜面散射，可以视作散射中心。在目标的另外一些区域，表面电流干涉相消（即，不同相），使得整体散射振幅降低。如果某些目标平面不构成任何镜面散射，其散射能量将非常有限，这些目标区域一般称为冷区或鬼区。

基于散射中心的核心思想是通过目标表面有限散射点来代替整个散射场，如图 7.1 所示。这些散射点一般集中在目标表面散射能量强的地方，利用有限的散射点就可以得到散射能量的表达式：

$$
\begin{aligned}
E^{\mathrm{s}}(k,\varnothing) &\cong \sum_{n=1}^{N} A_n \cdot \mathrm{e}^{-\mathrm{j}2\boldsymbol{k}\cdot\boldsymbol{r}_n} \\
&= \sum_{n=1}^{N} A_n \cdot \mathrm{e}^{-\mathrm{j}2(k_x\cdot x_n + k_y\cdot y_n)} \\
&= \sum_{n=1}^{N} A_n \cdot \mathrm{e}^{-\mathrm{j}2k(\cos\varnothing\cdot x_n + \sin\varnothing\cdot y_n)}
\end{aligned}
\tag{7.1}
$$

式中：$E^{\mathrm{s}}(k,\varnothing)$ 为不同频率、不同角度条件下的后向散射能量；A_n 为第 n 个散射中心的幅值；$\boldsymbol{r}_n = x_n\cdot\hat{\boldsymbol{x}} + y_n\cdot\hat{\boldsymbol{y}}$ 表示第 n 个散射中心的位移矢量。式（7.1）表明散射场总能量是不同坐标条件下不同散射点的能量和。

鉴于散射中心的表示方法更方便应用在图像域，而不是在傅里叶域，而且 ISAR 图像本身包含有限散射点及对应的点扩展函数，因此，可以很方便地得到 ISAR 图像的参数化表达式：

$$\mathrm{ISAR}(x,y) \cong \sum_{n=1}^{N} A_n \cdot h(x - x_n, y - y_n) \tag{7.2}$$

式中：A_n 为幅度值；(x_n, y_n) 为第 n 个散射中心的坐标；$h(x,y)$ 为 PSF 或者射线扩散函数，其表达式已在第 5 章中进行了推导，具体如下：

$$h(x,y) = \left(\mathrm{e}^{\mathrm{j}2k_{xc} \cdot x} \frac{\mathrm{BW}_{k_x}}{\pi} \mathrm{sinc}\left(\frac{\mathrm{BW}_{k_x}}{\pi} x \right) \right) \cdot \left(\mathrm{e}^{\mathrm{j}2k_{yc} \cdot y} \frac{\mathrm{BW}_{k_y}}{\pi} \mathrm{sinc}\left(\frac{\mathrm{BW}_{k_y}}{\pi} y \right) \right) \tag{7.3}$$

式中：BW_{k_x} 和 BW_{k_y} 分别表示在 k_x 和 k_y 处的有限带宽；k_{xc} 和 k_{yc} 分别表示在 x 和 y 方向的中心频率。

从频率和角度出发，当二者比较小时，式（7.3）可以进一步改写为

$$h(x,y) = \left(\mathrm{e}^{\mathrm{j}\frac{4\pi f_c}{c}(x + \varnothing_{cy})} \cdot \frac{4f_c \cdot B \cdot \varOmega}{c^2} \right) \cdot \mathrm{sinc}\left(\frac{2B}{c} x \right) \cdot \mathrm{sinc}\left(\frac{2f_c \cdot \varOmega}{c} y \right) \tag{7.4}$$

式中：B 和 $\varOmega$ 分别为频域带宽及方位带宽；f_c 和 $\varnothing_c$ 分别为中心频率和方位中心值。

7.2　散射中心的提取

模型定义之后，就可以从图像中提取散射中心及其 PSF，它不仅能够在图像域中方便地提取散射中心，而且能够满足傅里叶域（频域）中散射中心提取的需求。由于 ISAR 图像本身是多个散射中心的显示结果，因此能够很容易执行图像域的提取算法。下面将介绍图像域提取算法。

7.2.1　图像域公式

文献［4］介绍了从 ISAR 图像中提取散射中心的几种方法。其中，CLEAN 算法应用最为广泛，该算法首次被引入是在射电天文学用于创建反卷积图像，也成功地用于雷达成像中散射中心的提取。CLEAN 是一种稳健的迭代过程，它可以找到图像中的峰值点，这个峰值点可以看作是一个具有相应幅度的辐射源（或散射中心），而 CLEAN 算法则可以消除该点在图像中的辐射响应。

在 n 次迭代后，得到了图像峰值点，其坐标为 (x_n, y_n)，强度为 A_n，那么二维残差图像可以写为

$$\begin{bmatrix} 2D\ \mathrm{residual} \\ \mathrm{image} \end{bmatrix}^n = \begin{bmatrix} 2D\ \mathrm{residual} \\ \mathrm{image} \end{bmatrix}^{n-1} - A_n \cdot h(x - x_n, y - y_n) \tag{7.5}$$

也就是说，第 n 次迭代的 2D 参差图像等于第 $n-1$ 次迭代的结果减去第 n 次迭代中最高散射中心强度 A_n 与对应点 PSF 的乘积。提取工作是一个反复迭代的过程，直到残差图像中的最大强度达到用户定义的阈值。通常情况下，在迭代初始阶段及逐渐减小到本底噪声阶段时，图像的能量下降比较快。

图 7.2~图 7.4 中列举了散射中心提取的结果。其中，图 7.2（a）是应用式（7-5）提取 ISAR 图像散射中心的结果。结合式（7.3）中的 PSF，利用 CLEAN 算法提取出了共 250 个散射中心，如图 7.2（b）所示。散射中心的大小反映了它们的相对幅度。正如图 7.2 中描述的一样，提取的散射中心大都位于目标位置。然而，我们也注意到，有一部分散射中心脱离了目标轮廓。这主要是因为多次反射机理使得 ISAR 在距离维产生延迟，在横向距离维形成了位置错位，这部分内容已在 4.5.3 节进行了相关论述。由于 CLEAN 算法能够提取出散射中心及对应的 PSF，而通过 sinc 型 PSF 的旁瓣可以看出，在真实散射中心的周围出现很多虚散射中心，这些散射中心可能脱离了目标轮廓。即使出现虚假散射中心，CLEAN 算法的提取仍然是比较成功的。

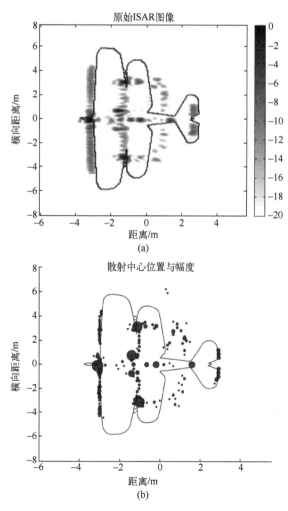

图 7.2　ISAR 原始图像和散射中心的坐标

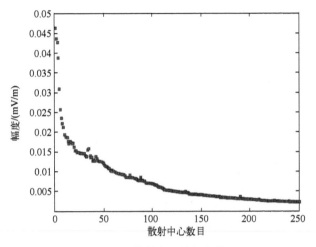

图 7.3 散射中心的幅度值

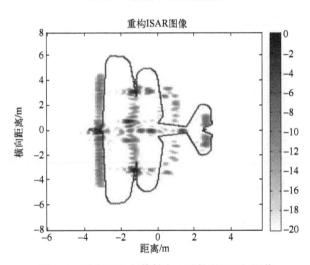

图 7.4 利用 250 个散射中心重构的 ISAR 图像

图 7.3 中横坐标表示提取的散射中心数目，纵坐标表示散射中心的幅度值，通过图像可以看出，CLEAN 算法的收敛速度快，当提取程序每次迭代执行后，残差图像的能量都有显著降低。当提取了足够多的散射中心后（本例为 250 个），残差图像的能量开始逐渐减小，这种情况大都发生在残差图像的最大强度值达到了原始图像的本底噪声值时。因此，一旦出现这种情况时，CLEAN 算法就需要终止了，否则，提取算法将试图通过去噪来提取散射点，使得整个算法不收敛，究其原因主要是由于噪声（数值/测量）并不是由辐射点构成的。因此，当达到用户自定义的阈值（通常是图像的本底噪声）后，CLEAN 算法就需要终止了。

正如前面介绍的一样，对于散射场或 ISAR 图像，散射中心模式提供了一种稀疏和简单的表示方法，这一点可以在前面的例子中得以验证。图 7.2（a）中原始图像大小为 128×256 的复数据，那么，图像占用了 128×256×2×8bit = 524,288B 的磁盘空间。当采用散射中心的模式之后，需要用一个复数据来表示其幅度值，用两个实数据来表示其坐标。对于前面例子中的 250 个散射中心，占据了大约 250×（2+2）×8bit = 8000 字节的磁盘空间，所以数据压缩比大约达到了 66:1。

综上所述，可以构造一个建立在稀疏模型基础上的散射中心。此外，这种表示模式还能够应用于散射场或分辨率较高、逼真度较好的 ISAR 图像的重构，这部分内容将在下面的章节中进行介绍。

7.2.1.1 图像域重构

当散射中心被提取之后，就可以实时地完成 ISAR 图像的重构，后者是前者的逆过程。此外，利用傅里叶域（或频率–方位）数据也可以很容易地完成图像高逼真重构，具体内容如下。

图像重构：将提取的散射中心及对应点的 PSF 重置到 ISAR 图像中，就可以完成图像的重构。其理论表达式如下：

$$\text{ISAR}_r(x,y) = A_n \cdot h(x-x_n, y-y_n) \tag{7.6}$$

这个重构公式与前面的式（7.2）是相一致的。由于在散射中心提取过程中已经获得了参数 (A_n, x_n, y_n)，那么 ISAR 图像重构就能够很快得到。图 7.4 列举了一个典型实例，利用前面提取的 250 个散射中心重构得到了原始的 ISAR 图像（图 7.2（a））。比较原始图像与重构图像可以清楚地发现，利用散射中心几乎能够实现图像的完全重构。这个实例充分证实利用散射中心表示 ISAR 图像的有效性。

电磁场重构：提取散射中心之后，利用下面的公式就能够很容易实现散射电磁场的重构，具体如下：

$$
\begin{aligned}
E_r^s(k, \varnothing) &= \sum_{n=1}^{N} A_n \cdot e^{-j2(k_x \cdot x_n + k_y \cdot y_n)} \\
&= \sum_{n=1}^{N} A_n \cdot e^{-j2k(\cos\varnothing \cdot x_n + \sin\varnothing \cdot y_n)}
\end{aligned}
\tag{7.7}
$$

将式（7.1）展开后得到了上面的推导公式，从物理意义上讲，提取的散射中心被当作点辐射源来处理。此外，式（7.7）从本质上讲是式（7.6）的二维傅里叶变换，因此，结合式（7.7）及散射中心的先验知识，可以实现电磁散射场的重构。

图 7.5～图 7.10 中列举了几个典型散射场重构的例子。其中，图 7.5（a）反映的是前面图 7.2（a）中原始 ISAR 图像的后向散射场数据，这些数据通过一个多频率多方位的二维平面显示出来。结合式（7.7），得到了重构的散射场数据，如图 7.5（b）所示。在重构过程中，使用了全部提取的 250 个散射中心。通过原始图像及重构图像的直观比较可以发现，两组数据的结构基本一致。通过对散射场重构的解析式（7.7）分析可知，理论上角或谱分辨能够选取任意值，进而实现无限分辨。在实际条件下，我们也能够获得无限分辨的散射场数据。如果选取的散射中心与图 7.5 相同，将频率和方位数据的采样率提高 10 倍，那么重构得到的图像尺寸将比原始图像大 100 倍，其分辨率较之原始图像也得到了显著的提升，如图 7.6 所示。

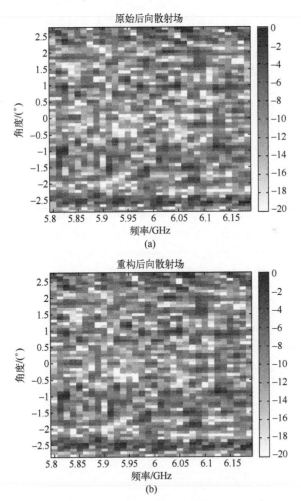

图 7.5　原始 ISAR 图像的后向散射场数据图和基于散射中心重构的后向散射场数据图

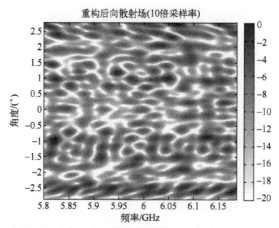

图 7.6 十倍采样后重构得到的后向散射场数据图

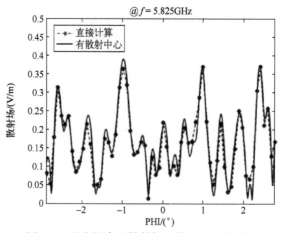

图 7.7 固定频率下散射场重构的对比结果图

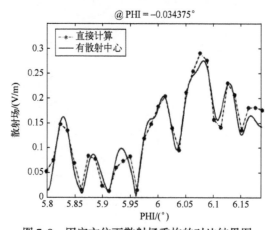

图 7.8 固定方位下散射场重构的对比结果图

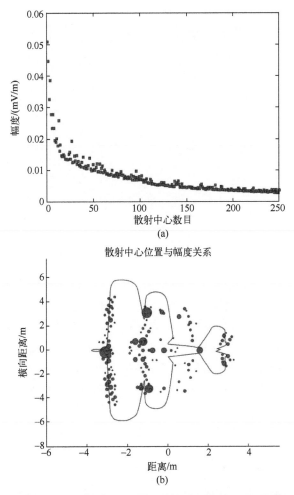

(a)

(b)

图 7.9 散射中心的幅度图和散射中心的坐标及相对强度演示结果图

　　为了验证基于散射中心重构算法的正确性，我们首先针对不同的采样点，利用传统的计算方法得到了一组结果，通过比较二者在频率或方位的一维像来加以说明。针对相同的 ISAR 图像数据进行仿真，得到了两种不同模式下的对比结果，如图 7.7 和图 7.8 所示。在第一种模式下，选取的频率为固定值 5.825GHz，方位角变化范围是 -2.78° ~ 2.78°，对比分析了基于散射中心的重构算法与传统粗略计算法的性能。原始场数据是通过传统计算方法得到的，选取了 64 个不同的点。在相同的参数设置条件下，采用散射中心及式（7.7），同样能够实现场重构。由于在重构过程中，方位角的间隔选取没有限制，当我们使用 10 倍以上的采样频率时，新的重构场将至少包含 640 个数据点，如图 7.7 中的曲线所示。通过二者方位场数据的重构清楚表明，基于散射中心的

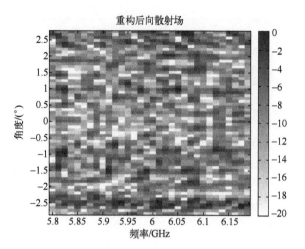

图 7.10　利用 250 个散射中心重构的散射场

模型具有明显优势。该模型还可通过内插的方式获得高精度的数据，这也为RCS 测量及 ISAR 高分辨成像处理节省了大量计算时间。

图 7.8 展示了另外一种模式下的对比结果。该模式下选取的雷达方位角为固定值 -0.034375°，频率变化范围是 5.8 ~ 7.1875GHz。基于散射中心的重构模式相较于传统模式，采样率提高了 10 倍，可以明显发现该模型重构的散射场更加逼真，而且能够实现数据的快速内插，具有明显优势。

7.2.2　傅里叶域公式

7.2.2.1　傅里叶域提取

散射中心的表示方法在傅里叶域（频率-方位）中也能够得以应用。下面将介绍散射中心在傅里叶域的提取过程，该处理流程从概念上讲是可行的，但需要耗费较多的计算机资源，这一点将在后面的内容中给出解释。

傅里叶域的提取可以采用著名的"匹配跟踪"方法。在提取过程中，每个散射中心的频率及方位向投影是通过对二维傅里叶域数据反复提取得到的。在每次迭代过程中，得到了内积最大值所对应的坐标位置，其内积最大值的推导公式如下：

$$A_n = \max_{(x_n, y_n)} \{ <E^s(k, \emptyset), \varphi(x, y)> \} \tag{7.8}$$

式中：A_n 为傅里叶域散射电场与相位项内积的最大值；$\varphi(x, y) = \mathrm{e}^{-\mathrm{j}2(k_x \cdot x_n + k_y \cdot y_n)}$。内积计算公式如下：

$$< E^s(k, \emptyset), \varphi(x, y) > = \int_{KL}^{KH} \int_{\emptyset L}^{\emptyset H} E^s(k, \emptyset) \cdot \varphi^*(x, y) \mathrm{d}\emptyset \mathrm{d}k \tag{7.9}$$

所以，在第 n 次迭代搜索时，(x_n, y_n) 表示 A_n 取得最大值时对应的散射中心坐标。一旦确认第 n 次迭代的散射中心最强，那么 (A_n, x_n, y_n) 的值也就确定了，对应迭代的电磁散射数据将是减掉相应数据后的剩余电磁散射数据：

$$\left[E^{\mathrm{s}}(k,\varnothing)\right]_n = \left[E^{\mathrm{s}}(k,\varnothing)\right]_{n-1} - A_n \cdot \varphi(x_n, y_n) \tag{7.10}$$

当剩余电磁场能量达到用户自定义的门限值时，提取才会结束。一般情况下，这个门限值就是处理数据的噪底。提取过程中存在的主要问题是，对于二维数据的每次迭代搜索，它都需要一个详尽的搜索过程，耗费的时间比较长。

下面通过与 7.2.1 节中相同的飞机模型数据来说明傅里叶提取的有效性。采用匹配跟踪法之后，共有 250 个散射中心从多频率、多方位的电磁场数据中提取出来。在图 7.9（a）中，给出了散射中心的幅度。在傅里叶域散射中心的提取过程中，为了能够更好地估计中心的坐标，采用了 4 倍原始数据采样率，然而迭代搜索花费的时间也相应地延长。如果采样率更高，散射中心的幅度收敛速度会更快，当然这是以增加提取算法的计算时间为代价的。在图 7.9（b）中，给出了所提取的散射中心坐标及相对幅度值。

7.2.2.2　傅里叶域重构

一旦散射中心被提取出来之后，就能够利用每个散射中心的 (A_n, x_n, y_n) 值，完成对其傅里叶域或图像域的重构，下面将就这两种重构模式展开介绍。

散射场的重构：将所提取的散射中心的投影重置到多频多方位的散射场数据中，就能够完成其傅里叶域的重构。其重构表达式如下：

$$E_r^{\mathrm{s}}(k,\varnothing) = \sum_{n=1}^{N} A_n \cdot \mathrm{e}^{-\mathrm{j}2k(\cos\varnothing \cdot x_n + \sin\varnothing \cdot y_n)} \tag{7.11}$$

由于在散射中心的提取过程中，大部分能量是从原始场中提取出来的，因此，重构之后的能量应该与原始场能量基本相同，即 $E_r^{\mathrm{s}}(k,\varnothing) \cong E^{\mathrm{s}}(k,\varnothing)$。下面利用前面从飞机模型中提取的 250 个散射中心来进行重构，得到的二维傅里叶域（频率-方位）后向散射场如图 7.10 所示。通过与图 7.5（a）中的原始场对比发现，二者基本一致，进一步验证了重构算法的正确性。由于对重构散射场的精细程度没有限制，因此可以完成高分辨条件下的重构。图 7.11 给出了相同设置条件下，采样率提高 10 倍后的重构结果。因此，可以通过内插的方式来实现数据的高保真，如图 7.12 所示。其中，图 7.12（a）中给出了相同频率、不同方位角条件下，利用传统计算方法得到的原始散射场与重构散射场（10 倍采样）的对比结果；类似地，图 7.12（a）中给出了相同方位角、不同频率条件下，利用传统计算方法得到的原始散射场与重构散射场（10 倍采样）的对比结果。通过两幅图像可以发现，该模型准确描述了采样点之间的数据。

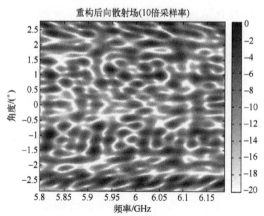

图 7.11　10 倍采样后散射场的重构结果

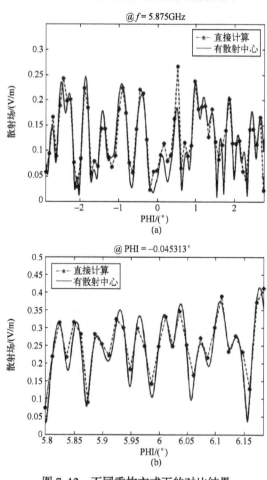

图 7.12　不同重构方式下的对比结果

（a）方位域的对比结果；（b）频域的对比结果。

逆合成孔径雷达成像（MATLAB算法设计）

图像重构：针对傅里叶域提取的散射中心，存在一种快速便捷的 ISAR 图像重构方法，那就是对重构的散射场进行二维逆傅里叶变换，具体的图像重构表达式如下：

$$\mathrm{ISAR}_r(x,y)=F_2^{-1}\{E_r^s(k,\emptyset)\} \tag{7.12}$$

在相同的设置条件下，利用前面提取的 250 个散射中心及式（7.12），得到了傅里叶域重构的 ISAR 图像，如图 7.13 所示。将重构图像与图 7.2（a）中的原始 ISAR 图像比较发现，二者即使在细节上也只有微小的差异，基本上实现了完美的匹配。

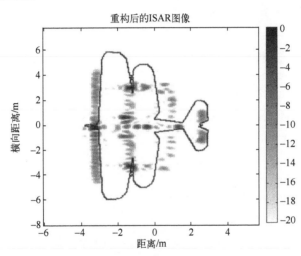

图 7.13 利用 250 个散射中心重构的 ISAR 图像

▨ 7.3 MATLAB 代码

下面给出的 Matlab 源代码用于产生第 7 章中的所有 Matlab 图像。

清单 7.1 Matlab 程序"Figure7-2thru7-8. m"

```
%--------------------------------------------------------
% This code can be used to generate Figure 7. 2 thru 7. 8
%--------------------------------------------------------
% This file requires the following files to be present in the same
% directory：
%
% Es60. mat
% planorteta60_2_xyout. mat
```

```
clear all
close all
c = .3; % speed of light
fc = 6; % center frequency
phic = 0 * pi/180; % center of azimuth look angles
thc = 90 * pi/180; % center of elevation look angles


%_____PRE PROCESSING OF ISAR_____
BWx = 12; % range extend
M = 32; % range sampling
BWy = 16; % xrange extend
N = 64; % xrange sampling


dx = BWx/M; % range resolution
dy = BWy/N; % xrange resolution


% Form spatial vectors
X = -dx * M/2:dx:dx * (M/2-1);
Y = -dy * N/2:dy:dy * (N/2-1);
XX =-dx * M/2:dx/4:-dx * M/2+dx/4 * (4 * M-1);
YY =-dy * N/2:dy/4:-dy * N/2+dy/4 * (4 * N-1);


%Find resoltions in freq and angle
df = c/(2 * BWx); % frequency resolution
dk = 2 * pi * df/c; % wavenumber resolution
kc = 2 * pi * fc/c;
dphi = pi/(kc * BWy);% azimuth resolution


%Form F and PHI vectors
F = fc+[-df * M/2:df:df * (M/2-1)]; % frequency vector
PHI = phic+[-dphi * N/2:dphi:dphi * (N/2-1)];% azimuth vector
K = 2 * pi * F/c; % wavenumber vector
dk = K(2)-K(1); % wavenumber resolution


%_____GET THE DATA_____
```

```
load Es60 % load E-scattered
load planorteta60_2_xyout. mat % load plane outline
% ISAR
ISAR = fftshift(fft2(Es));
ISAR = ISAR/M/N; % the image


% ISAR 4x UPSAMPLED------------------
Enew = Es;
Enew(M*4,N*4)= 0;
ISARnew = fftshift(fft2(Enew));
ISARnew = ISARnew/M/N;
%_____2D-CLEAN_____
% prepare 2D sinc functions
sincx = ones(1,M);
sincx(1,M+1:M*4) = 0;
hsncF = fft(sincx)/M;
sincy=ones(1,N);
sincy(1,N+1:N*4) = 0;
hsncPHI = fft(sincy)/N;

%initilize
hh = zeros(4*M,4*N);

ISARres = ISARnew.';
Amax = max(max(ISARnew));
ISARbuilt = zeros(N*4,M*4);

% loop for CLEAN
for nn=1:250,
[A,ix] = max(max(ISARres));
[dum,iy] = max(max(ISARres.'));
hsincX = shft(hsncF,ix);
hsincY = shft(hsncPHI,iy);
hhsinc = hsincX.' * hsincY;
ISARres = ISARres-A*hhsinc.';
```

```
SSs( nn,1:3) = [A XX( ix) YY( iy) ];
II = ISARres;
II( 1,1) = Amax;
% Image Reconstruction
ISARbuilt = ISARbuilt-A * hhsinc. ';
end


%_____IMAGE COMPARISON_____
%---Figure 7. 2( a) ---------------------------------------
h = figure;
matplot( X,Y,abs( ISARnew( 4 * M:-1:1,:). ') ,20) ;
colorbar;
colormap( 1-gray) ;
set( gca,'FontName', 'Arial', 'FontSize',14,'FontWeight',
'Bold') ;
line( -xyout_xout,xyout_yout,'Color','k','LineStyle','. ') ;
xlabel( 'Range [m]') ;
ylabel( 'X-Range [m]') ;
title( 'Original ISAR image')


%---Figure 7. 4---------------------------------------
h = figure;
matplot( X,Y,abs( ISARbuilt( :,4 * M:-1:1) ) ,20) ;
colorbar;
colormap( 1-gray) ;
set( gca,'FontName', 'Arial', 'FontSize',14,'FontWeight',
'Bold') ;
line( -xyout_xout,xyout_yout,'Color','k','LineStyle','. ') ;
xlabel( 'Range [m]') ;
ylabel( 'X-Range [m]') ;
title( 'Reconstructed ISAR image')
%_____SCATTERING CENTER INFO DISPLAY_____


%---Figure 7. 3---------------------------------------
h = figure;
```

```
plot( abs ( SSs ( : , 1 ) ) , 'square' , 'MarkerSize' , 4 , 'MarkerFaceColor' , [ 0 , 0 ,
1 ] ) ;
set( gca , 'FontName' , 'Arial' , 'FontSize' , 14 , 'FontWeight' , 'Bold' ) ;
xlabel( 'Scattering Center #' ) ;
ylabel( 'Amplitude [ mV/m ]' ) ;
%---Figure 7. 2( b ) -------------------------------------
h = figure;
hold
for m = 1 : 150
t = round( abs( SSs( m , 1 ) ) * 20/abs( SSs( 1 , 1 ) ) ) +1
plot( -SSs( m , 2 ) , SSs( m , 3 ) , 'o' , 'MarkerSize' , t , 'MarkerFaceColor
' , [ 0 , 0 , 1 ] ) ;
end
hold
line( -xyout_xout , xyout_yout , 'Color' , 'k' , 'LineStyle' , '. ' ) ;
axis( [ min( X ) max( X ) min( Y ) max( Y ) ] )
set( gca , 'FontName' , 'Arial' , 'FontSize' , 14 , 'FontWeight' ,
'Bold' ) ;
xlabel( 'Range [ m ]' ) ;
ylabel( 'X-Range [ m ]' ) ;
title( 'Locations of scattering centers with relative
amplitudes ' )


%_____RECONSTRUCT THE FIELD PATTERN_____
ESR = zeros( 320 , 640 ) ;
ESr = zeros( 32 , 64 ) ;
k = K;
kk = k( 1 ) : ( k( 32 ) -k( 1 ) )/319 : k( 32 ) ;
pp = PHI( 1 ) : ( PHI( 64 ) -PHI( 1 ) )/639 : PHI( 64 ) ;
for nn = 1 : 250;
An = SSs( nn , 1 ) ;
xn = SSs( nn , 2 ) ;
yn = SSs( nn , 3 ) ;
ESR = ESR+An * exp( j * 2 * xn * ( kk-k( 1 ) ). ' ) * exp( j * 2 * kc * yn * ( pp-
PHI( 1 ) ) ) ;
```

```
ESr = ESr+An * exp(j * 2 * xn * (k-k(1)).') * exp(j * 2 * kc * yn * (PHI-
PHI(1)));
end


%---Figure 7.5(a)-----------------------------------------
h = figure;
matplot(F,PHI * 180/pi,abs((Es.')),20);
colorbar;
colormap(1-gray)
set(gca,'FontName', 'Arial', 'FontSize',14,'FontWeight',
'Bold');
ylabel('Angle [Degree]');
xlabel('Frequency [GHz]');
title('Original back-scattered field')
%---Figure 7.5(b)-----------------------------------------
h =figure;
matplot(F,PHI * 180/pi,abs((ESr.')),20);
colorbar;
colormap(1-gray)
set(gca,'FontName', 'Arial', 'FontSize',14,'FontWeight',
'Bold');
ylabel('Angle [Degree]');
xlabel('Frequency [GHz]');
title('Reconstructed back-scattered field')


%---Figure 7.6-------------------------------------------
h = figure;
matplot(F,PHI * 180/pi,abs((ESR.')),20);
colorbar;
colormap(1-gray)
set(gca,'FontName', 'Arial', 'FontSize',14,'FontWeight',
'Bold');
ylabel('Angle [Degree]');
xlabel('Frequency [GHz]');
title('Reconstructed back-scattered field (x10 upsampled)')
```

```
%---Figure 7.7----------------------------------------
nn = 3;
h = figure;
plot( PHI * 180/pi, abs( Es( nn,:))),'k-. * ','MarkerSize',8,'LineWi
dth',2);
hold;
plot( pp * 180/pi, abs( ESR( 10 * ( nn-1) +1,:))),'k-','LineWidth',2);
hold;
set( gca,'FontName', 'Arial', 'FontSize',14,'FontWeight',
'Bold');
xlabel('PHI [ Degree]');
ylabel('Scat. field [ V/m]');
tt = num2str( F( nn));
ZZ = ['@ f = ' tt 'GHz'];
axis([ PHI(1) * 180/pi PHI(64) * 180/pi 0 0.5]);
title( ZZ);
drawnow;
legend('with brute force computation','with scattering
centers')


%---Figure 7.8----------------------------------------
nn = 11;
h = figure;
plot( F, abs( Es(:,nn)),'k-. * ','MarkerSize',8,'LineWidth',2);
hold;
plot( kk * c/2/pi, abs( ESR(:,10 * ( nn-1) +1)),'k-','LineWidth',2);
hold;
set( gca,'FontName', 'Arial', 'FontSize',14,'FontWeight',
'Bold');
xlabel('Frequency [ GHz]');
ylabel('Scat. field [ V/m]');
tt = num2str( PHI( nn));
ZZ = ['@ PHI = ' tt ' Deg.'];
title( ZZ);drawnow;axis([ F(1) F(32) 0 0.35])
```

legend('with brute force computation','with scattering centers')

清单 7. 2 Matlab 程序"Figure7−9thru7−13. m"

```
%------------------------------------------------
% This code can be used to generate Figure 7. 9 thru 7. 13
%------------------------------------------------
% This file requires the following files to be present in the same
% directory:
%
% Es60. mat
% planorteta60_2_xyout. mat
clear all
close all


c = . 3; % speed of light
fc = 6; % center frequency
phic = 0 * pi/180; % center of azimuth look angles
thc = 90 * pi/180; % center of elevation look angles


%_____PRE PROCESSING OF ISAR_____
BWx = 12; % range extend
M = 32; % range sampling
BWy = 16; % xrange extend
N = 64; % xrange sampling

dx = BWx/M; % range resolution
dy = BWy/N; % xrange resolution

% Form spatial vectors
X = −dx * M/2:dx:dx * (M/2−1);
Y = −dy * N/2:dy:dy * (N/2−1);
XX = −dx * M/2:dx/4:−dx * M/2+dx/4 * (4 * M−1);
YY = −dy * N/2:dy/4:−dy * N/2+dy/4 * (4 * N−1);
```

```
%Find resoltions in freq and angle
df =c/(2 * BWx); % frequency resolution
dk = 2 * pi * df/c; % wavenumber resolution
kc = 2 * pi * fc/c;
dphi = pi/(kc * BWy);% azimuth resolution

%Form F and PHI vectors
F = fc+[-df * M/2:df:df * (M/2-1)]; % frequency vector
PHI = phic+[-dphi * N/2:dphi:dphi * (N/2-1)];% azimuth vector
K = 2 * pi * F/c; % wavenumber vector
dk = K(2)-K(1); % wavenumber resolution

%_____GET THE DATA_____
load Es60 % load E-scattered
load planorteta60_2_xyout. mat % load plane outline
%_____MATCHING PURSUIT_____
collectedData = zeros(200,3); %initilize scattering center
info
ES = Es;
Power1 = sum(sum(Es).^2); % initial power of the data
axisX = X(1):dx/4:X(32);
axisY = Y(1):dy/4:Y(64);
cosPhi = cos(PHI);
sinPhi = sin(PHI);

for N = 1:250; % extract 250 scattering centers
Amax = 0;
p1Max = zeros(size(ES));
for Xn = axisX
for Yn = axisY
p1 = exp(-j * 2 * K.' * (cosPhi. * Xn+sinPhi. * Yn));
A = sum(sum(ES. * p1))/(size(ES,1) * size(ES,2));
if A > Amax
Amax = A;
```

```
collectedData( N,1:3) = [A Xn Yn];
p1Max = conj( p1);
end
end
end
ES = ES-( Amax. * p1Max);
end


%-------Field Reconsctruction----------
Esr = zeros( 32,64);
for N = 1:250
A = collectedData( N,1);
x1 = collectedData( N,2);
y1 = collectedData( N,3);
Esr = Esr+A * exp( j * 2 * K. ' * ( cosPhi. * x1+sinPhi. * y1));
end


%---Figure 7. 9( a) -----------------------------------------
%---SCATTERING CENTER INFO DISPLAY--------------------
load planorteta60_2_xyout. mat
SSs = collectedData;
h = figure;
plot( abs( SSs( 1:250,1) ) ,'square','MarkerSize',4,'MarkerFaceCo
lor', [0, 0, 1]);
set( gca,'FontName', 'Arial', 'FontSize',14,'FontWeight',
'Bold');
xlabel( 'Scattering Center #');
ylabel( 'Amplitude [mV/m]');
%---Figure 7. 9( b) -----------------------------------------
h = figure;
hold
for m=1:150
t =round( abs( SSs( m,1) ) * 20/abs( SSs( 1,1) ) )+1
plot( -SSs( m,2) ,SSs( m,3) ,'o','MarkerSize',t,'MarkerFaceColor',
[0, 0, 1]);
```

```
end
hold
line( -xyout_xout,xyout_yout,'Color','k','LineStyle','. ') ;
axis([min(X) max(X) min(Y) max(Y)])
set(gca,'FontName', 'Arial', 'FontSize',14,'FontWeight',
'Bold') ;
xlabel('Range [m]') ;
ylabel('X-Range [m]') ;
title('Locations of scattering centers with relative
amplitudes ')


%-ISAR IMAGE COMPARISON-----------------------------
Enew = Es;
Enew(M * 4,N * 4) = 0;
ISARorig = fftshift(fft2(Enew)) ;
ISARorig = ISARorig/M/N;


h = figure;
matplot(X,Y,abs(ISARorig(4 * M:-1:1,:).'),20) ;
colorbar;
colormap(1-gray) ;
set(gca,'FontName', 'Arial', 'FontSize',14,'FontWeight',
'Bold') ;
line(-xyout_xout,xyout_yout,'Color','k','LineStyle','. ') ;
xlabel('Range [m]') ;
ylabel('X-Range [m]') ;
title('Original ISAR image')
Enew = Esr;
Enew(M * 4,N * 4) = 0;
ISARrec = fftshift(fft2(Enew)) ;
ISARrec = ISARrec.'/M/N; % reconstructed ISAR image


%---Figure 7. 13 -----------------------------------
h =figure;
matplot(X,Y,abs(ISARrec(:,4 * M:-1:1)),20) ;
```

```
colorbar;
colormap(1-gray);
set(gca,'FontName', 'Arial', 'FontSize',14,'FontWeight',
'Bold');
line(-xyout_xout,xyout_yout,'Color','k','LineStyle','.');
xlabel('Range [m]');
ylabel('X-Range [m]');
title('Reconstructed ISAR image')
%-------FIELD COMPARISON--------------------
h = figure;
matplot(F,PHI * 180/pi,abs((Es.')),20);
colorbar;
colormap(1-gray)
set(gca,'FontName', 'Arial', 'FontSize',14,'FontWeight',
'Bold');
ylabel('Angle [Degree]');
xlabel('Frequency [GHz]');
title('Original back-scattered field')


%---Figure 7. 10 -----------------------------------------
h = figure;
matplot(F,PHI * 180/pi,abs((Esr.')),20);
colorbar;
colormap(1-gray)
set(gca,'FontName', 'Arial','FontSize',14,'FontWeight','Bold');
ylabel('Angle [Degree]');
xlabel('Frequency [GHz]');
title('Reconstructed back-scattered field')
%-------RECONSTRUCT THE FIELD PATTERN x10-------------
Esr = zeros(320,640);
k = K;
kk = k(1):(k(32)-k(1))/319:k(32);
pp =PHI(1):(PHI(64)-PHI(1))/639:PHI(64);
csP = cos(pp);
snP = sin(pp);
```

```
for N = 1:250
A = collectedData(N,1);
x1 = collectedData(N,2);
y1 = collectedData(N,3);
Esr = Esr+A * exp(j * 2 * kk.' * (csP. * x1+snP. * y1));
end


%---Figure 7. 11---------------------------------------
h = figure;
matplot(F,PHI * 180/pi,abs((Esr.')),20);
colorbar;
colormap(1-gray)
set(gca,'FontName', 'Arial', 'FontSize',14,'FontWeight',
'Bold');
ylabel('Angle [Degree]');
xlabel('Frequency [GHz]');
title('Reconstructed field (x10 upsampled)')


%---Figure 7. 12(a)-----------------------------------
nn = 7;
h = figure;
plot(PHI * 180/pi,abs(Es(nn,:)),'k-. * ','MarkerSize',8,'LineWi
dth',2);
hold;
plot(pp * 180/pi,abs(Esr(10 * (nn-1)+1,:)),'k-','LineWidth',2);
hold;
set(gca,'FontName', 'Arial', 'FontSize',14,'FontWeight',
'Bold');
xlabel('PHI [Degree]'); ylabel('Scat. field [V/m]');
tt = num2str(F(nn));
ZZ = ['@ f = ' tt 'GHz'];
axis([PHI(1) * 180/pi PHI(64) * 180/pi 0 0.35])
title(ZZ);
drawnow;
legend('with brute force computation','with scattering
```

centers')
%---Figure 7. 12(b)-----------------------------------
nn = 4;
h = figure;
plot(F,abs(Es(:,nn)),'k-. *','MarkerSize',8,'LineWidth',2);
hold;
plot(kk * c/2/pi,abs(Esr(:,10 * (nn-1)+1)),'k-','LineWidth',2);
hold;
set(gca,'FontName', 'Arial', 'FontSize',14,'FontWeight',
'Bold');
xlabel('Frequency [GHz]'); ylabel('Scat. field [V/m]');
tt = num2str(PHI(nn));
ZZ = ['@ PHI = ' tt ' Deg.'];
title(ZZ);
drawnow;
axis([F(1) F(32) 0 0.5])
legend('withbrute force computation','with scattering
centers')

🗹参 考 文 献

[1] W. P. Yu, L. G. To, and K. Oii. N-Point scatterer model RCS/Glint reconstruction from high-resolution ISAR target imaging. Proc. End Game Measurement and Modeling Conference, Point Mugu, CA, January 1991, 197-212.

[2] M. P. Hurst and R. Mittra. Scattering center analysis via Prony's method. *IEEE Trans Antennas Propagat* 35 (1987), 986-988.

[3] R. Carriere and R. L. Moses. High-resolution radar target modeling using a modified Prony estimator. *IEEE Trans Antennas Propagat* 40 (1992), 13-18.

[4] R. Bhalla and H. Ling. 3-D scattering center extraction using the shooting andbouncing ray technique. *IEEE Trans Antennas Propagat* AP-44 (1996), 1445-1453.

[5] V. C. Chen and H. Ling. *Time-frequency transforms for radar imaging and signal analysis.* Artech House, Boston, MA, 2002.

[6] N. Y. Tseng and W. D. Burnside. A very efficient RCS data compression and reconstruction technique, Technical Report No. 722780-4, Electroscience Lab, Ohio State University, November. 1992.

[7] S. Y. Wang and S. K. Jeng. Generation of point scatterer models using PTD/SBR technique.

Antennas and Propagation Society International Symposium, Newport Beach, CA, June 1995, 1914–1917.

[8] C. Odemir, R. Bhalla, H. Ling, and A. Radiation. Center representation of antenna radiation patterns on a complex platform. *IEEE Trans Antennas Propagat* AP–48 (2000), 992–1000.

[9] C. Odemir, R. Bhalla, and H. Ling. Radiation center representation of antenna synthetic aperture radar (ASAR) images. IEEE Antennas and Propagat. Society Int. Symp., Atlanta, Vol. I, 338–341, IEEE, Atlanta, 1998.

[10] J. A. Hobom. Aperture synthesis with a non–regular distribution of interferometer baselines. *Astron Astrophys Suppl* 15 (1974), 417–426.

[11] A. Selalovitz and B. D. Frieden. A "CLEAN" –type deconvolution algorithm. *Astron Astrophys Suppl* 70 (1978), 335–343.

[12] J. Tsao and B. D. Steinberg. Reduction of sidelobe and speckle artifacts in microwave imaging: The CLEAN technique. *IEEE Trans Antennas Propagat* 36 (1988), 543–556.

[13] R. Bhalla, J. Moore, and H. Ling. A global scattering center representation of complex targets using the shooting and bouncing ray technique. *IEEE Trans Antennas Propagat* 45 (1997), 1850–1856.

[14] S. G. Mallat and Z. Zhang. Matching pursuit with time–frequency dictionaries. *IEEE Trans Signal Process* 41 (1993), 3397–3415.

第 8 章

逆合成孔径雷达运动补偿

如第 6 章所述，在 ISAR 工作时，距离-多普勒成像所需的角度差是由目标和雷达之间的相对运动产生的。例如，地基 ISAR 系统对空中匀速飞行的目标扫描一定时间，即可收集到足够的反射能量对其进行成像。但另一方面，实际目标如飞机、舰船、直升机或坦克，其各个部件的运动是非常复杂的，具有平动和转动（偏转、横滚和俯仰）的多个运动参数，如速度、加速度、角速度等。而上述参数对于雷达来讲都是未知的，这也将使问题更加复杂。对上述运动参数进行估计并消除其带来的影响的过程称为运动补偿（MOCOMP）。

对于雷达来说，目标的运动参数是未知的，所以运动补偿过程可以认为是一个盲处理过程，也是 ISAR 成像中具有挑战性的处理过程。为了得到清晰聚焦的图像，SAR 和 ISAR 中都具有了大量运动补偿处理器。例如，在 SAR 系统中，雷达平台的惯性测量系统、陀螺仪或者 GPS 采集的信息被广泛应用于修正雷达接收信号的相位[1,2]。但在 ISAR 中，情况有很大的差异，因为对于雷达系统，所有的运动参数包括速度、加速度、角速度和运动方式（直线运动、偏转、横滚和俯仰）都是未知的。因此必须对上述参数进行估计才能得到较好的 ISAR 成像。

不进行运动补偿时，ISAR 成像的结果将不聚焦且在距离维和横向距离维上变得模糊。为此，研究人员提出了多种方法以减轻或者消除这些未知运动带来的影响[3-12]。当前主要使用的 ISAR 运动补偿方法有：单特显点法、多特显点综合法、散射重心法、最小熵法、相位梯度自动聚焦法、侧向-相关法和时频分析法。

■ 8.1 目标运动引起的多普勒效应

当目标上的散射体运动时，散射体在雷达视线方向上的速度分量将会产生多普勒频移，这将使接收到的电磁波的相位中出现误差，从而导致散射体位置变得不精确。在 ISAR 相关处理时，如果散射体移动速度非常快，其将在成像中占据多个像素。散射回波中相位的变化将导致最终的 ISAR 成像在侧向距离上出现错误，且在距离维和侧向距离维不聚焦。当散射体移动速度较慢时，可能并不会出现上述模糊，但由于目标移动也将产生多普勒频移，因此最终得到的散射体的位置信息也将是错误的。

　　下面将基于图 8.1 中的几何关系对目标运动对散射回波的相位或者 ISAR 成像的影响进行研究。总体上看，在雷达扫描期间，目标具有径向速度和转动速度。因此，目标上的散射点 $P(x,y)$ 也具有平动分量和转动分量。根据雷达成像中的一般约定，选择目标的中心点为相位中心和原点。下面将对目标运动带来的相位误差进行估计。如果目标位于雷达远场，点 P 与雷达之间的距离可以近似认为是[14]：

$$r(t) \cong R(t) + x \cdot \cos\emptyset(t) - y \cdot \sin\emptyset(t) \tag{8.1}$$

式中：$R(t)$ 为目标与雷达之间的距离；$\emptyset(t)$ 为目标相对于雷达视线轴 u 的转动角。将 $R(t)$ 和 $\emptyset(t)$ 进行泰勒展开：

$$R(t) = R_0 + v_t t + \frac{1}{2} a_t t^2 + \cdots$$

$$\emptyset(t) = \emptyset_0 + \omega_r t + \frac{1}{2} a_r t^2 + \cdots \tag{8.2}$$

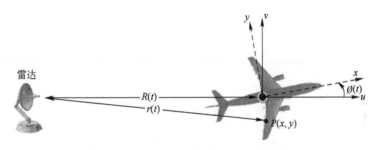

图 8.1　运动目标和雷达之间的几何关系

式中：R_0 为目标的初始位置；v_t 和 a_t 分别为目标平动速度和加速度，目标平动的高阶展开项在上述展开式第三项之后；$\emptyset_0$ 为目标相对雷达视线轴 u 的初始角；ω_r 和 a_r 分别为目标角速度和角加速度。

　　点 P 的散射回波相位为

$$\begin{aligned} \Phi(t) &= -2k \cdot r(t) \\ &= -2\pi f \frac{2r(t)}{c} \end{aligned} \tag{8.3}$$

对相位进行时域求导可以得到运动产生的多普勒频移：

$$f_D = \frac{1}{2\pi} \frac{\partial}{\partial t} \Phi(t)$$

$$= -\frac{2f}{c} \frac{\partial}{\partial t} r(t)$$

$$= -\frac{2f}{c}(v_t + a_t t + \cdots)$$

$$+ \frac{2f}{c}(\omega_r + a_r t + \cdots) \cdot (x \cdot \sin\emptyset(t) + y \cdot \cos\emptyset(t)) \tag{8.4}$$

式中：第一项和第二项分别代表了径向运动（或者平动）多普勒频移和转动多普勒频移。用 v_t 和 ω_r 近似表示目标的运动，平动多普勒频移和转动多普勒频移可以分别表示为

$$f_D^{\text{trans}} \cong -\frac{2f}{c} v_t$$

$$f_D^{\text{rot}} \cong \frac{2f}{c} \omega_r \cdot (x \cdot \sin(\emptyset_0 + \omega_r t) + y \cdot \cos\emptyset(\emptyset_0 + \omega_r t)) \tag{8.5}$$

可以看出，平动多普勒频移与目标的平动速度直接相关。但目标的转动多普勒频移非常的复杂，由式（8.5）中的众多参数所决定。

◼ 8.2　标准运动补偿过程

对于单基地 ISAR 雷达，接收信号可以理论近似为雷达波束内所有目标散射回波的积分：

$$s(t) = \iint_{-\infty}^{\infty} A(x,y) \cdot \exp\left(-\mathrm{j}4\pi f \frac{r(t)}{c}\right) \cdot \mathrm{d}y\mathrm{d}x \tag{8.6}$$

式中：$A(x,y)$ 为任意散射点 (x,y) 的散射信号幅度；f 为雷达发射波频率。将式（8.1）代入式（8.6）中，可得接收到的回波信号为

$$s(t) = \exp\left(-\mathrm{j}4\pi f_0 \frac{R(t)}{c}\right)$$

$$\cdot \iint_{-\infty}^{\infty} A(x,y) \cdot \exp\left(-\mathrm{j}4\pi \frac{f}{c}(x \cdot \cos\emptyset(t) - y \cdot \sin\emptyset(t))\right) \cdot \mathrm{d}y\mathrm{d}x \tag{8.7}$$

如果目标的初始距离 R_0 和线性平动速度 v_t 已知，则可以消去相位多项式，而用式（8.7）与 $\exp(\mathrm{j}4\pi f R(t)/c)$ 相乘来表示回波信号，这就是平动补偿的标准处理过程，也称为距离跟踪或者简单运动补偿。在得到经相位补偿的散射回波信号后，对散射回波幅度 $A(x,y)$ 进行傅里叶变换可以得到散射回波信号密度。如果在脉冲积累时间内，目标经过了多个距离单元，最终的相位补偿图

像将是非聚焦的。因此，需要更好的补偿技术——多普勒跟踪，以得到所需的多普勒频移量。

运动补偿技术可以减小目标运动带来的误差，通常分为两步：第一步，进行平动补偿；第二步，对转动相关的运动进行处理。

8.2.1　平动补偿

目标径向运动或者平动的定义为目标沿着距离轴（或者雷达视线方向轴）的运动。目标的平动是影响 ISAR 成像质量的最显著的因素之一，其最主要的影响是使目标上的散射点的位置沿着距离轴发生偏移。当目标运动时，对不同发射时间的脉冲而言，目标的径向距离是不同的。接收到的不同脉冲电场的相位也将发生偏移。因此，当目标成像扩散到多个距离单元内时，可以用多普勒频率来估计其准确位置。

当对接收到的包含平动信息的数据直接进行傅里叶变换时，由于在全部有限多的距离单元内均可以看到散射体，因此很难准确估计出其位置。此时，散射体好似在多个距离单元内进行走动。距离走动将严重影响 ISAR 成像的距离分辨率、距离精准度和信噪比。在侧向距离上，补偿前的目标成像可能是一个斑点，且其在距离和侧向距离方向上均是非聚焦的。斑点的大小与目标的径向运动（径向速度）有关。尽管对于径向速度非常小的目标如低速运动的舰艇，可能只会出现很小的斑点甚至没有斑点；但对于快速运动的目标如战斗机，其成像会出现很明显的斑点。距离对准算法常用来克服距离走动，使散射体成像保持在其距离单元内的方法被称作距离跟踪。

8.2.1.1　距离跟踪

研究人员已经提出了很多距离跟踪的方法。互相关法将通过计算相邻距离包之间的相关系数，从而估计距离包之间的走动距离。

散射重心法也是一个广泛采用的距离跟踪方法，其主要思想就是首先估计目标质心的径向运动，然后依据目标质心的距离和多普勒频移进行补偿。

另一种著名的距离跟踪方法是特显点处理（PPP），其第一步是选择目标的特显点；第二步，假设这些特显点的相位已知，对第一个特显点的相位进行高阶展开，以减小平动误差；第三步，根据转动角和驻留时间与第二个特显点相位之间的关系消除转动运动误差。第四步，通过测量第三个特显点的相位来估算转动速度。

8.2.1.2　多普勒跟踪

距离跟踪可以对回波信号中散射点的位置信息进行校正，使目标成像回到正确的距离单元。散射体回波信号中的多普勒频移可能是由于目标沿着距离方向运动导致，也可能是由目标与雷达之间的瞬时相对速度发生了变化而导致的，它们并非是保持不变的，仍可能随时间发生变化。多普勒跟踪就是使各距离单元内目标的多普勒频移保持不变的处理过程。

广泛使用的多普勒跟踪算法有：主散射体算法、分孔径法、侧距质心跟踪算法、相位梯度自动聚焦技术以及多特显点技术。

8.2.2 转动运动补偿

目标转动的定义为导致目标相对于雷达视线方向方位变化的运动。如第6章所述，目标相对于雷达视线方向很小的转动并不会影响距离-多普勒 ISAR 成像。但是，当目标在雷达相参积累时间较长时，积累的转动角将变得很大，这将会严重地影响基于傅里叶变换的 ISAR 成像算法效果，导致最终的成像模糊，出现斑点。

在大部分 ISAR 成像中，目标的运动不仅包括转动还包括平动，而且平动导致的非期望效应比转动要大很多，因此，转动补偿通常是在平动补偿完成之后进行。

如图 8.1 所示，目标既具有平动也具有转动。将式（8.1）代入式（8.3），可得

$$\Phi(t) = -\frac{4\pi f}{c}(R(t) + x \cdot \cos\emptyset(t) - y \cdot \sin\emptyset(t)) \tag{8.8}$$

如第6章所述，为了得到转动运动补偿 ISAR 成像，接收信号的相位应当具有唯一的角速度线性函数。因此，基于傅里叶变换的 ISAR 成像处理可以处理侧距方向上的点。式（8.3）中的相位是一个非常复杂的角速度的非线性函数。假设目标只有径向速度和角速度，可以对相位进行简化：

$$R(t) = R_0 + v_t t$$
$$\emptyset(t) = \emptyset_0 + \omega_r t \tag{8.9}$$

这样，接收信号的相位为

$$\Phi(t) = -\frac{4\pi f}{c}[R_0 + v_t t] - \frac{4\pi f}{c}[x \cdot \cos(\emptyset_0 + \omega_r t) - y \cdot \sin(\emptyset_0 + \omega_r t)] \tag{8.10}$$

式中：第一项是平动相关项，第二项是转动相关项，不考虑损失时，设 $\emptyset_0 = 0$，可得

$$\Phi_{rot}(t) = -\frac{4\pi f}{c}[x \cdot \cos\omega_r t - y \cdot \sin\omega_r t] \tag{8.11}$$

对于角速度很小或者相参时间很短的 ISAR 成像，变量 $\omega_r t$ 也很小，可得 $\cos(\omega_r t) \approx 1$、$\sin(\omega_r t) \approx \omega_r t$，这样

$$\Phi_{\text{rot}}(t) \cong -\left(\frac{4\pi f}{c}\right) \cdot x - \left(\frac{4\pi f}{c}\omega_{\text{r}}t\right) \cdot y \qquad (8.12)$$

多普勒频率 $f_{\text{D}} = 2\omega_{\text{r}}y/\lambda$，上式可以表示为

$$\Phi_{\text{rot}}(t) \cong -\left(\frac{4\pi f}{c}\right) \cdot x - (2\pi f_{\text{D}}) \cdot t \qquad (8.13)$$

这个结果与式（6.26）所得的结果是相同的，可以对其进行理想的距离多普勒处理。当 $\omega_{\text{r}}t$ 并非很小时，为了得到不失真的 ISAR 图像，必须对转动进行补偿。JTF 方法是一种有效的转动补偿方法，可以得到较好的 ISAR 成像，在 8.3.3.3 节中将通过 JTF 处理的实例进行论述；同时，PPP 处理法也是一种常见的转动补偿方法。

■ 8.3　ISAR 中常见的运动补偿技术

运动补偿算法非常多，在前文中已经提到了一些。本节中，将对一些常见的运动补偿算法进行讲述，并给出其 MATLAB 实例。

8.3.1　互相关法

互相关法是最基本也是应用最多的距离跟踪算法。本节中的算法是基于步进频连续波雷达的。设目标平动速度 v_{t} 保持不变，雷达发射出 M 组信号，每组中包含 N 个脉冲。则雷达接收到的双程电场数据 $E^{\text{s}}[m,n]$ 大小为 $M \cdot N$，第 m 组第 n 个脉冲的相位为

$$\varphi\{E^{\text{s}}[m,n]\} = -\frac{4\pi f_n}{c}(R_0 - T_{\text{PRI}} \cdot v_{\text{t}} \cdot (n-1+N \cdot (m-1))), \begin{array}{l} m=1,2,\cdots,M \\ n=1,2,\cdots,N \end{array}$$

$$(8.14)$$

式中：f_n 为第 n 个发射脉冲的频率；R_0 为目标与雷达之间的初始相对位置；T_{PRI} 为相邻脉冲之间的间隔时间，也称为脉冲重复间隔。类似地，第 $m+1$ 组中第 n 个脉冲的相位为

$$\varphi\{E^{\text{s}}[(m+1),n]\} = -\frac{4\pi f_n}{c}(R_0 - T_{\text{PRI}} \cdot v_{\text{t}} \cdot (n-1+N \cdot m)) \qquad (8.15)$$

因此，相邻脉冲组之间的相位差为

$$\Delta\varphi_{\text{burst-to-burst}} = \varphi\{E^{\text{s}}[(m+1),n]\} - \varphi\{E^{\text{s}}[m,n]\}$$

$$= \frac{4\pi f_n}{c} \cdot v \cdot T_{\text{PRI t}} \cdot N$$

$$(8.16)$$

$$= \frac{4\pi f_n}{c} \cdot \Delta R_{\text{burst-to-burst}}$$

式中：$\Delta R_{\text{burst-to-burst}} = v \cdot (T_{\text{PRIt}} \cdot N)$ 称为相邻脉冲之间的距离走动，可按照下面步骤对其进行补偿。

（1）首先，依次对脉冲进行一维快速傅里叶变换，得到 M 个距离数据向量 $\boldsymbol{RP}_m$，其长度为 N。

（2）选取其中一个距离数据作为参考。实际中，通常选用第一个 k_x，因为它的相位与其他数据相比既不超前，也不滞后。

（3）其余 $M-1$ 个距离数据幅值与参考数据之间的互相关性可以通过下面公式得到：

$$CCR_m = \left| \text{IFFT}(\text{FFT}(|\boldsymbol{RP}_{\text{ref}}|)) \cdot \text{FFT}(|\boldsymbol{RP}_m|)^* \right|, m = 1, 2, \cdots, M-1$$

$$(8.17)$$

其中：CCR_m 向量的长度为 N。

（4）每一个互相关函数的峰值表示了其相对于参考数据的距离偏移（或时间延迟）量：

$$K_m = \text{index}\left[\max(\boldsymbol{CCR}_m) \right], m = 1, 2, \cdots, M-1 \qquad (8.18)$$

（5）通过对上述结果构成的向量进行低阶多项式拟合，使其变得平滑，则向量 $\boldsymbol{K}$ 的梯度几乎为常数：

$$S_m = \text{smooth}\left[K_m \right], m = 1, 2, \cdots, M-1 \qquad (8.19)$$

（6）由此，第 n 个距离数据与参考数据之间的距离走动近似为

$$\Delta R_{\text{n-to-ref}} \cong S_m \cdot \Delta r \qquad (8.20)$$

式中：$E^s(x, t)$ 为距离分辨率，其值为

$$\Delta r = c/(2B) \qquad (8.21)$$

其中：B 为总带宽。

（7）最后，距离数据 $\widetilde{\overline{E}}^s(k_x, \omega)$ 的相位补偿向量为

$$\Delta \boldsymbol{\varphi}_{\text{m-to-ref}} = \frac{4\pi f_n}{c} \cdot \Delta R_{\text{m-to-ref}}, n = 1, 2, \cdots, N \qquad (8.22)$$

运动补偿后的距离数据可以由这个正确的相位得到：

$$\boldsymbol{RP}_m' = \text{FFT}\{ \Delta \boldsymbol{\varphi}_{\text{m-to-ref}} \cdot \text{IFFT}(\boldsymbol{RP}_m) \} \qquad (8.23)$$

当所有 M 个距离数据都得到校正后，通过常规的成像步骤就可以得到大致的距离补偿 ISAR 成像。

下面将通过互相关法的实例来进一步阐述距离跟踪的概念。如图 8.2 所示，假定战斗机由多个理想散射点组成，其大小与真实大小一致。目标与雷达之间的径向距离 $R_0 = 16$，且以 $v_t = 70\text{m/s}$ 的速度飞向雷达，其径向加速度 $a_t = 0.1\text{m/s}^2$。同时，目标以 $\varphi_r = 0.03\text{rad/s}$ 的角速度缓慢地转动。

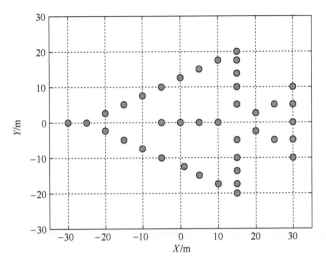

图 8.2　理想散射点组成的战斗机模型

　　雷达发出 128 组信号，每组包含 128 个调制脉冲，脉冲重复频率为 20kHz。第一个脉冲的频率 $f_0 = 10\text{GHz}$，总的频率带宽为 128MHz。

　　首先，通过普通的 ISAR 成像处理可以得到未进行运动补偿的目标普通距离多普勒成像，结果如图 8.3 所示。可以看出，目标运动导致得到 ISAR 成像在距离维和多普勒维均发生了严重的模糊，无法从图中确定目标散射点的位置。下面将采用互相关法进行距离跟踪和运动补偿，首先在不同频率下对接收到的目标散射回波电场进行 IFT 得到目标距离数据；选取第一个距离数据作为参考数据，利用式（8.17）计算参考数据与其他数据之间的互相关系数，如

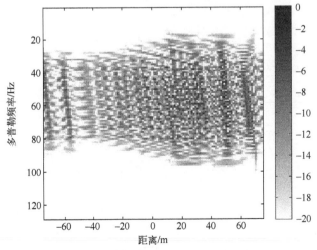

图 8.3　未补偿的战斗机平动 ISAR 成像

算法中所述，相关系数的最大值序列表示着这些距离数据中需要修正的时间偏移量；得到时间偏移量后，与距离分辨率 $\Delta r=c/(2B)$（例中为 1.17m）相乘，则可以得到不同 PRI 之间的距离数据的距离偏移量。图 8.4 中分别用实线和点划线画出了计算出的距离走动和其平滑拟合曲线，用低阶多项式对距离偏移数据进行拟合时采用了 Robust Lowess 方法。

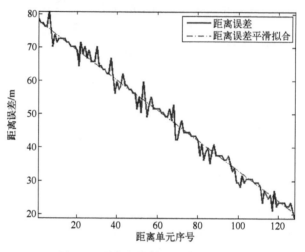

图 8.4　距离包络转化及其平滑拟合

　　图 8.5（a）中画出相邻距离数据之间的距离走动值，可以看出它们几乎为常数。用距离走动差除以不同脉组之间的时间差即可得到目标的径向平动速度。图 8.5（b）画出了不同距离数据中计算出的瞬时速度，从图中可知，目

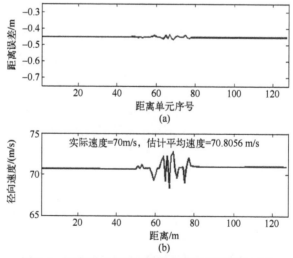

图 8.5　距离误差和不同距离数据对应的径向速度

标速度大致为常量，约 70m/s。对上述瞬时速度求平均，可以得到目标的平均平动速度约为 $v_t^{est}=70.81\text{m/s}$，与实际值 $v_t=70\text{m/s}$ 非常接近。

算法的最后一步，将散射场数据与下面相位量相乘，以修正目标运动导致的相位偏差：

$$E_{comp}^s[m,n]=E^s[m,n]\cdot\exp\left(j4\pi\frac{f_n}{c}\cdot v_t\cdot(n-1+N\cdot(m-1))\right) \qquad(8.24)$$

当接收到的散射场数据的相位经过修正以后，通过常规的 ISAR 成像方法得到补偿后的 ISAR 图像，如图 8.6 所示。可以看到，速度 $v_t=70\text{m/s}$ 的平动产生的影响已经被成功地消除，战斗机成像几乎完美聚焦。

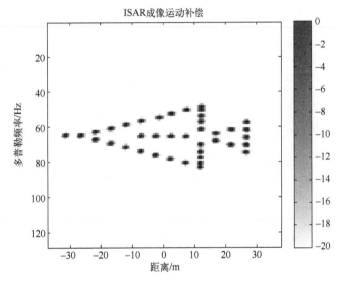

图 8.6　战斗机运动补偿后的 ISAR 成像

同时注意到，径向加速度 $a_t=0.1\text{m/s}^2$ 和角速度 $\varphi_r=0.03\text{rad/s}$ 对图 8.6 中的运动补偿后的成像也有轻微的影响。转动参数很大时，仅通过距离跟踪处理进行运动补偿是不够的，最终的成像将被严重扭曲。

8.3.2　最小熵值法

最小熵值法是另外一种常见的用于消除平动对 ISAR 成像影响的运动补偿技术。实际上，熵值的概念在工程学中已经得到了广泛的应用，其主要用于描述任意系统的异常。

在 SAR/ISAR 成像中，采用同样的方法可以用熵值来评估图像的扭曲度。在 ISAR 成像中，最小熵值法被用于评估目标的运动参数（如速度和加速度）。

最小熵值法中通过计算图像中能量的熵值，并通过迭代法在其变得最小时，找出目标运动参数的可能值，其具体步骤将在下文中进行论述。

8.3.2.1 ISAR 成像中熵值的定义

设目标具有平动速度 v_t 和径向加速度 a_t，则回波信号的相位表达式为

$$\varphi\{E^s\} = -4\pi \frac{f}{c}\left(R_0 + \left(v_t t + \frac{1}{2}a_t t^2\right)\right) \tag{8.25}$$

式中：R_0 为目标与雷达之间的相对初始距离；v_t 可以是正值也可以是负值，取决于是目标靠近雷达还是远离雷达；a_t 根据目标加速还是减速也可以为正值或负值。

式（8.25）中，$-4\pi f R_0/c$ 对所有的时间值均为常数，成像时可以将其抑制掉，从而通过散射电场与下面的相位补偿式相乘即可完成运动补偿：

$$S = \exp\left(j4\pi \frac{f}{c}\left(v_t t + \frac{1}{2}a_t t^2\right)\right) \tag{8.26}$$

由此，如果找出运动参数 v_t 和 a_t，就可以消除它们对接收信号的影响。如果 ISAR 图像矩阵 I 为 M 列、N 行，则香农熵值 $\widetilde{E}$ 为

$$\widetilde{E}(I) = -\sum_{m=1}^{M}\sum_{n=1}^{N} I'[m,n] \cdot \lg(I'[m,n]) \tag{8.27}$$

式中

$$I'[m,n] = \frac{I[m,n]}{\displaystyle\sum_{m=1}^{M}\sum_{n=1}^{N} I[m,n]} \tag{8.28}$$

这里 I' 为归一化的 ISAR 图像，归一化是通过用图中每个像素能量除以图像总能量而得到。定义了熵值以后，下一步需要找到使 ISAR 图像具有最小熵值的补偿向量，而确定正确的运动参数值。具体的迭代过程将在下面实例中进行论述。

8.3.2.2 最小熵值法举例

本例将具体说明采用最小熵值法对 ISAR 成像进行运动补偿。设目标由离散的理想散射点组成，它们的散射幅度相等，如图 8.7 所示。目标远离雷达，其径向速度 $v_t = 4\text{m/s}$，径向平动加速度 $a_t = 0.6\text{m/s}^2$，且具有角速度 $\varphi_r = 0.06\text{rad/s}$。目标与雷达之间的初始距离 $R_0 = 500\text{m}$。

雷达发出 128 组信号，每组包含 128 个调制脉冲，PRF 为 14.5kHz。信号的起始频率 $f_0 = 8\text{GHz}$，总的信号带宽 $B = 384$ MHz。通过普通 ISAR 成像技术得到的未经距离补偿的 ISAR 成像如图 8.8 所示，从图中可以看出，由于目标具有平动和转动特性，目标成像被严重地扭曲。

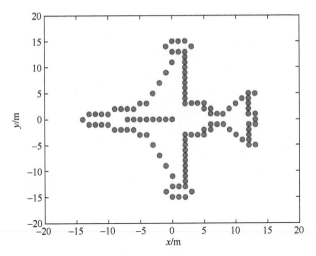

图 8.7 理想散射点组成的直升机模型

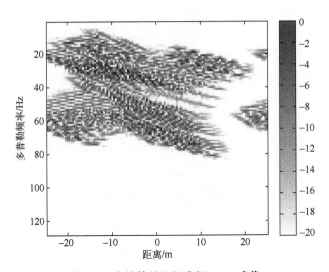

图 8.8 未补偿的飞机常规 ISAR 成像

接收脉冲的频谱图如图 8.9 所示,从图中可以看出,由于在 ISAR 处理的累积时间内目标与雷达之间的相对距离发生改变,对于不同时间接收的脉冲,其频率发生了积累偏移。在进行好的运动补偿后,连续时间脉冲之间将不会有(或者存在非常小的)距离偏移。

对图 8.8 中的 ISAR 图像数据进行最小熵值法处理,通过迭代算法可以得到被修正图像熵值最小时的 v_t 和 a_t:

$$I' = F_2^{-1} \{ S \cdot E^s \} \tag{8.29}$$

式中:S 为在不同速度下的式(8.26)。

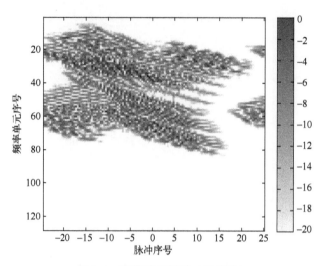

图 8.9　距离单元频谱（补偿前）

对式（8.27）中的定义的熵值进行迭代运算，找出 v_t 和 a_t。图 8.10 为不同的平动速度和加速度下的熵值。可以看出，当速度 v_t^{est} 约等于 4m/s 、加速度 a_t^{est} 约等于 0.6m/s^{2}时，熵值最小。至此，已经成功得到了目标准确的速度和加速度。

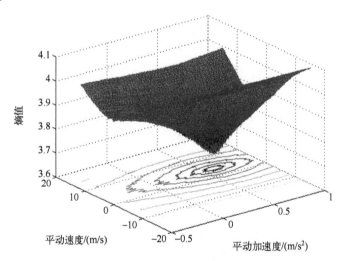

图 8.10　平动速度和平动加速度的熵值搜索空间

将散射场与式（8.29）相乘即可以消除运动对散射场的影响。通过基于 FFT 的 ISAR 成像技术可以得到图 8.11 中的 ISAR 运动补偿后图像，可以看出应用最小熵值法已经将目标运动带来的影响消除了。图像具有很好的分辨率，可以很清楚地找出目标的散射中心。对运动补偿后图像的频谱进行分析，从图 8.12 中可以看出接收时间不同的脉冲之间的频率延迟已经没有了，回波脉冲的频率或者相位已经得到很好的校正。

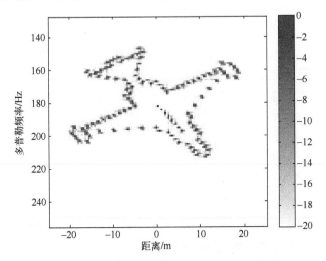

图 8.11 应用最小熵值法后的飞机 ISAR 成像

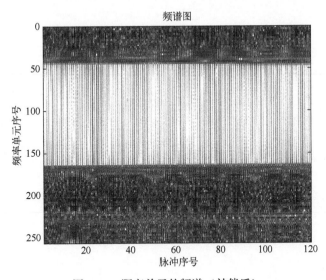

图 8.12 距离单元的频谱（补偿后）

8.3.3 JFT 运动补偿法

JFT 技术在电磁领域已经得到了广泛的应用，从电磁信号分析到雷达目标特征显示、目标分类，都可以见到其身影。JFT 方法，包括短时傅里叶变换

（STFT）、Wigner-Ville 分布（WVD）、连续小波变换（CWT）、自适应小波变换（AWT）、Gabor 小波变换（GWT），在 ISAR 成像中对运动目标进行分析是非常有效的。本节中将对应用 JTF 方法对 ISAR 成像运动补偿进行分析。

8.3.3.1 运动目标的回波信号

现实中，目标的机动是非常复杂的，接收信号中的多普勒频移可能是随时间变化的。如果目标进行非常复杂的运动，如偏航、俯仰、横滚或者其他常见的机动动作，基于傅里叶的常规运动补偿方法可能将不能满足上述运动模型的需要。而运用 JTF 方法可以更好地描述多普勒频率的变化，可以对平动和转动的参数如速度、加速度和角速度进行更好的评估。

假定目标具有复杂的运动，可以用平动和转动的线性组合来描述。设 $R(t)$ 为目标与雷达之间的平动距离，$\emptyset(t)$ 为如图 8.1 中所示的目标相对于雷达视线方向之间的转动角。将 $R(t)$ 和 $\emptyset(t)$ 进行如式 8.2 中所示的泰勒级数展开。假设目标是散射点模型，目标上总共有 K 个散射点。则雷达接收机处的回波信号可以用所有散射点的散射回波之和来表示：

$$g(t) = \sum_{k=1}^{K} A_k(x_k, y_k) \cdot \exp\left(-\mathrm{j}4\pi \frac{f_0}{c}(R(t) + x_k \cdot \cos\emptyset(t) - y_k \cdot \sin\emptyset(t))\right)$$

(8.30)

式中：$A_k(x_k, y_k)$ 为第 k 个散射点的回波散射场幅度。

当仅考虑距离维时，距离单元 x 内的散射回波信号时域表示的形式如下：

$$g(x, t) = \sum_{k=1}^{K} A_k(x_k, y_k) \cdot \exp\left(-\mathrm{j}4\pi \frac{f_0}{c}(R(t) + x \cdot \cos\emptyset(t) - y_k \cdot \sin\emptyset(t))\right)$$

(8.31)

式中：x 为距离方向；t 为相参积累处理间隔，也可以认为是脉冲数。

将用式（8.2）表示的 $R(t)$ 和 $\emptyset(t)$ 代入式（8.31）中，如果仅保留相位相关项，可得

$$g(x, t) = \sum_{k=1}^{K} A_k(x_k, y_k) \cdot$$
$$\exp\left\{-\mathrm{j}4\pi \frac{f_0}{c}\left[(R_0 + x) + (v_t + \omega_r y_k)t + \frac{1}{2}(a_t - \omega_r^2 x + \alpha_r y_k)t^2 + \cdots\right]\right\}$$

(8.32)

相位中的第一项是常量，在成像处理中将被忽略。为了得到目标自由运动时的距离多普勒成像，$R(t)$ 改为 R_0，$\emptyset(t)$ 将随时间线性变化，$\emptyset(t) = \omega_r t$。如果满足了上述理想条件，傅里叶变换可以将侧距点（$i.e.$，$y_k s$）聚焦到其正确位

置上。对其他二阶相位多项式进行运动补偿，可以对接收信号的相位进行压缩。

8.3.3.2 基于 JTF 的转动补偿算法

Chen 在文献［14］和文献［16］中提出，对随时间变化的距离多普勒数据应用 JTF 方法，得到其瞬态多普勒信息，从而得到不同时间的 ISAR 成像。如图 8.13 所示，对转动目标进行基于 JTF 算法 ISAR 成像可以得到不同时间下的目标成像，其步骤如下：

（1）脉冲雷达（线性调频或步进频连续波）在相参积累时间内收集目标散射场数据，并对收集的信号进行数字化处理，设得到矩阵大小为 $M \cdot N$。对于 SFCW 雷达，矩阵从 M 组，每组 N 个脉冲信号中得到。

（2）第二步，对同组数据进行 1 维 IFT，分别得到 N 个脉冲的一维距离数据。

（3）将每个距离单元的脉冲进行 JTF 变换。每个距离单元的 JTF 变换将产生一个 $M \cdot P$ 的时间多普勒矩阵。如果目标的转动速度 ω_r 已知，多普勒频率可以用侧距替换，它们之间的关系为

$$y = \frac{f_D \cdot \lambda_c}{2\omega_r} \tag{8.33}$$

式中：y 为侧距；f_D 为瞬时多普勒频率；λ_c 为中心频率波长。

（4）对所有的距离单元都进行 JTF 变换后，将得到一个三维的时间–距离–多普勒（或者时间–距离–侧距）矩阵，其大小为 $M \cdot N \cdot P$。选择不同时间，即可得到该时间下的距离–多普勒图像。

（5）最后一步，如图 8.13 所示，得到时间–距离–多普勒（或者时间–距离–侧距）矩阵在不同时间取值下的 N 个对目标的距离–多普勒（距离–侧距）ISAR 成像，最终的 2 维 ISAR 图像即为不同时间下的目标转动成像。

8.3.3.3 基于 JTF 的转动运动补偿举例

上述算法如图 8.14（a）所示。战斗机用理想散射点的组合进行模拟。假定飞机距离雷达 16km，与雷达视线方向成 30° 运动，目标的平动速度 $v_t = 1\text{m/s}$，角速度 $\omega_t = 0.24\text{rad/s}$。通过模拟可以得到其散射电场数据。

SFCW 雷达发出的 512 组，每组 128 个脉冲的信号。信号的中心频率 $f_c = 3.256\text{GHz}$，带宽 $B = 512\text{MHz}$，对应的脉宽为

$$T_p = \frac{(\text{\#of pulses} - 1)}{B} = 248.05\text{ns} \tag{8.34}$$

PRF 为 20kHz，则两组信号之间的 PRI 为

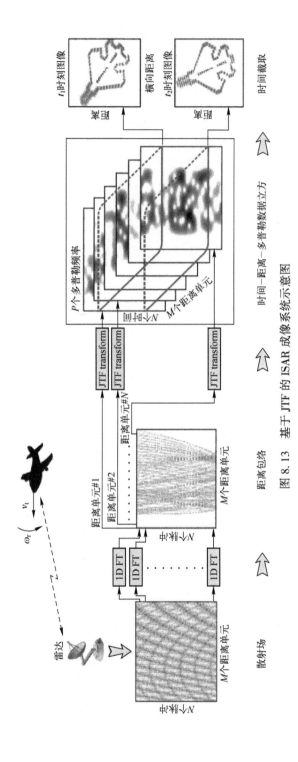

图 8.13　基于 JTF 的 ISAR 成像系统示意图

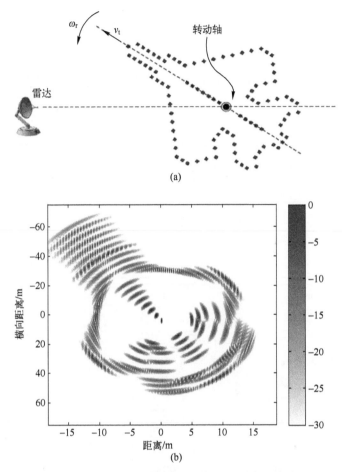

(a)

(b)

图 8.14 基于 JTF 的转动运动补偿算法示意图

(a) 平动速度为 v_t、转动速度为 ω_t 的目标（有散射点组成）；

(b) 运动目标的平动 ISAR 成像（$v_t = 1\mathrm{m/s}$，$\omega_t = 0.24\mathrm{rad/s}$）。

$$\mathrm{PRI} = \frac{1}{\mathrm{PRF}} = 50\mu\mathrm{s} \tag{8.35}$$

首先，对散射场数据进行 2 维 IFT 得到目标平动 ISAR 成像，最终的图像如图 8-14（b）所示，由于目标的快速转动使图像变得模糊。可以看出，由于第一个脉冲和最后一个脉冲之间目标的角度和平动位置是不同的，运动对 ISAR 成像的影响显示为斑点。这与光学系统成像非常相似：当目标快速移动时，在透镜开启时间内，它在图像中将占据好几个像素，所以快速移动目标的成像将变得模糊。

如算法中所述，由于基于 JFT 的 ISAR 成像可以得到不同时间下的目标

ISAR 图像。当目标移动时对其回波散射场数据使用上述方法，在执行上述算法时，JTF 工具采用了基于高斯模糊函数的 Gabor 小波包。算法的最后一步中，选定不同的时间即可得到对应的三维和时间–距离–多普勒矩阵的不同时间成像，如图 8.15 所示，从 ISAR 成像的第一张到最后一张可以很清楚地看到战斗机运动过程。

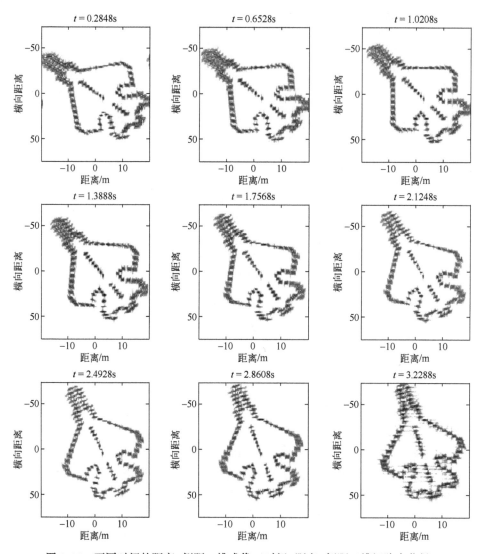

图 8.15 不同时间的距离–侧距二维成像（时间–距离–侧距三维矩阵中获得）

8.3.4　基于 JTF 的平动和转动补偿算法

基于 JTF 的平动和转动补偿算法可以简要地分为两步：第一步，利用现有的匹配跟踪技术对目标的运动参数进行估计，并对目标的平动进行补偿；第二步，采用 JTF 方法进行转动补偿。

假设目标既进行平动也进行转动，接收机处的散射回波信号在时域上可以近似如式（8.32）所示。算法的第一步中，首先评估目标的平动参数如平动径向速度、平动径向加速度，然后进行平动补偿。

式（8.32）还可以表示为

$$g(x,t) = \sum_{k=1}^{K} A_k(x_k,y_k) \cdot \exp\left\{-j4\pi \frac{f_0}{c}x\right\} \cdot \varphi_t(R_0,v_t,a_t,t) \cdot \varphi_r(\omega_r,a_r,x,y_k,t)$$

$$(8.36)$$

式中：φ_t 和 φ_r 分别为包含了平动和转动参数的相位表达式：

$$\varphi_t(v_t,a_t,t) = \exp\left\{-j4\pi \frac{f_0}{c}\left[\left(R_0+v_t t+\frac{1}{2}a_t t^2\right)+\cdots\right]\right\}$$

$$\varphi_r(\omega_r,a_r,x,y_k,t) = \exp\left\{-j4\pi \frac{f_0}{c}\left[\omega_r y_k t+\frac{1}{2}(-\omega_r^2 x+a_r y_k)t^2+\cdots\right]\right\}$$

$$(8.37)$$

算法的第一个目标是进行平动补偿，首先从借助 MP 搜索方法对平动参数进行评估。MP 算法可以估计出信号方程中未知参数的非理想解，广泛应用于时频分析和雷达成像中。

通过 MP 算法，把每个运动参数在接收信号中进行 2 维空间迭代，计算出平动参数 v_t 和 a_t。选取投影最大时的值为所需评估值，这个计算过程可以表示为

$$A = \max_{(v_t,a_t)}\left\{\langle g(x,t) \cdot \varphi_t(v_t,a_t,t)\rangle\right\} \qquad (8.38)$$

式中：内积

$$\langle g \cdot \varphi_t \rangle = \iint_{v_t} \int_{a_t} g(x,t) \cdot (\varphi_t(v_t,a_t,t))^* \, \mathrm{d}(a_t)\mathrm{d}(v_t) \qquad (8.39)$$

迭代结束后，在二维空间 v_t-a_t 上投影值最大的 v_t^{est} 和 a_t^{est} 被认为是最终的评估值。通过初始接收信号与下面的相位补偿式相乘即可对目标平动进行补偿：

$$s(x,t) = g(x,t) \cdot \varphi_t(v_t^{est},a_t^{est},t)^* \qquad (8.40)$$

平动误差消除后，接收信号仅剩转动带来的影响。在算法的第二步中，将对转动进行补偿。为了达到这个目标，需要进行 8.3.3.2 节中所述的基于 JTF 的运动补偿。

8.3.4.1　成像实例

下面将对上述 JTF 算法进行举例说明。如图 8.7 所示，设目标由一系列的理想散射点组成，它们的散射幅度均是相等的。目标相对雷达的初始位置 $R_0 =$ 1.3km，径向速度 $v_t = 35\text{m/s}$，径向加速度 $a_t = -1.9\text{m/s}^2$，角速度 $\varphi_r = 0.15\text{rad/s}$ （8.5944°/s）。雷达发射 512 组，每组 128 个调制脉冲的信号，信号的 PRF 为 20kHz，起始频率为 3GHz，总带宽为 384MHz。

不采取任何补偿措施时，通过普通成像技术可以得到目标的常规距离-多普勒 ISAR 成像，如图 8.16 所示，从图中可以看出，由于目标在平动和转动方向具有较大的速度，图像为非聚焦的，被严重地扭曲。图 8.17 给出了接收信号在相邻脉冲时间内的频率偏移，可以看到脉冲之间具有多次频移，同时还具有由目标加速度引发的非线性频率偏移，而在进行相应的目标运动补偿后，这些频移都将变得非常小。

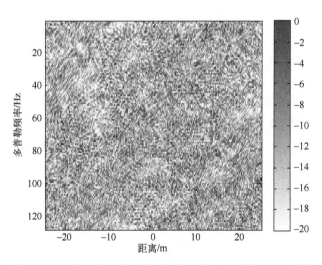

图 8.16　包含平动运动和转动运动目标的未补偿 ISAR 成像

在 8.3.3.4 节中所讲的算法，第一步是通过 MP 方法对目标的平动参数和初始距离 R_0 进行评估。通过迭代计算后，得到的估计值为 $R_0^{\text{est}} = 1.3\text{km}$、$v_t^{\text{est}} = 35\text{m/s}$、$a_t^{\text{est}} = -1.9\text{m/s}^2$。图 8.18 为 MP 方法中的径向速度-加速度二维空间，图中 v_t^{est} 等于 35m/s，a_t^{est} 等于-1.9m/s² 时，MP 搜索得到最大值。

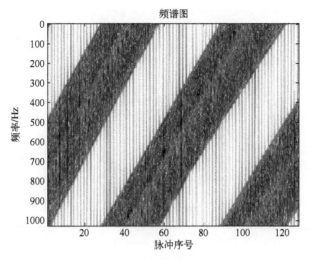

图 8.17　距离单元频谱（未补偿）

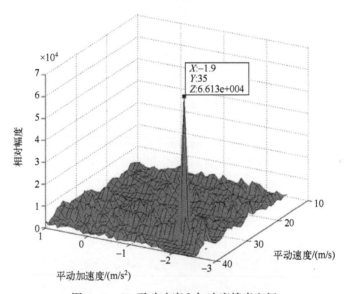

图 8.18　2D 平动速度和加速度搜索空间

　　估计出目标平动参数后，依据式（8.40）可以完成平动补偿。经过修正后的 ISAR 成像如图 8.19 所示，从图中可以看出，平动带来的影响已经得到了修正，只剩下转动效应，这时经过平动补偿的接收信号的频谱如图 8.20 所示。对补偿后的信号频率进行分析，可以看到由目标平动带来的较大频偏已经没有了，但是一些由目标转动引起的相位起伏依旧存在。

　　算法的第二步中，将对相应的目标转动进行补偿。在进行 JTF 方法对

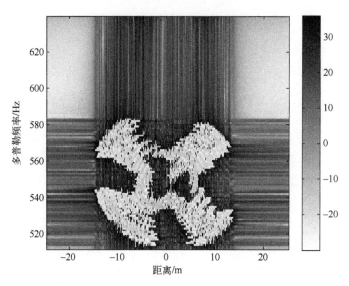

图 8.19　平动补偿后飞机图 ISAR 成像

ISAR 成像中的转动进行补偿时，将采用 Gabor 小波变换，其具有高斯模糊函数。最终的成像如图 8.21 所示，所有由平动和转动引起相位误差都已经消除了，图像得到了很好的聚焦，可以很清楚地分辨出目标的散射中心。最后，对接收信号的频谱进行分析，如图 8.22 所示，脉冲频率很规整的排列。

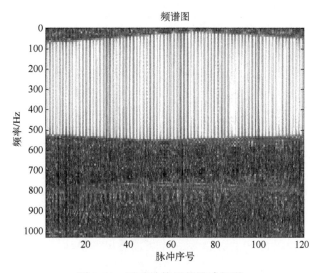

图 8.20　平动补偿后的脉冲频谱

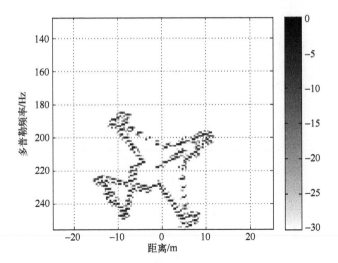

图 8.21　平动和转动均补偿后的飞机 ISAR 成像

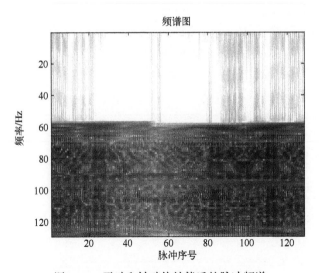

图 8.22　平动和转动均补偿后的脉冲频谱

▧ 8.4　MATLAB 代码

下面给出的 Matlab 源代码用于产生第 8 章中的所有 Matlab 图像。

Matlab code 8.1：Matlab file "Figure8-2thru8-6. m"

```
%------------------------------------------------
% This code can be used to generate Figures 8. 2 - 8. 6
```

```
%-----------------------------------------------------
% This file requires the following files to be present in the same
% directory:
% Fighter. mat
clear all
close all
clc
%---Radar parameters-----------------------------------
pulses = 128; % # no of pulses
burst = 128; % # no of bursts
c = 3.0e8; % speed of EM wave [m/s]
f0 = 10e9; % Starting frequency of SFR radar system [Hz]
bw = 128e6; % Frequency bandwidth [Hz]
T1 = (pulses-1)/bw; % Pulse duration [s]
PRF = 20e3; % Pulse repetition frequency [Hz]
T2 = 1/PRF; % Pulse repetition interval [s]
dr = c/(2*bw); % range resolution [m]


%---Target parameters---------------------------------
W = 0.03; % Angular velocity [rad/s]
Vr = 70.0; % radial translational velocity of EM wave [m/s]
ar = 0.1; % radial accelation of EM wave [m/s^2]
R0 = 16e3; % target's initial distance from radar [m]
theta0 = 0; % Initial angle of target's wrt target [degree]


%---Figure 8.2----------------------------------------
%load the coordinates of the scattering centers on the
fighter
load Fighter
h = plot(-Xc,Yc,'o', 'MarkerSize',8,'MarkerFaceColor', [0, 0, 1]);grid;
set(gca,'FontName', 'Arial', 'FontSize',12,'FontWeight','Bold');
axis([-35 35 -30 30])
xlabel('X [m]'); ylabel('Y [m]');
%Scattering centers in cylindirical coordinates
[theta,r] =cart2pol(Xc,Yc);
```

theta=theta+theta0 * 0. 017455329; %add initial angle

i = 1:pulses * burst;
T = T1/2+2 * R0/c+(i−1) * T2;%calculate time vector
Rvr = Vr * T+(0. 5 * ar) * (T. ^2);%Range Displacement due to radial
vel. & acc.
Tetw = W * T;% Rotational Displacement due to angular vel.

i = 1:pulses;
df = (i−1) * 1/T1; % Frequency incrementation between pulses
k = (4 * pi * (f0+df))/c;
k_fac=ones(burst,1) * k;

%Calculate back−scattered E−field
Es(burst,pulses) = 0. 0;
for scat = 1:1:length(Xc);
arg = (Tetw − theta(scat));
rngterm = R0 + Rvr − r(scat) * sin(arg);
range = reshape(rngterm,pulses,burst);
range = range. ';
phase = k_fac. * range;
Ess = exp(j * phase);
Es = Es+Ess;
end
Es = Es. ';

%−−−Figure 8. 3−−−−−−−−−−−−−−−−−−−−−−−−−−−−−−−−−−−−−−−
%Form ISAR Image (no compansation)
X = −dr * ((pulses)/2−1):dr:dr * pulses/2;Y=X/2;
ISAR = abs(fftshift(fft2((Es))));
h = figure;
matplot2(X,1:pulses,ISAR,20);
colormap(1−gray); colorbar;
set(gca,'FontName', 'Arial', 'FontSize',12,'FontWeight',
'Bold');

```
xlabel('Range [m]');
ylabel('Doppler index');

%-Cross-Correlation Algorithm Starts here------------------
RP=(ifft(Es)).';% Form Range Profiles

for l=1:burst; % Cross-correlation between RPn & RPref
cr(l,:) = abs(ifft(fft(abs(RP(1,:))). *
fft(abs(conj(RP(1,:))))));
pk(1) = find((max(cr(l,:))==cr(l,:)));% Find max. ind. (range
shift) range)
end

Spk = smooth((0:pulses-1),pk,0.8,'rlowess');%smoothing the delays
RangeShifts = dr*pk;% range shifts
SmRangeShifts = dr*Spk;% range shifts
%range differences
RangeDif =SmRangeShifts(2:pulses)-SmRangeShifts(1:pulses-1);

RangeDifAv = mean(RangeDif);% average range differences

T_burst = T(pulses+1)-T(1); % time between the bursts
Vr_Dif = (-RangeDif/T_burst);% estimated radial velocity from
each RP
Vr_av = (RangeDifAv /T_burst);% estimated radial velocity
(average)

%---Figure 8.4---------------------------------------
h = figure;
plot(i,RangeShifts,'LineWidth',2);hold
plot(i,SmRangeShifts,'-.k.','MarkerSize',4);hold
axis tight
legend('RP shifts','Smoothed RP shifts');
set(gca,'FontName', 'Arial', 'FontSize',12,'FontWeight','Bold');
xlabel('range profile index');
```

```
%---Figure 8.5-----------------------------------
h = figure;
subplot(211);plot(RangeDif,'LineWidth',2);
axis([1 burst -.75 -.25 ])
set(gca,'FontName', 'Arial', 'FontSize',10,'FontWeight','Bold');
xlabel('Range profile index');
ylabel('Range differences [m] ')

subplot(212);
plot(Vr_Dif,'LineWidth',2);
axis([1 burst Vr-5 Vr+5 ])
set(gca,'FontName', 'Arial', 'FontSize',10,'FontWeight','Bold');
xlabel('Range profile index');
ylabel('Radial speed [m/s] ')
text(15,74,['Actual Speed = ',num2str(Vr),' m/s , Est.
average speed = ',num2str(-Vr_av),' m/s']);
% Compansating the phase
f = (f0+df);% frequency vector
T = reshape(T,pulses,burst); %prepare time matrix
F = f.'*ones(1,burst); %prepare frequency matrix
Es_comp = Es.*exp((j*4*pi*F/c).*(Vr_av*T));%Phase of E-field
is compansated

%---Figure 8.6-----------------------------------
win = hanning(pulses)*hanning(burst).'; %prepare window
ISAR = abs((fft2((Es_comp.*win)))); % form the image
ISAR2 = ISAR(:,28:128);
ISAR2(:,102:128)=ISAR(:,1:27);
h = figure;
matplot2(Y,1:pulses,ISAR2,20); % motion compansated ISAR
image
colormap(1-gray);colorbar;
set(gca,'FontName', 'Arial','FontSize',12,'FontWeight',
```

'Bold') ;

xlabel('Range [m]') ; ylabel('Doppler index') ;

title('Motion compansated ISAR image')

Matlab code 8. 2: Matlab file "Figure8-7thru8-12. m"

```
%-------------------------------------------------------
% This code can be used to generate Figures 8. 7 thru 8. 12
%-------------------------------------------------------
% This file requires the following files to be present in the
same
% directory:
%
% fighter2. mat
clear all
close all
clc
%---Radar parameters---------------------------------
pulses = 128; % # no of pulses
burst= 128; % # no of bursts
c= 3. 0e8; % speed of EM wave [m/s]
f0= 8e9; % Starting frequency of SFR radar system [Hz]
bw= 384e6; % Frequency bandwidth [Hz]
T1 = (pulses-1)/bw; % Pulse duration [s]
PRF= 14. 5e3; % Pulse repetition frequency [Hz]
T2= 1/PRF; % Pulse repetition interval [s]
dr= c/(2 * bw) ; % slant range resolution [m]

%---Target parameters--------------------------------
W= 0. 06; % Angular velocity [rad/s]
Vr= 4. 0; % radial translational velocity of EM wave [m/s]
ar= 0. 6; % radial accelation of EM wave [m/s^2]
R0=. 5e3; % target's initial distance from radar [m]
theta0= 125; % Initial angle of target's wrt target
[degree]
```

```
%---Figure 8.7------------------------------------
%load the coordinates of the scattering centers on the
fighter
load fighter2

h = plot(Xc,Yc,'o', 'MarkerSize',8,'MarkerFaceColor', [0,0,1]);
set(gca,'FontName', 'Arial', 'FontSize',12,'FontWeight',
'Bold');
axis([-20 20 -20 20])
xlabel('X [m]');
ylabel('Y [m]');
%Scattering centers in cylindirical coordinates
[theta,r] = cart2pol(Xc,Yc);
theta = theta+theta0 * 0.017455329; %add initial angle

i = 1:pulses * burst;
T = T1/2+2 * R0/c+(i-1) * T2; %calculate time vector
Rvr = Vr * T+(0.5 * ar) * (T.^2); %Range Displacement due to radial
vel. & acc.
Tetw = W * T; % Rotational Displacement due to angular vel.

i = 1:pulses;
df = (i-1) * 1/T1; % Frequency incrementation between pulses
k = (4 * pi * (f0+df))/c;
k_fac = ones(burst,1) * k;

%Calculate back-scattered E-field
Es(burst,pulses) = 0.0;
for scat = 1:1:length(Xc);
arg = (Tetw - theta(scat));
rngterm = R0 + Rvr - r(scat) * sin(arg);
range = reshape(rngterm,pulses,burst);
range = range.';
phase = k_fac. * range;
Ess = exp(-j * phase);
```

```
Es = Es+Ess;
end
Es = Es. ';


%---Figure 8. 8------------------------------------
%Form ISAR Image ( no compansation)
X = -dr * ( (pulses)/2-1) :dr:dr * pulses/2;Y = X/2;
ISAR = abs(fftshift(fft2((Es))));
h = figure;
matplot2(X,1:pulses,ISAR,20);
colormap(1-gray); colorbar;
set(gca,'FontName','Arial', 'FontSize',12,'FontWeight',
'Bold');
xlabel('Range [m]'); ylabel('Doppler index');


%---Figure 8. 9 ------------------------------------
% JTF Representation of range cell
EsMp = reshape(Es,1,pulses * burst);
S = spectrogram(EsMp,128,64,120);
[a,b] = size(S);
h = figure;
matplot2((1:a),(1:b),abs(S),50);
set(gca,'FontName', 'Arial', 'FontSize',12,'FontWeight',
'Bold');
colormap(1-gray);
xlabel('time pulses');
ylabel('frequency index');
title('Spectrogram');
%Prepare time and frequency vectors
f = (f0+df);% frequency vector
T = reshape(T,pulses,burst); %prepare time matrix
F = f. ' * ones(1,burst); %prepare frequency matrix


% Searching the motion parameters via min. entropy method
syc = 1;
```

```
V= -15:.2:15;
A= -0.4:.01:1;
m= 0;
for Vest= V;
m= m+1;
n= 0;
for iv= A;
n= n+1;
VI(syc,1:2)= [Vest,iv];
S= exp((j*4*pi*F/c).*(Vest*T+(0.5*iv)*(T.^2)));
Scheck= Es.*S;
ISAR= abs(fftshift(fft2((Scheck))));
SumU= sum(sum(ISAR));
I= (ISAR/SumU);
Emat= I.*log10(I);
EI(m,n)= -(sum(sum(Emat)));
syc= syc+1;
end
end


[dummy,mm]= min(min(EI.'));  %Find index for estimated velocity
[dummy,nn]= min(min(EI));  %Find index for estimated acceleration
%---Figure 8_10 ---------------------------------------
h=surfc(A,V,EI);
colormap(gray)
set(gca,'FontName', 'Arial', 'FontSize',12,'FontWeight',
'Bold');
ylabel('Translational velocity [m/s]');
xlabel('Translational acceleration [m/s^2]');
zlabel ('Entropy value')
saveas(h,'Figure9-10. png','png');


% Form the mathing phase for compensation
Sconj = exp((j*4*pi*F/c).*(V(mm)*T+(0.5*A(nn)*(T.^
2))));
```

% Compansate
S_Duz= Es. * Sconj;

%---Figure 8. 11 -----------------------------------
% ISAR after compensation
h= figure;
matplot2(X,burst,abs(fftshift(fft2(S_Duz))),20);
colormap(1-gray);
colorbar;%grid;
set(gca,'FontName', 'Arial', 'FontSize',12,'FontWeight','Bold');
xlabel('Range [m]');
ylabel('Doppler index');

%---Figure 8. 12 -----------------------------------
% Check the compensation using via JTF Representation of range cells
EsMp= reshape(S_Duz,1,pulses * burst);
S= spectrogram(EsMp,128,64,120);
[a,b]= size(S);
h= figure;
matplot2((1:a),(1:b),abs(S),50);
colormap(1-gray);
set(gca,'FontName', 'Arial', 'FontSize',12,'FontWeight','Bold');
xlabel('time pulses');
ylabel('frequency index');
title('Spectrogram');

Matlab code 8. 3: Matlab file "Figure8-14. m"
%--
% This code can be used to generate Figure 8. 14
%--
% This file requires the following files to be present in the
same
% directory:
%
% scat_field. mat

```
clear all
close all

%---Load the Scattered Field ------------------------------
load scat_field

% Npulse = 128; % number of pulses in one burst
% Nburst = 512; % number of bursts
% f1 = 3e9; % starting frequency for the EM wave
% BWf = 512e6; % bandwidth of the EM wave
% T1 = (Npulse-1)/BWf; % pulse duration
% PRF = 20e3; % Pulse Repetation Frequency
% PRI = 1/PRF; % Pulse Repetation Interval
% W = 0.16; % angular velocity [rad/s]
% Vr = 1.0; % radial velocity [m/s]
% ar = 0.0; % acceleration [m/s2]

% c = 3.0e8; % speed of the EM wave

%---Figure 8.14(a)----------------------------------
plot(-Xc,Yc,'square', 'MarkerSize',5,'MarkerFaceColor', [0,0, 1]);
set(gca,'FontName', 'Arial', 'FontSize',14,'FontWeight','Bold');
xlabel('X [m]');
ylabel('Y [m]');
axis([min(-Xc)*1.1 max(-Xc)*1.1 min(Yc)*1.1 max(Yc)*1.1])
%---Figure 8.14(b)----------------------------------
%---Form Classical ISAR Image --------------------------
w=hanning(Npulse)*hanning(Nburst)';
Es=Es.*w;
Es(Npulse*4,Nburst*4)=0;
ISAR=abs(fftshift(ifft2((Es))));
figure;matplot2(XX,YY,ISAR,30);
colorbar; colormap(1-gray);
set(gca,'FontName', 'Arial', 'FontSize',14,'FontWeight','Bold');
xlabel('Range [m]');
```

ylabel('X-Range [m]');

Matlab code 8. 4: Matlab file "Figure8-15. m"

```
%------------------------------------------------
% This code can be used to generate Figure 8. 15
%------------------------------------------------
% This file requires the following files to be present in the same
% directory:
%
% scat_field. mat
clear all
close all


%---Load the Scattered Field --------------------------------
load scat_field

% Npulse= 128; % number of pulses in one burst
% Nburst= 512; % number of bursts
% f1 = 3e9; % starting frequency for the EM wave
% BWf= 512e6; % bandwidth of the EM wave
% T1 = (Npulse-1)/BWf; % pulse duration
% PRF= 20e3; % Pulse Repetation Frequency
% PRI= 1/PRF; % Pulse Repetation Interval
% W= 0. 16; % angular velocity [rad/s]
% Vr= 1. 0; % radial velocity [m/s]
% ar= 0. 0; % acceleration [m/s2]
c= 3. 0e8; % speed of the EM wave
N=1;
T= 2 * R0/c+((1:Npulse * Nburst)-1) * PRI;
tst= PRI * Npulse; % dwell time
Nt=T(1:Npulse:Npulse * Nburst);

Es_IFFT= ifft(Es)'; % take 1D IFFT of field
%----Prepare JTF filter function-----------------------
```

```
n = 0;figure
for frame = 90:115:1100; % select time frames
n = n+1; % counter for plotting
fp = 145;
tp = ((frame-1) * tst)/2 % window center for each frame
%----Prepare JTF filter function (Gabor function with Gaussian Blur)
Alpha_p = (0.04); % Blurring coefficient
for i = 1:Npulse
part1 = 1/sqrt(2 * pi * (Alpha_p)^2); % normalized term
part2 = exp(-((Nt-tp).^2)/(2 * Alpha_p)); % Gaussian window term
part3 = exp((-j * 2 * pi * fp * (Nt-tp))/N); % Harmonic function
GaborWavelet(i,1:Nburst) = part1 * part2. * part3;
fp = fp+1/(Npulse * tst);
end;
% --- Wavelet Transform
St = fftshift(GaborWavelet * Es_IFFT);
subplot(3,3,n);matplot2(XX,YY,(St.'),25);colormap(1-gray);
set(gca,'FontName', 'Arial', 'FontSize',10,'FontWeight','Bold');
title(['t= ',num2str(tp),' s'],'FontAngle','Italic');
end
```

Matlab code 8.5: Matlab file "Figure8-16thru8-22. m"

```
%--------------------------------------------------------
% This code can be used to generate Figures 8.16 thru 8.22
%--------------------------------------------------------
% This file requires the following files to be present in the
same
% directory:
%
% Fighter3. mat
clear all
close all
clc
%---Radar parameters-----------------------------------
pulses = 128; % # no of pulses
```

```
burst = 512; % # no of bursts
c = 3.0e8; % speed of EM wave [m/s]
f0 = 3e9; % Starting frequency of SFR radar system [Hz]
bw = 384e6; % Frequency bandwidth [Hz]
T1 = (pulses-1)/bw; % Pulse duration [s]
PRF = 20e3; % Pulse repetition frequency [Hz]
T2 = 1/PRF; % Pulse repetition interval [s]
theta0 = 0; % Initial angle of target's wrt target[degree]
W = 0.15; % Angular velocity [rad/s]
Vr = 35.0; % radial translational velocity of EM wave [m/s]
ar = -1.9; % radial accelation of EM wave [m/s^2]
R0 = 1.3e3; % target's initial distance from radar [m]
dr = c/(2*bw); % range resolution [m]
theta0 = -30; % Look angle of the target


%---Figure 8.16----------------------------------------
%load the coordinates of the scattering centers on the
fighter
load Fighter3
h = plot(-Xc,Yc,'o', 'MarkerSize',8,'MarkerFaceColor', [0, 0,1]);
grid on;
set(gca,'FontName', 'Arial', 'FontSize',12,'FontWeight','Bold');
axis([-20 20 -20 20])
xlabel('X [m]'); ylabel('Y [m]');


%Scattering centers in cylindirical coordinates
[theta,r] = cart2pol(Xc,Yc);
theta = theta+theta0 * 0.017455329; %add initial angle


i = 1:pulses * burst;
T = T1/2+2 * R0/c+(i-1) * T2;%calculate time vector
Rvr = Vr*T+(0.5*ar) * (T.^2);%Range Displacement due to radial
vel. & acc.
Tetw = W*T;% Rotational Displacement due to angular vel.
```

```
i = 1:pulses;
df = (i-1) * 1/T1; % Frequency incrementation between pulses
k = (4 * pi * (f0+df))/c;
k_fac = ones(burst,1) * k;


%Calculate back-scattered E-field
Es(burst,pulses) = 0.0;
for scat = 1:1:length(Xc);
arg = (Tetw - theta(scat));
rngterm = R0 + Rvr - r(scat) * sin(arg);
range = reshape(rngterm,pulses,burst);
range = range.';
phase = k_fac. * range;
Ess = exp(-j * phase);
Es = Es+Ess;
end
Es = Es.';


%---Figure 8.17 -----------------------------------
%Form ISAR Image (no compansation)
X = -dr * ((pulses)/2-1):dr:dr * pulses/2;Y=X/2;
ISAR = abs((fft2((Es))));
h = figure;
matplot2(X,1:pulses,ISAR,20);
colormap(1-gray);
colorbar;
set(gca,'FontName', 'Arial', 'FontSize',12,'FontWeight','Bold');
xlabel('Range [m]'); ylabel('Doppler index');


%---Figure 8.18 -----------------------------------
% JTF Representation of range cell
EsMp = reshape(Es,1,pulses * burst);
S = spectrogram(EsMp,128,64,128);
[a,b] = size(S);
h = figure;
```

```
matplot2((1:a),(1:b),abs(S),50);
set(gca,'FontName', 'Arial', 'FontSize',12,'FontWeight','Bold');
colormap(1-gray);
xlabel('time pulses');
ylabel('frequency index');
title('Spectrogram');

%Prepare time and frequency vectors
f= (f0+df);% frequency vector
T= reshape(T,pulses,burst); %prepare time matrix
F= f.' * ones(1,burst); %prepare frequency matrix

% Searching the motion parameters via Matching
Pursuit
syc= 1;
RR = 1e3:1e2:2e3;
V= 10:40;
A= -2.5:.1:1;
m= 0;
clear EI

for Vest= V;
m= m+1;
n= 0;
for iv= A;
n= n+1;
p= 0;
for Rest= RR;
p= p+1;
VI(syc,1:2)= [Vest,iv];
S= exp((j*4*pi*F/c). * (Rest+Vest*T+(0.5*iv) * (T.^2)));
Scheck= Es. *S;
SumU= sum(sum(Scheck));
EI(m,n,p)= abs(SumU);
end
```

end
end

[dummy,pp] = max(max(max((EI)))); %Find index for estimated velocity
[dummy,nn] = max(max((EI(:,:,pp)))); %Find index for estimated velocity
[dummy,mm] = max(EI(:,nn,pp)); %Find index for estimated acceleration

%---Figure 8. 19 ------------------------------------
figure;
h= surfc(A,V,EI(:,:,pp));
colormap(gray)
set(gca,'FontName', 'Arial', 'FontSize',12,'FontWeight','Bold');
ylabel('Translational velocity [m/s]');
xlabel('Translational acceleration [m/s^2]');
zlabel ('maximum argument')
%saveas(h,'Figure9-16. png','png');

% Form the mathing phase for compensation
Sconj= exp((j * 4 * pi * F/c). * (V(mm) * T+(0.5 * A(nn) * (T.^
2))));
% Compansate
S_Duz= Es. * Sconj;

%---Figure 8. 20------------------------------------
% ISAR after compensation
h= figure;
matplot(X,burst,abs(fftshift(fft2(S_Duz))),30);
colormap(1-gray);
colorbar;%grid;
set(gca,'FontName', 'Arial', 'FontSize',12,'FontWeight','Bold');
xlabel('Range [m]'); ylabel('Doppler index');
%---Figure 8. 21 ------------------------------------
% Check the compensation using via JTF Representation of
range cells

```
Sconjres = reshape(S_Duz,1,pulses * burst);
S = spectrogram(Sconjres,128,64,120);
[a,b] = size(S);
h = figure;
matplot2((1:a),(1:b),abs(S),50);
colormap(1-gray);
set(gca,'FontName', 'Arial', 'FontSize',12,'FontWeight','Bold');
xlabel('time pulses'); ylabel('frequency index');
title('Spectrogram');


%---This part for Rotational motion compensation------------------
Ese = S_Duz;
win = hamming(pulses) * hamming(burst).';% Prepare Window
Esew = Ese. * win; % Apply window to the E-field
Es_IFFT = (ifft(Esew)).'; % Range profiles


i = 1:pulses * burst;
T = T1/2+2 * R0/c+(i-1) * T2;


% * * Apply Gaussian Blur Filter via Gabor Function
N = 1; % Sampling #
tst = T2 * pulses; % dwell time
t = T(1:pulses:pulses * burst); % time vector for bursts


fp = 160;
Alpha_p = 0.04; % Blurring coefficient
t_istenen = 100; % tp=1 sec, T=2.1845 sec
tp = ((t_istenen-1) * tst)/2; % Center of Gaussian window


% % Gabor function and Gaussian Blur function
parca1 = 1/sqrt(2 * pi * (Alpha_p)^2); % normalized term
parca2 = exp(-((t-tp).^2)/(2 * Alpha_p)); % Gaussian window term
for i = 1:pulses
parca3 = exp((-j * 2 * pi * fp * (t-tp))/N); % Harmonic function
GaborWavelet(i,1:burst) = parca1 * parca2. * parca3;% Gabor Wavelet func.
```

```
fp = fp+1/( pulses * tst) ;
end ;


% % Wavelet Transform
St_Img = fftshift( GaborWavelet * Es_IFFT) ; % shift image to the center


h = figure ;
matplot2( X , pulses , ( St_Img. ') , 30) ;
colorbar ;
set( gca , 'FontName', 'Arial', 'FontSize', 12 , 'FontWeight' , 'Bold') ;
colormap( 1-gray) ;
grid ;
xlabel('Range [ m ]') ;
ylabel('Doppler index') ;


%---Figure 8. 22 -------------------------------------------
EMp = reshape( St_Img , 1 , 128 * 128) ;
S = spectrogram( EMp , 256 , 120) ;
h = figure ;
matplot2( ( 1 : pulses) , ( 1 : pulses) , abs( S. ') , 60) ;
colormap( 1-gray) ;
set( gca , 'FontName', 'Arial', 'FontSize', 12 , 'FontWeight' , 'Bold') ;
xlabel('time pulses') ; ylabel('frequency index') ;
title('Spectrogram') ;
```

参 考 文 献

[1] W. Haiqing, D. Grenier, G. Y. Delisle, and D. -G. Fang. Translational motion compensation in ISAR image processing. *IEEE Transactions on Image Processing* 4 (11) (1995), 1561-1571.

[2] P. H. Eichel, D. C. Ghiglia, and C. V. Jakowatz, Jr. Speckle processing method for synthetic-aperture-radar phase correction. *Optics Letters* 14 (1) (1989), 1-3.

[3] C. -C. Chen and H. C. Andrews. Target-motion-induced radar imaging. *IEEE Transactions on Aerospace and Electronic Systems* AES-16 (1) (1980), 2-14.

[4] Z. D. Zhu and X. Q. Wu. Range-Doppler imaging and multiple scatter-point location, *Journal of Nanjing Aeronautical Institute*, 23 (1991), 62-69.

[5] T. Itoh, H. Sueda, and Y. Watanabe. Motion compensation for ISAR via centroid tracking. *IEEE Transactions on Aerospace and Electronic Systems* 32 (3) (1996), 1191–1197.

[6] J. S. Cho, D. J. Kim, and D. J. Park. Robust centroid target tracker based on new distance features in cluttered image sequences. *IEICE Transactions on Information and Systems* E83–D (12) (2000), 2142–2151.

[7] G. Y. Wang and Z. Bao. The minimum entropy criterion of range alignment in ISAR motion compensation. Proceedings of Radar Conference, 1999, 236–239.

[8] L. Xi, L. Guosui, and J. Ni. Autofocusing of ISAR image based on entropy minimisation. *IEEE Transactions on Aerospace and Electronic Systems* 35 (1999), 1240–1252.

[9] T. M. Calloway and G. W. Donohoe. Subaperture autofocus for synthetic aperture radar. *IEEE Transactions on Aerospace and Electronic Systems* 30 (2) (1994), 617–621.

[10] D. E. Wahl. Phase gradient autofocus—A robust for high resolution SAR phase correction. *IEEE Transactions on Aerospace and Electronic Systems* AES–30 (1994), 827–835.

[11] T. Kucukkılıc. *ISAR Imaging and Motion Compensation*, M. S. thesis, Middle East Tech. Univ., 2006.

[12] B. Haywood and R. J. Evans. Motion compensation for ISAR imaging. Proceedings of Australian Symposium on Signal Processing and Applications, 1989, 112–117.

[13] I. S. Choi, B. –L. Cho, and H. –T. Kim. ISAR motion compensation using evolutionary adaptive wavelet transform. *IEE Proceedings—Radar Sonar and Navigation* 150 (4) (2003), 229–233.

[14] V. C. Chen and H. Ling. *Time–frequency transforms for radar imaging and signal processing*. Artech House, Norwood, MA, 2002.

[15] Y. Wang, H. Ling, and V. C. Chen. ISAR motion compensation via adaptive joint time–frequency technique. *IEEE Transactions on Aerospace and Electronic Systems* 34 (2) (1998), 670–677.

[16] V. C. Chen and S. Qian. Joint time–frequency transform for radar range–Doppler imaging. *IEEE Transactions on Aerospace and Electronic Systems* 34 (2) (1998), 486–499.

[17] J. C. Kirk. Motion compensation for synthetic aperture radar. *IEEE Transactions on Aerospace and Electronic Systems* 11 (1975), 338–348.

[18] J. Walker. Range–Doppler imaging of rotating objects. *IEEE Transactions on Aerospace and Electronic Systems* 16 (1980), 23–52.

[19] H. Wu, et al. Translational motion compensation in ISAR image processing. *IEEE Transactions on Image Processing* 14 (11) (1995), 1561–1571.

[20] R. Xu, Z. Cao, and Y. Liu. Motion compensation for ISAR and noise effect. *IEEE Aerospace and Electronic Systems Magazine* 5 (6) (1990), 20–22.

[21] F. Berizzi, M. Martorella, B. Haywood, E. Dalle Mese, and S. Bruscoli. A survey on ISAR autofocusing techniques. International Conference on Image Processing (ICIP 2004), vol. 1: 9–12, 2004.

[22] M. Martorella, B. Haywood, F. Berizzi, and E. Dalle Mese. Performance analysis of an ISAR contrast-based autofocusing algorithm using real data. Proceedings of the International Radar Conference, 2003, 30–35.

[23] F. Wenxian, L. Shaohong, and H. Wen. Motion compensation for spotlight SAR mode imaging. Proceedings of the CIE Interntional Conference on Radar, 2001, 938–942.

[24] J. Yu and J. Yang. Motion compensation of ISAR imaging for high – speed moving target. IEEE International Symposium on Knowledge Acquisition and Modeling Workshop, 2008, 124–127.

[25] J. M. Munoz – Ferreras, J. Calvo – Gallego, F. Perez – Martinez, A. Blanco – del – Campo, A. Asensio-Lopez, and B. P. Dorta-Naranjo. Motion compensation for ISAR based on the shift-and-convolution algorithm. IEEE Conference on Radar, 2006, 24–27.

[26] B. D. Steinberg. Microwave imaging of aircraft. *Proceedings of the IEEE* 76 (12) (1988), 1578–1592.

[27] W. G. Carrara, R. S. Goodman, and R. M. Majevski. *Spotlight synthetic aperture radar: Signal processing algorithms*. Artech House, Norwood, MA, 1995.

[28] S. Werness, W. Carrara, L. Joyce, and D. Franczak. Moving target imaging algorithm for SAR data. *IEEE Transactions on Aerospace and Electronic Systems* AES-26 (1990), 57–67.

[29] W. S. Cleveland. Robust locally weighted regression and smoothing scatterplots. *Journal of the American Statistical Association* 74 (368) (1979), 829–836.

[30] C. E. Shannon. Prediction and entropy of printed English. *The Bell System Technical Journal* 30 (1951), 50–64.

[31] S. Y. Shin and N. H. Myung. The application of motion compensation of ISAR image for a moving target in radar target recognition. *Microwave and Optical Technology Letters* 50 (6) (2008), 1673–1678.

[32] A. Moghaddar and E. K. Walton. Time – frequency distribution analysis of scattering from waveguide cavities. *IEEE Transactions on Antennas and Propagation* 41 (1993), 677–680.

[33] C. Ozdemir and H. Ling. Joint time–frequency interpretation of scattering phenomenology in dielectric–coated wires. *IEEE Transactions on Antennas and Propagation* 45 (8) (1997), 259–1264.

[34] L. C. Trintinalia and H. Ling. Extraction of waveguide scattering features using joint time–frequency ISAR. *IEEE Microwave and Guided Wave Letters* 6 (1) (1996), 10–12.

[35] K. –T. Kim, I. –S. Choi, and H. –T. Kim. Efficient radar target classification using adaptive joint time–frequency processing. *IEEE Transactions on Antennas and Propagation* 48 (12) (2000), 1789–1801.

[36] H. Kim and H. Ling. Wavelet analysis of radar echo from finite–sized targets. *IEEE Transactions on Antennas and Propagation* 41 (1993), 200–207.

[37] X. –G. Xia, G. Wang, and V. C. Chen. Quantitative SNR analysis for ISAR imaging using joint time–frequency analysis–Short time Fourier transform. *IEEE Transactions on Aerospace*

and Electronic Systems 38 (2) (2002), 649–659.

[38] From http://en. wikipedia. org/wiki/Gaussian_blur.

[39] S. G. Mallat and Z. Zhang. Matching pursuit with time–frequency dictionaries. *IEEE Transactions on Signal Processing* 41 (1993), 3397–3415.

[40] P. J. Franaszczuk, G. K. Bergey, P. J. Durka, and H. M. Eisenberg. Time–frequency analysis using the matching pursuit algorithm applied to seizures originating from the mesial temporal lobe. *Electroencephalography and Clinical Neurophysiology* 106 (6) (1998), 513–521.

[41] T. Su, C. demir, and H. Ling. On extracting the radiation center representation of antenna radiation patterns on a complex platform. *Microwave and Optical Technology Letters* 26 (1) (2000), 4–7.

第 ⑨ 章

基于逆合成孔径雷达成像的应用

本章介绍了目前基于 ISAR 成像的几种典型应用。传统的 ISAR 成像算法是基于发射机和接收机都位于目标远场的假设，本章将会展示当发射机和接收机两者都位于目标近场时，对感兴趣目标进行雷达成像也是可能的。

ISAR 图像显示了目标（或平台）上不同散射机理的幅度和位置。如果从物理的因果角度考虑，ISAR 图像可以认为是发射机和接收机通过目标进行了远场电磁波的交互。类似地，通过其他类型的交互，比如近场-远场或近场-近场等，也有可能形成雷达图像。这种场景的雷达图像可以通过与传统 ISAR 成像概念对比，从而最终成功实现成像。

本章将介绍两种这类型的成像算法，分别为天线合成孔径雷达（ASAR）和天线耦合合成孔径雷达（ACSAR）。另外一种很有趣的应用是根据地表下的目标或不连续处的电磁散射成像，这个问题在雷达界称为地表穿透雷达（GPR）成像。在 9.3 节将会讲到 SAR/ISAR 方法在 GPR 成像上的应用，能够对掩埋的目标进行良好聚焦成像。

9.1 天线平台散射成像：ASAR

众所周知，天线特性会被其支撑平台剧烈改变，如图 9.1 所示。因此，研究平台的影响并探索降低或消除影响的方法将是非常重要的。当天线安装在平台上时，用公式对平台上非期望散射点进行"逆"算法精确定位将是非常重要的。

探明平台散射位置的方法是遵循 ISAR 概念的。事实上，通过把 ISAR 成像概念扩展到天线辐射问题就可以对天线平台散射进行成像。收集安装在复杂平台上天线的多频率、多角度辐射数据，就能够生成平台（或目标）ASAR 图像，从而显示平台产生的主要二次散射信息[1,2]。相较于传统的 ISAR 成像，ASAR 成像的主要复杂之处在于天线是位于近场的，如图 9.2 所示。

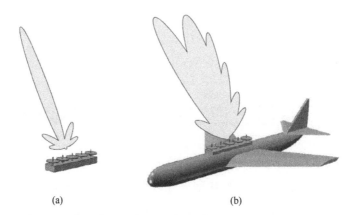

图 9.1　典型独立天线方向图与天线方向图被天线平台改变

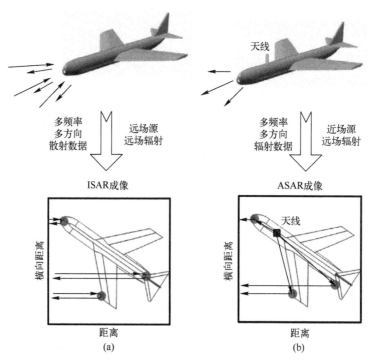

图 9.2　传统 ISAR 场景与 ASAR 场景

9.1.1　ASAR 成像算法

　　研究 ASAR 算法公式要从如图 9.3 所示的几何关系开始。不失一般性，假设发射机位于原点，散射场是在 x 方向附近收集的。我们的目的是对平台上任意点 $P(x_0, y_0, z_0)$ 成像。除了天线的直接辐射，由天线-平台交互作用后 $P(x_0,$

y_0, z_0)点产生的二次辐射（即平台的散射）可以近似为

$$E^s \cong A \cdot e^{-jk \cdot r_0} \cdot e^{-jk \cdot r_0}$$
$$= A \cdot e^{-jk \cdot r_0} \cdot e^{-j(k_x \cdot x_0 \hat{x} + k_y \cdot y_0 \hat{y} + k_z \cdot z_0 \hat{z})} \tag{9.1}$$

式中：A 为散射信号强度；$r_0 = (x_0^2, y_0^2, z_0^2)^{1/2}$ 为从天线到散射点 P 的传输路径长度；k 为自由空间波数。式（9.1）中，第一个指数项考虑了从天线到点 P 的相位延迟；第二个指数项考虑了从散射点到观测方向相对于天线直射辐射的额外相位延迟。因此，与 ISAR 成像一样，相位中心选在原点。

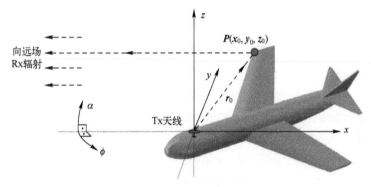

图 9.3　平台上某一点辐射信号传播路径

式（9.1）中，空间频率在 x、y 和 z 方向定义为

$$\begin{cases} \boldsymbol{k}_x = k\sin\theta\cos\emptyset \cdot \hat{x} = k\cos\alpha\cos\emptyset \cdot \hat{x} \\ \boldsymbol{k}_y = k\sin\theta\cos\emptyset \cdot \hat{y} = k\cos\alpha\cos\emptyset \cdot \hat{y} \\ \boldsymbol{k}_z = k\cos\theta \cdot \hat{z} = k\sin\alpha \cdot \hat{z} \end{cases} \tag{9.2}$$

式中：α 为 x-y 平面朝向 z 轴的夹角；$\emptyset$ 为从 x 轴到 y 轴的夹角，如图 9.3 所示。注意，$\alpha = 90 - \theta$，θ 为球坐标系中从 z 轴到 x-y 平面的，则散射场为

$$E^s(k, \alpha, \emptyset) \cong A \cdot e^{-jk \cdot r_0} \cdot e^{-jk(\cos\alpha\cos\emptyset \cdot x_0 + \cos\alpha\sin\emptyset \cdot y_0 + \sin\alpha \cdot z_0)} \tag{9.3}$$

下面，利用小带宽小角度宽假设，即观察角 α 和 $\emptyset$ 很小，辐射数据在小频率带宽内收集，则空间频率 $\boldsymbol{k}_x$、$\boldsymbol{k}_y$ 和 $\boldsymbol{k}_z$ 近似为

$$\begin{cases} \boldsymbol{k}_x = k\cos\alpha\cos\emptyset \cong k \\ \boldsymbol{k}_y = k\cos\alpha\sin\emptyset \cong k_c \cdot \emptyset \\ \boldsymbol{k}_z = k\sin\alpha \cong k_c \cdot \alpha \end{cases} \tag{9.4}$$

式中：k_c 为在中心频率处的波数。

在这些假设下，散射场公式简化为

$$E^s(k,\alpha,\emptyset) \cong A \cdot e^{-jk \cdot (r_0+x_0)} \cdot e^{-jk_c\emptyset y_0} \cdot e^{-jk_c\alpha \cdot z_0} \tag{9.5}$$

式中：很明显在 k 与 $(r+x)$、$(k_c\emptyset)$ 与 y、$(k_c\alpha)$ 与 z 之间分别存在着 FT 变换关系。ASAR 算法隐藏的思想是对散射场数据做关于 k、$(k_c\emptyset)$ 和 $(k_c\alpha)$ 的三维 IFT 变换，就可能提取出平台上散射点的幅度和位置信息。为了简化，定义新变量 $u = r + x$ 以用于 ASAR 的分析[1,2]。如果对式 (9.5) 做 k 与 $(r + x)$、$(k_c\emptyset)$ 与 y、$(k_c\alpha)$ 与 z 之间的三维 IFT，有

$$
\begin{aligned}
E^s(u,y,z) &= \mathscr{F}_3^{-1}\{E^s(k,\alpha,\emptyset)\} \\
&= \mathscr{F}_3^{-1}\{A \cdot e^{-jk \cdot (r_0+x_0)} \cdot e^{-jk_c\emptyset y_0} \cdot e^{-jk_c\alpha \cdot z_0}\} \\
&= \mathscr{F}_3^{-1}\{A \cdot e^{-jk \cdot u_0} \cdot e^{-jk_c\emptyset y_0} \cdot e^{-jk_c\alpha \cdot z_0}\} \\
&= A \cdot \delta(u-u_0, y-y_0, z-z_0) \\
&\triangle \text{ASAR}(u,y,z)
\end{aligned}
\tag{9.6}
$$

因此，对多频点、多角度的二次辐射数据做三维 IFT 后，散射点 (u_0, y_0, z_0) 就在 ASAR 图像上表现为突出点处的峰值，有着正确的散射幅度 A。实际上，峰值当然不可能无限小，它反比于频率带宽和角度宽度。

注意还有一个棘手的问题，ASAR 图像还不是在真正的 (x,y,z) 坐标系上生成的。为此，需要做一个转换，把 ASAR 图像从 (u,y,z) 域转换到 (x,y,z) 域。转换公式为

$$x = \frac{u^2 - y^2 - z^2}{2u} \tag{9.7}$$

u 到 x 转换的影响如图 9.4 所示，图 9.4 (a) 是 $z = 0$ 时的 $u - y$ 均匀网格。从式 (9.7) 明显看出，u 到 x 的转换是非线性的，因此，转换后的 $x-y$ 网格是非均匀的，如图 9.4 (b) 所示。$x > 0$ 的点表示天线后的区域（即不是感兴趣的区域），在这个区域，网格是近似均匀的。然而在 $x < 0$ 区域，即天线前朝向观测方向的区域，$x-y$ 网格是高度失真的。因此，如同后面的 ASAR 例子所演示的那样，这种转换会使得天线前的散射机理失真。

总结下 ASAR 成像算法，下面三步是关键：

(1) 从天线-平台收集多频率、多角度辐射场数据 $E^s(k,\alpha,\emptyset)$；

(2) 做 $E^s(k,\alpha,\emptyset)$ 的三维 IFT，生成 ASAR(u,y,z)；

(3) 利用式 (9.7) 的 $u-x$ 变换生成 ASAR(x,y,z)。

一旦 ASAR 图像构建完毕，在感兴趣观测方向上平台的主要散射位置就在 ASAR 图像上突出为峰值。在用例子演示 ASAR 图像之前，有关 ASAR 成像的特征列出如下：

(1) 和 ISAR 成像对比可知，x 方向为距离方向，y 和 z 方向为两个相互垂直的横向距离方向（图 9.3）。

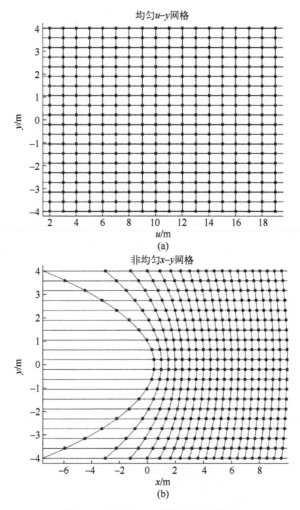

图 9.4　说明 $u\text{-}x$ 变换影响的例子

（a） $z = 0$ 时刻的均匀 $u\text{-}y$ 网格；（b）相应的受到扭曲的 $x\text{-}y$ 网格。

（2）从式（9.5）可知，显然 x 分辨率决定于频率多样性，y 和 z 分辨率是由两组垂直的角度多样性决定的。

（3）由于 ASAR 概念基于单程辐射，与 ISAR 成像中的双程传输不同，需要两倍的频率带宽和角度宽度才能达到 ISAR 图像的相同分辨率。比如，在距离向要达到 15cm 分辨率，ISAR 是需要 1GHz 带宽，但在 ASAR 时却需要 2GHz 带宽。

（4）相对于 ISAR 而言，需要额外的从 $u\text{-}y$ 平面到 $x\text{-}y$ 平面的转换，才能解开由于从天线到平台上散射点的传播延迟导致的非线性相位项。这导致了额外的图像失真，x 方向失真最为严重。这种现象在物理上可以解释为不可能分辨-x 轴上的散射点，因为所有这种机理都有相同的路径长度。尽管通过 u 域的过采样可以减缓这种失真，但无法完全克服。

（5）ASAR 算法，与 ISAR 算法一样，都是基于单次反弹假设的。多次反弹机理在 ASAR 图像上无法被正确映射到平台散射的实际位置。然而，参考文献［3］给出，高阶散射机理在距离上被简单延迟，在横向距离方向上被映射到平台的最后反弹点上。

9.1.2　ASAR 图像的数字例子

针对安装在复杂飞机模型上的天线，给出一个 ASAR 成像算法的演示例子。计算机辅助设计（CAD）的飞机（见图 9.5）包含大约 8000 片三角形块，假设是良导体。一个电尺寸较小（大约 $\lambda/10$）的天线位于驾驶舱顶上，作为发射源。飞机-天线辐射的电磁场计算是由基于物理光学-弹跳射线法（PO-SBR）的模拟器[4]实现的。在该场景的单程辐射计算中，在远场处的二维方位角-俯仰角网格上收集了从 9.45~10.55GHz 的 128 个离散频点对应的辐射场数据，方位角从 -1.67°~1.67°共 32 个等间隔点，俯仰角从 -0.85°~0.85°共 8 个离散角度点。因此，对于每个频点，收集了 32×8＝256 个角度点的辐射数据，只包括了飞机平台的散射场，天线的直接辐射没有考虑。

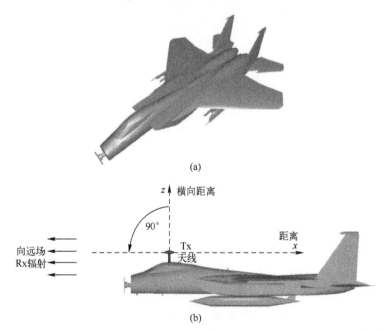

图 9.5　用于 ASAR 成像的飞机 CAD 模型和飞机-天线的仿真几何关系图
（单极天线位于驾驶舱之上）

　　下面，用前面讲的算法来生成三维 ASAR 图像。算法中在 IFT 之前加了三维的 Hanning 窗，做了两倍的补零处理。因为 ASAR 图像是三维的，如图 9.6 所示，给出了不同 z 值所对应的 x-y 平面上的战斗机模型切片，可观察到机翼和尾翼上的一些不同的二次散射点。因为天线位于驾驶舱附近，因此强平台散射发生在战斗机鼻子端附近的镜面散射点。然而，如同预期的那样，x 方向的区域由于 u-x 的非线性转换导致了图像的失真，在 y-z 平面的 ASAR 像投影如图 9.7 所示。

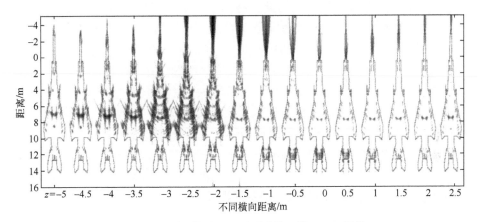

图 9.6　不同 z 值时 x-y 平面内的二维 ASAR 图像

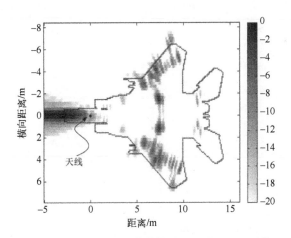

图 9.7　所有 z 值下成像叠加后的二维 ASAR 图像

ASAR 成像中的失真问题可以通过散射中心概念加以修正[3]。

9.2 天线间的成像平台耦合：ACSAR

ASAR 能成功对平台的二次辐射点进行成像后，需要面对的一个同等重要的问题是：对安装在平台上的多个天线之间通过平台的相互作用进行成像。复杂平台上天线间的 EM 耦合对于天线设计人员和电磁兼容性（EMC）、电磁干扰（EMI）工程师来说都是很重要的。因此，识别平台上不同天线间强耦合发生的区域所在是非常有用的。为此，提出了由天线间的耦合数据进行成像的 ACSAR 成像算法，它可以指明引起天线间相互作用的主要散射位置[3,5,6]。

为了切入这个问题，可以利用 ISAR 的概念来解释 9.1 节获取 ASAR 成像算法时，ISAR 概念已经扩展到近场天线辐射问题。在 ACSAR 情况下，ISAR 概念被进一步扩展到近场天线耦合问题以产生平台的 ACSAR 像。

本节列出了天线间的平台主要散射位置的 ACSAR 图像，可以通过收集多频率、多空间的耦合数据进行处理而得到。为了获取所需要的空间多样性，数据应该在接收机位置附近的二维网格上收集。ISAR 场景和 ACSAR 场景间的差别可由图 9.8 进行解释。在 ISAR 中发射机和接收机天线都处于目标的远场，而在 ACSAR 中，这些天线都处于平台的近场。

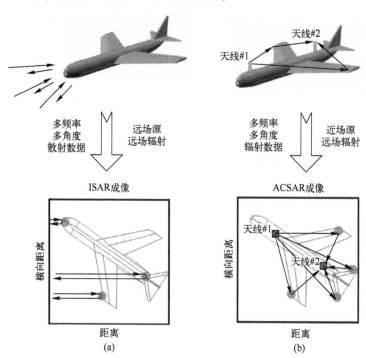

图 9.8 传统 ISAR 场景与 ACSAR 场景

图 9.9 通过显示 EM 辐射情况指明了不同成像算法的概念性比较。ISAR 中，发射机和接收机都处于目标的远场；当把 ISAR 概念扩展到 ASAR 概念时，发射天线位于平台的近场；在 ACSAR 时，ISAR 概念进一步扩展为发射机和接收机都处于平台的近场。

图 9.9　不同雷达成像场景的概念性比较

9.2.1　ACSAR 成像算法

ACSAR 成像算法中，发射机和接收机的几何配置关系如图 9.10 所示，在这种情况下可以收集平台近场的多频率、多空间数据。

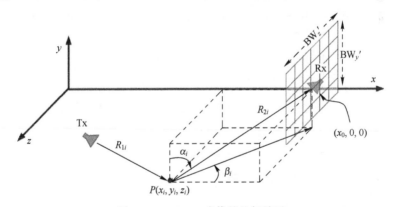

图 9.10　ACSAR 成像的几何关系

在接收机位置处以 $(x_0, 0, 0)$ 点为中心的二维孔径的空间多样性可用来获取两个相互垂直的横向距离上的分辨率。除了发射机到接收机的直接辐射外，还有天线间通过平台的相互作用的贡献。接收机处由于平台上某点 $P(x_0, y_0, z_0)$ 而导致的散射场可以写为

$$E^s \cong A \cdot e^{-jk \cdot R_{10}} \cdot e^{-jk \cdot R_2} \qquad (9.8)$$

式中：A 为散射场强度；R_{10} 是发射天线到点 P 的路径长度；R_2 为从点 P 到接收机的路径长度；k 为自由空间波数。

下面，为了获得基于傅里叶变换的成像算法，对式（9.8）做了两个近似[5]。第一个近似，在 ISAR 中常用到，就是频率带宽相对于中心频率而言比较小，即小带宽近似；第二个近似，接收机处孔径的尺寸相对于路径长度 R_2

来说比较小[3,5]。因此，第二个相位项的相位延迟可以近似为

$$-jk \cdot R_2 \cong -jk \cdot R_{2i} - jk_0(y\cos\alpha_i + z\sin\alpha_i\sin\beta_i) \tag{9.9}$$

α_i 和 β_i 如图 9.10 所示，R_{2i} 为从点 P 到二维孔径中心的路径长度。因此，散射场可以近似为

$$E^s(k,y,z) \cong A \cdot e^{-jk \cdot (R_{1i}+R_{2i})} \cdot e^{-jk_0 \cdot y\cos\alpha_i} e^{-jk_0 \cdot 2\sin\alpha_i\sin\beta_i} \tag{9.10}$$

式中：变量 (k,y,z) 和 $(R_i = R_{1i}+R_{2i}, u_i = k_0 \cdot \cos\alpha_i, v_i = k_0 \cdot \sin\alpha_i\sin\beta_i)$ 之间存在着 FT 关系。对散射场数据做关于 k、y 和 z 的三维 IFT，就可以得到平台的三维 ACSAR 图像，如下所示：

$$\begin{aligned} ACSAR(R,u,v) &\cong \mathscr{F}_3^{-1}\{E^s(k,z,y)\} \\ &= \mathscr{F}_3^{-1}\{A_i \cdot e^{-jk \cdot R_i} \cdot e^{-jk_0 \cdot u_i} \cdot e^{-jk_0 \cdot v_i}\} \\ &= A_i \cdot \delta(R-R_i) \cdot \delta(u-u_i) \cdot \delta(v-v_i) \end{aligned} \tag{9.11}$$

因此，通过对多频率、多空间耦合数据做傅里叶变换，散射点 P 就可以使自身凸显为图像上幅度为 A_i 的位于 (R_i, u_i, v_i) 处的峰值。实际上，由于频率带宽和孔径都不可能无限大，实际的散射点的大小将反比于带宽和孔径大小。注意 ACSAR 图像还没有构建在 (x,y,z) 坐标系上，可以通过下式把 (R,u,v) 转换到 (x,y,z) 坐标上[3,5]：

$$\begin{aligned} x &= \frac{x_0^2 - R_0^2 - 2Rx_0\sqrt{1+c}}{2(x_0 - R\sqrt{1+c})} \\ y &= -\frac{x_0 - x}{\tan\alpha\cos\beta} \\ z &= \tan\beta \cdot (x_0 - x) \end{aligned} \tag{9.12}$$

式中：常数 c 为

$$c = \tan^2\beta + \frac{\sec^2\beta}{\tan^2\alpha} \tag{9.13}$$

从式 (9.12)、式 (9.13) 明显看出，(R,u,v) 到 (x,y,z) 的转换是非线性的。因此，在最终的 ACSAR(x,y,z) 图像上将会有些失真影响。这个问题将在下节的数字例子中重点讨论。

简要概括下，ACSAR 成像算法可以总结为以下三个步骤：

(1) 收集多频率、多空间 EM 耦合数据 $E^s(k,y,z)$；

(2) 对 $E^s(k,y,z)$ 做三维 IFT，形成 ACSAR(R,u,v) 图像；

(3) 通过式 (9.12) 产生平台坐标系上的 ACSAR(x,y,z) 图像。

在最终的 ACSAR 图像上，发射机和接收机间由于平台产生的主要散射点将会表现为峰值。

9.2.2　ACSAR 的数字例子

本节给出了上述成像算法的一个例子，测试目标的 CAD 几何模型如图 9.11 所示。该目标平台上包含了多种形状，有封闭圆柱体、开口圆柱体、角反射体和台阶区等，假设平台是良导体。

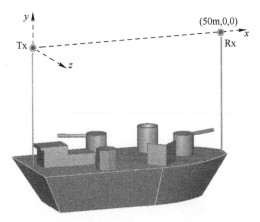

图 9.11　产生船状平台 ACSAR 像的几何关系图

工作于 10GHz 的半波双极子发射机位于原点。设置中心频率为 10GHz、带宽为 252.3MHz 范围内 40 个离散频点，EM 散射仿真是由一段修正版的 PO-SBR 代码计算的[4]。散射场在中心为（50m,0,0）的 40×32 = 1280 个空间点的孔径上进行收集数据，y 方向从 -1.03 ~ 0.97m 共 40 个离散点，z 方向从 -0.29 ~ 0.27m 共 32 个等间隔点。在计算数据中，仅仅考虑了平台的散射场，而天线产生的主要辐射则没有涵盖。

利用上面给出的算法，产生了场景的三维 ACSAR 像。在利用算法时，做 FFT 之前加了三维 Hanning 窗以压制旁瓣。为了显示方便，三维 ACSAR 像被投影到如图 9.12 所示的二维 $R-u$、$R-v$ 和 $u-v$ 平面上，如图所示，在（R, u, v）域显示了多个处于不同位置的散射点。为了显示（x, y, z）平面的 ACSAR 像，应用了式（9.12）所示的变换。这样，就得到了三维 ACSAR(x, y, z)。为了显示方便，图像被投影到如图 9.13 所示的二维 $y-z$、$x-y$ 和 $x-z$ 平面上。可以看出，主要耦合机理在船顶周围，大概位于发射机和接收机中间位置。还有一些镜面反射散射机理显示在天线中间区域周围。从图 9.13 还可以看出其他结构的散射。

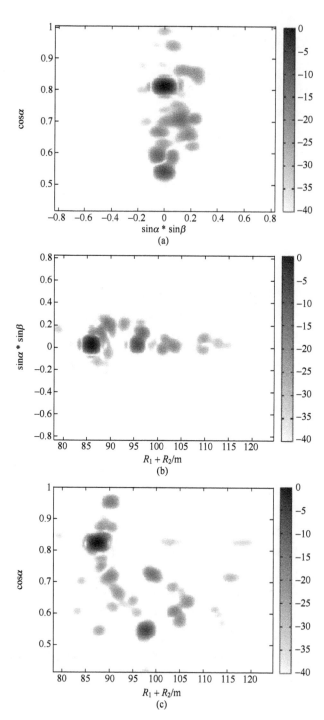

图 9.12　船平台 ACSAR 像的二维投影
（a）R-u 平面；（b）R-v 平面；（c）u-v 平面。

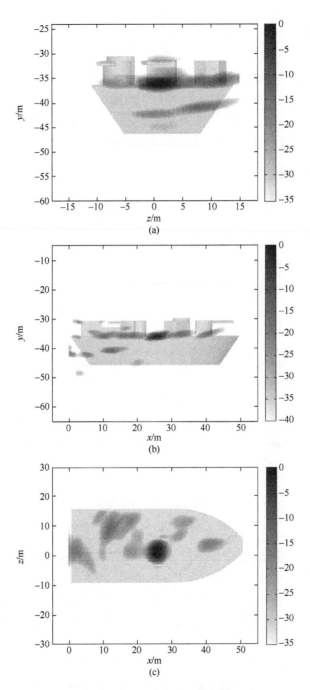

图 9.13　船平台 ACSAR 像的二维投影

（a）y-z 平面投影；（b）x-y 平面投影；（c）x-z 平面投影。

◪ 9.3　地表下目标散射成像：GPR-SAR

探测埋在地表下的目标或位于视觉上不透明媒质里的目标已经成为多个不同学科研究人员感兴趣的话题[7-10]。为了实现这个目标，已经研究了不同的地下探测和成像技术。其中，GPR 是处理地下目标 EM 散射的一种有效工具[7,11-13]，典型的 GPR 像给出了埋藏目标的空间位置和反射率。

9.3.1　GPR 问题

收发同置和收发分置的 GPR 场景如图 9.14 所示。GPR 主要思想是当 EM 波在不透明媒质中传输时探测地表下的不连续。当电磁波遇到不同于周围媒质 EM 属性，即特性阻抗（$(\eta=\sqrt{\varepsilon/\mu})$）的目标或交界面时，就会发生电磁散射/反射。如果媒质有损耗（σ 是有限的），穿透深度就会减小，埋藏目标的可探测性就会降低，因为电磁波会随着传输衰减。

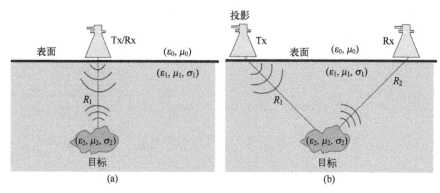

图 9.14　GPR 几何关系
（a）单基地场景；（b）双基地场景。

就 GPR 操作方法和 GPR 数据记录方法而言，一般用到的测量技术有 A 扫、B 扫和 C 扫[7]。A 扫在对目标进行一次测量后提供了幅度－时间记录（图 9.15（a））。测量数据可以通过发射时域脉冲收集反射波或在一定频率带宽内收集后向散射场数据，当然对于后者来说需要做 IFT 处理使数据转换到时域（或距离域）。A 扫实际上可以认为是目标的距离（深度）像。

在图 9.15 中，给出了一个 A 扫的典型例子。构建了埋于沙地下的一截金属管的 GPR 像[14]。对于测量频率 4.8～8.5GHz，沙的介电常数基本稳定在 2.1。图 9.15（b）中最终的 A 扫像是通过对基于网络分析仪的测量系统所测得的频率多样性后向散射数据，然后进行傅里叶变换后得到的。第一个大回波是地面，这是不可避免的，被认为是 GPR 中的一个主要问题；第二个回波是从埋于地下 25cm 的金属管得到的。

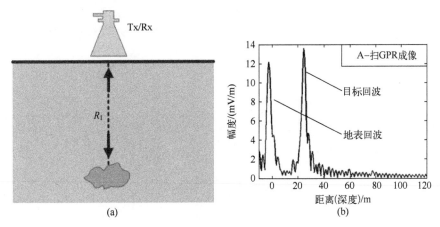

图 9.15　A–扫 GPR 测量几何关系与 1D A–扫对金属管成像结果

一般 GPR 系统收集地面和地下目标的反射时雷达是在地面上移动的。这样，一系列 A 扫测量沿着孔径线重复，最终的数据集成为 B 扫，如图 9.16（a）所示。对于收发同置的雷达，当其在地表移动时，散射点在空间–时间 GPR 像上显示为双曲线。

这里给出了在同样沙环境中埋的金属管的 B 扫 GPR 像的例子。频率也是相同的从 4.8~8.5GHz，B 扫测量沿着 171cm 的孔径长度做了 58 次 A 扫[14]。最终测量的 B 扫如图 9.16（b）所示。地表面的反射在时间–空间（或空间–距离）B 扫 GPR 像上显示为一条直线。埋藏的金属管的回波在图像上看起来是一条双曲线，因为当 GPR 传感器沿着地表面（图 9.16（a））移动时电磁波传播的路径在不断变化，目标实际的位置在双曲线的顶点。

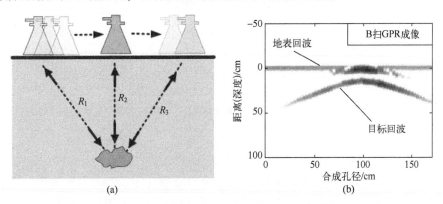

图 9.16　for B–扫 GPR 测量几何关系与 2D B 扫对金属管的成像结果

如图 9.17（a）所示，当肩并肩做了一系列 B 扫测量时，这类 GPR 测量称为 C 扫。因为数据是在地表面的二维孔径上收集的，因此收集的数据为空间-空间-时间或空间-空间-频率上的三维数据。因此，最终的 C 扫 GPR 像是在三维 (x,y,z) 坐标上的。一般地，会给出 C 扫像在不同深度 z 的 x-y 平面切片。

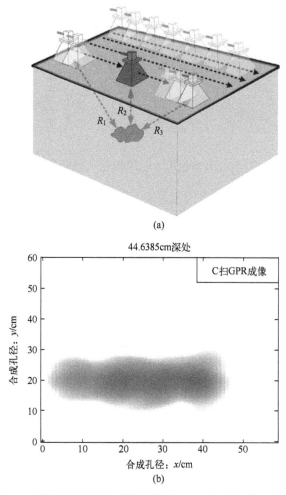

(a)

(b)

图 9.17　C 扫 GPR 测量几何关系与埋藏水瓶的 3D C-扫对埋藏水瓶成像二维切片

图 9.17（b）演示了 C 扫 GPR 图像的例子。同样的沙环境，对于沙表下埋藏的 45cm 深的一瓶水进行了后向散射场测量，二维孔径大小为 15cm × 60cm，共 15×30 个点的离散网格[14]，频率变化为 4.8~8.5GHz。图 9.17（b）给出了最终的三维 C 扫 GPR 像的深度为 44.64cm 的一个切片。明显可以看出，C 扫 GPR 可以显示出目标的轮廓，这对于探测应用会很重要。

9.3.2　利用 SAR 技术聚焦 GPR 图像

在一般的 B 扫 GPR 像中，由于雷达在埋藏目标上移动以记录散射场数据时电磁波具有不同的传输时间，因此会有双曲线失真特性，如图 9.16（a）所示。如果目的是探测管子或类似的规则目标时，这类图像也是足够的。然而，在多数 GPR 应用中，埋藏目标的大小、深度和电磁波反射率信息都是很重要的。在此情况下，在空间-时间域上的 GPR 像的双曲线衍射（或散射）就应该转换为聚焦模式，能显示目标的真实位置、大小和反射率。把双曲线衍射或其他类型散射转换为聚焦图像的过程称为徙动（或聚焦）。

不同的研究人员为了得到地表下埋藏目标的聚焦图像提出了很多的算法[8-25]，Kirchhoff 波方程[15]和基于频率-波数（$\omega-k$）[16,17]的徙动技术被广泛接受和应用。声学和电磁波方程间的类似性导致 GPR 成像处理和声学成像处理应用相同的处理技术[17-19]。在这些算法中，波数域聚焦技术最初是应用于地震成像领域的[18]，现已经广泛应用于 SAR 成像[20-23]。波数域算法已经被 SAR 领域的不同群体所发展，命名为不同的名字，比如地震徙动[20,23]和 $\omega-k$（或 $f-k$）徙动[13,24,25]。

就收集数据方式而言，B 扫描 GPR 问题与条带 SAR 的几何关系类似[26]，如图 9.18（b）所示。这两种情况的类似性导致了基于 SAR 的聚焦技术在地表下目标成像问题方面的应用[24,25,27-29]。条带 SAR 成像的详细公式见参考文献［28］，GPR 算法二重性也被一些研究人员所介绍[13,27]。这里，将给出基于对球面波前进行平面波分解的 $\omega-k$ 徙动域 SAR 成像算法。

典型 B 扫 GPR 问题的几何布局如图 9.18（b）所示，二维散射场 $E^s(x, \omega)$ 在不同孔径点和频率上收集得到。假设传播媒介是相同的，且天线紧贴地面，则距离 r 处散射点的频域后向散射场为

$$E^s(\omega) = A \cdot e^{-j2\omega r/v_m} \tag{9.14}$$

式中：$\omega = 2\pi f$；A 为点目标散射强度；V_m 为电磁波在媒介中的传播速度。指数中的 "2" 考虑了雷达和散射点之间的双程传播，在某一空间位置的静态测量只是 A 扫。在 B 扫情况下，通过收集一系列沿着孔径轴（x 轴）的 A 扫测量可以获取二维 GPR 数据。对于孔径上任意测量点 x_n 来说，点目标 (x_i, z_i) 到传感器的距离 r 为

$$r = \sqrt{(x_n - x_i)^2 + z_i^2} \quad n = 1, 2, \cdots, N \tag{9.15}$$

式中：N 为 A 扫测量中测量点数目；z 为深度方向。

如果在地表下存在着 M 个散射点，则总的二维后向散射场为 B 扫路径上每个散射点的散射场之和：

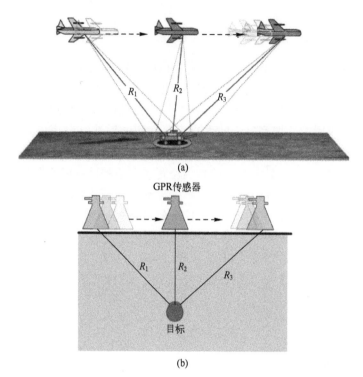

(a)

GPR传感器

R_1 R_2 R_3

目标

(b)

图 9.18 条带 SAR 几何关系与 B–扫 GPR 几何关系

$$E^{s}(x,\omega) = \sum_{i=1}^{M} A_i \cdot e^{-j2\frac{\omega}{v_m}\sqrt{(x-x_i)^2+z_i^2}} \tag{9.16}$$

式中：A_i 为第 i 个散射点的散射场强度。

对式（9.16）沿 x 轴做一维 FT 变换，得到空间频率（k_x）域的散射场：

$$E^{s}(k_x,\omega) = \sum_{i=1}^{M} A_i \cdot \int_{-\infty}^{\infty} e^{-j2\frac{\omega}{v_m}\sqrt{(x-x_i)^2+z_i^2}} e^{jk_x x} dx \tag{9.17}$$

通过运用"激发源模型"[19]，波速度 v_m 表示为 $c/2$。然后，运用"固定相位原理"[30]，上述积分可以近似解为

$$E^{s}(k_x,\omega) \cong \frac{e^{-j\pi/4}}{\sqrt{4k^2-k_x^2}} \sum_{i=1}^{M} A_i \cdot e^{j(k_x \cdot x_i + \sqrt{4k^2-k_x^2} \cdot z_i)} \tag{9.18}$$

式中：$e^{-j\pi/4}/\sqrt{4k^2-k_x^2}$ 为复幅度项，具有常数相位。因此，对于成像显示来说可以忽略不计。这样，式（9.18）可以归一化为

$$\overline{E}^{s}(k_x,\omega) = \sum_{i=1}^{M} A_i \cdot e^{j(k_x \cdot x_i + \sqrt{4k^2-k_x^2} \cdot z_i)} \tag{9.19}$$

式中：$\sqrt{4k^2-k_x^2}$ 为 z 域的波数 k_z。这样，可以通过非线性变换 $k_z = \sqrt{4k^2-k_x^2}$ 把数

据从(k_x,ω)域映射到(k_x,k_z)域。因为映射后数据不再是均匀间隔网格，因此数据必须进行插值。利用前面的映射和插值处理后，GPR 数据可以写为

$$\widetilde{E}^s(k_x,\omega) = \sum_{i=1}^{M} A_i \cdot e^{j(k_x \cdot x_i + k_z \cdot z_i)} \tag{9.20}$$

式中：$\widetilde{E}^s$ 为映射和插值后等间隔矩形 k_x 和 k_z 网格上的数据，所以可以利用二维 IFFT。如果对式（9.20）做关于 k_x 和 k_z 的二维 IFT，得到

$$E^s(x,z) = \sum_{i=1}^{M} A_i \cdot \iint_{-\infty}^{\infty} e^{-j(k_x \cdot x_i + k_z \cdot z_i)} \cdot e^{j(k_x x + k_z z)} dk_x dk_z \tag{9.21}$$

最终得到：

$$E'^s(x,z) = \sum_{i=1}^{M} A_i \cdot \delta(x - x_i, z - z_i) \tag{9.22}$$

式中：$\delta(x,z)$ 为二维脉冲函数，指明了 M 个散射点的位置。实际上，数据是在一定带宽和孔径长度内收集的，式（9.21）中的积分上下限就是有限的。所以，脉冲函数就退化为辛格函数。该算法基本步骤如图 9.19 所示，有助于更好地理解基于 SAR 的聚焦算法，总结如下：

（1）在时域收集散射场数据 $E^s(x,t)$，或在频域收集数据 $E^s(x,\omega)$；

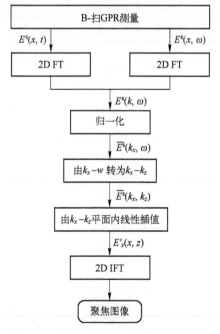

图 9.19　基于 SAR $\omega - k$ 算法的流程图

逆合成孔径雷达成像（MATLAB算法设计）

（2）做 $E^s(x,t)$ 的二维 IFT 或 $E^s(x,\omega)$ 的一维 FT，把数据变换为波数–频率域 $E^s(k_x,\omega)$，归一化后得到 $\bar{E}^s(k_x,\omega)$；

（3）把数据从 $k_x-\omega$ 域映射到 k_x-k_z 域，插值后得到均匀间隔的矩形网格数据 $\bar{E}^s(k_x,k_z)$；

（4）做 $\bar{E}^s(k_x,k_z)$ 的二维 IFT 变换，得到笛卡儿坐标系上的聚焦图像 $E'^s(x,z)$。

一个基于 SAR 的徙动成像的演示例子如图 9.20 所示[14]。图 9.20（a）中，两个金属管子埋在沙池中深 $z = 30\text{cm}$ 和 $z = 40\text{cm}$ 处，利用步进频连续波（SFCW）雷达系统，B 扫测量数据沿着直线收集，频率变化为 4.0～7.1GHz。图 9.20（b）中，显示了对测量的空间–频率数据做一维 IFT 变换后的原始 GPR 像。显然，图像中众所周知的双曲线特性失真。

因为管子靠得比较近，两条双曲线的拖尾交会了。图 9.20（c）给出了运用基于 SAR 的 $\omega-k$ 徙动算法后得到的聚焦 GPR 像。

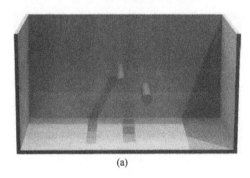

(a)

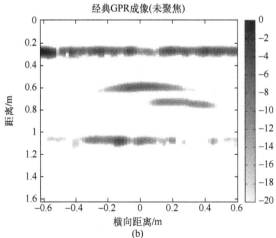

(b)

· 336 ·

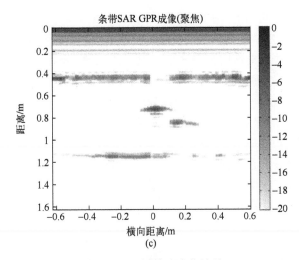

图 9.20　不同算法成像结果

(a) 沙地中埋藏的两根靠近的金属管示意图；(b) 经典 B-扫 GPR 成像；

(c) 基于 SAR 的 $\omega - k$ 算法聚焦后图像。

9.3.3　运用 ACSAR 概念到 GPR 问题中

在如图 9.14 (b) 所示的收发分置情况下，其数据收集情况与 ACSAR 成像场景非常相似。基于这种相似性，运用 ACSAR 方法对埋于地下的目标进行成像是可能的[31]。唯一的差别是二维接收机网格平行于表面或者在表面之上，如图 9.21 所示。这个不同仅仅需要在坐标转换公式中做一些改变就行了，见参考文献 [31]。

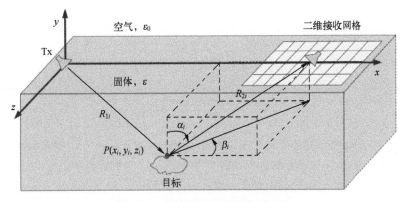

图 9.21　运用 ACSAR 方法于 GPR

下面给出一个演示例子，灌满水的塑料目标的 GPR 图像如图 9.22 所示。目标埋于媒质中深度 38cm 处，发射机和接收机天线位于沙表面之上，接收网格中心距离发射天线 1m。借助于网络分析仪，散射场数据在 10×10 的空间网格上收集，网格在 x 方向长度为 52cm，在 z 方向深度为 14.7cm。频率从 5.06~5.90GHz，共 25 个均匀采样点。对三维频率-空间数据做基于傅里叶变换的 ACSAR 成像处理后，首先形成距离-角度域，即 (R,u,v) 域的图像，如图 9.22（a）~（c）所示。为了得到最终的 (x,y,z) 域的 GPR 像，运用了参考文献［31］中的坐标转换公式。这样，得到了地表下区域的三维图像，图 9.22（d）~（f）显示了坐标转换后 (x,y,z) 域的 GPR 像的二维投影，埋藏水瓶的轮廓也显示在上面以作为参考。ACSAR 方法运用 GPR 像成功地指出了埋藏目标位置。在图 9.22 的雷达图像中，由于从 (R,u,v) 到 (x,y,z) 的非线性变换而使图像存在一定失真。

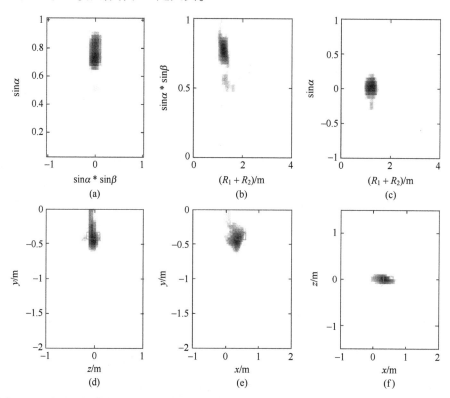

图 9.22 沙地下埋藏瓶子的二维 ACSAR 图像的投影。（图（a）~（c）为投影到 (u,v)、(R,v) 和 (R,u) 平面上的二维图像；图（d）~（f）为投影到 (y,z)、(x,y) 和 (x,z) 平面上的二维图像）

⬛参 考 文 献

［1］ C. Ozdemir, L. C. Trintinalia, and H. Ling. Antenna synthetic aperture radar (ASAR) image formation. Antennas and Propagation Society International Symposium, 1997, 2601-2604 .

［2］ C. Odemir, R. Bhalla, L. C. Trintinalia, and H. Ling. ASAR—Antenna synthetic aperture radar imaging. IEEE Transactions on Antennas and Propagation 46 (12) (1998), 1845-1852.

［3］ C. Odemir. Synthetic aperture radar algorithms for imaging antenna - platform scattering, Ph. D. Dissertation, the Univ. of Texas at Austin, 1998.

［4］ H. Ling, R. Chou, and S. W. Lee. Shooting and bouncing rays: Calculation the RCS of an arbitrary shaped cavity. IEEE Transactions on Antennas and Propagation 37 (1989), 194-205.

［5］ C. Odemir and H. Ling. ACSAR—Antenna coupling synthetic aperture radar (ACSAR) imaging algorithm. Journal of Electromagnetic Waves and Applications 13 (3) (1999), 285-306.

［6］ C. Odemir. Platform effect reduction between antennas using antenna coupling synthetic aperture radar (ACSAR) imaging concept. International Conference on Electrical and Electronics Engineering—ELECO'2001, Bursa, vol. Electronic, 214-217.

［7］ D. J. Daniels. Surface-penetrating radar. IEE Press, London, 1996.

［8］ L. Peters, Jr. D. J. Daniels, and J. D. Young. Ground penetrating radar as a subsurface environmental sensing tool. Proceedings of the IEEE 82 (12) (1994), 1802-1822.

［9］ S. Vitebskiy, L. Carin, M. A. Ressler, and F. H. Le. Ultrawide-band, short pulse ground-penetrating radar: Simulation and measurement. IEEE Transactions on Geoscience and Remote Sensing 35 (1997), 762-772.

［10］ L. Carin, N. Geng, M. McClure, J. Sichina, and L. Nguyen. Ultra-wide-band synthetic-aperture radar for mine-field detection. IEEE Transactions on Antennas and Propagation 41 (1999), 18-33.

［11］ K. Gu, G. Wang, and J. Li. Migration based SAR imaging for ground penetrating radar systems. IEE Proceedings—Radar Sonar and Navigation 151 (5) (2004), 317-325.

［12］ J. Song, Q. H. Liu, P. Torrione, and L. Collins. Two - dimensional and threedimensional NUFFT migration method for landmine detection using groundpenetrating radar. IEEE Transactions on Geoscience and Remote Sensing 44 (6) (2006), 1462-1469.

［13］ C. Gilmore, I. Jeffrey, and J. LoVetri. Derivation and comparison of SAR and frequency - wavenumber migration within a common inverse scalar wave problem formulation. IEEE Transactions on Geoscience and Remote Sensing 44 (2006), 1454-1461.

［14］ C. Odemir. Yeni Bir "Yere Nüfuz Eden Radar (YNR)" Algorıtması icin Deney Düzeneğinin OluŞturulması, Saha Uygulamaları ve 3 Boyutlu Gercek YNR Guruntulerinin Elde Edilmesi (in Turkish), TüBİTAK Project no. EEEAG-104E085, Tech. Report, 2005.

[15] W. A. Schneider. Integral formulation for migration in two and three dimensions. Geophysics 43 (1978), 49–76.

[16] J. Gazdag. Wave equation migration with the phase−shift method. Geophysics 43 (1978), 1342–1351.

[17] R. H. Stolt. Migration by Fourier transform. Geophysics 43 (1978), 23–48.

[18] E. Baysal, D. D. Kosloff, and J. W. C. Sherwood. Reverse time migration. Geophysics 48 (1983), 1514–1524.

[19] C. J. Leuschen and R. G. Plumb. A matched−filter−based reverse−time migration algorithm for ground−penetrating radar data. IEEE Transactions on Geoscience and Remote Sensing 39 (2001), 929–936.

[20] C. Cafforio, C. Prati, and F. Rocca. Full resolution focusing of Seasat SAR images in the frequency−wave number domain. Journal of Robotic Systems 12 (1991), 491–510.

[21] C. Cafforio, C. Prati, and F. Rocca. SAR data focusing using seismic migration techniques. IEEE Transactions on Aerospace and Electronic Systems 27 (1991), 194–207.

[22] A. S. Milman. SAR imaging using the w−k migration. International Journal of Remote Sensing 14 (1993), 1965–1979.

[23] H. J. Callow, M. P. Hayes, and P. T. Gough. Wavenumber domain reconstruction of SAR/SAS imagery using single transmitter and multiple−receiver geometry. Electronics Letters 38 (2002), 336–337.

[24] A. Gunawardena and D. Longstaff. Wave equation formulation of synthetic aperture radar (SAR) algorithms in the time−space domain. IEEE Transactions on Geoscience and Remote Sensing 36 (1998), 1995–1999.

[25] Z. Anxue, J. Yansheng, W. Wenbing, and W. Cheng. Experimental studies on GPR velocity estimation and imaging method using migration in frequency − wavenumber domain. Proceedings ISAPE Beijing China 2000, 468–473.

[26] M. Soumekh. Synthetic aperture radar signal processing: With Matlab algorithms. John Wiley & Sons, New York, 1999.

[27] E. Yigit, S. Demirci, C. Ozdemir, and A. Kavak. A synthetic aperture radar−based focusing algorithm for B−scan ground penetrating radar imagery. Microwave and Optical Technology Letters 49 (2007), 2534–2540.

[28] M. Soumekh. A system model and inversion for synthetic aperture radar imaging. IEEE Transactions on Image Processing 1 (1992), 64–76.

[29] V. Kovalenko, A. Yarovoy, and L. P. Ligthart. A SAR−based algorithm for imaging of land-mines with GPR, International Workshop on Imaging Systems and Techniques (IST 2006), Minori, Italy, 2006, 65–70.

[30] W. C. Chew. Waves and fields in inhomogeneousmedia, 2nd ed. IEEE Press, New York, 1995.

[31] C. Odemir, S. Lim, and H. Ling. A synthetic aperture algorithm for groundpenetrating radar imaging. Microwave and Optical Technology Letters42 (5) (2004), 412–414.

逆合成孔径雷达成像（MATLAB算法设计）

附录中给出了本书代码中用到的一些 MATLAB 函数。

MATLAB code A. 1: MATLAB file "stft. m"

function $[B,T,F]$ = stft(Y,f,BW,r,d)

%STFT Calculates the Short Time Fourier Transform of Vector Y

% Inputs:

% Y : signal in the frequency domain

% f : vector of frequencies [Hz]

% BW : bandwidth (same unit as F) of the sliding window

% f : desired dinamic range of the display

% d : additional delay [s] (if desired)

%

% Outputs:

% B : stft of vector Y

% F : frequency vector [GHz]

% T : frequency vector [ns]

% The window used is aKaiser window with beta = 6. 0

df = f(2) -f(1) ; % frequency resolution

Ws = round(BW/df) ;

if (Ws<2) ,

Ws=2;

end;

W = kaiser(Ws,6) ; % window is a Kaiser with beta = 6. 0

N = max(size(Y)) ; % find length of Y

```
% Spectrogram
[B,T,F] = specgram((Y. * exp(-j * 2 * pi * f * d))',N,1/df,W,
Ws-1);
F = F+((Ws-1)/2) * df+f(1); % set frequency axis
T = T-d; % set time axis

% Treshold the image to the dynamic range
bmax = max(max(abs(B)));
ra = bmax/(10^(r/20));
B = B. * (abs(B)>=ra)+ra * ones(size(B)). * (abs(B)<ra);

% Display the STFT
colormap(jet(256)); %set colormap
imagesc(T * 10^(9),F * 10^(-9),20 * log10(abs(B')/bmax))
axis xy; % change origin location
xlabel('Time [ns]'),
ylabel('Frequency [GHz]');
```

MATLAB code A. 2: MATLAB file "cevir2. m"

```
function out=cevir2(a,nx,ny)
% This functionconverts a 1D vector to a 2D matrix
% Inputs:
% a : 1D vector of length (nx * ny)
% nx : column length of the output matrix
% ny : row length of the output matrix

% Output:
% out : 2D matrix of size nx by ny

for p = 1:nx;
out(p,1:ny) = a(1,(p-1) * ny+1:ny * p);
end;
```

MATLAB code A. 3: MATLAB file "shft. m"

```
function [out] = shft(A,n)
%This function shifts (circularly) the vector A with
% an amount of n


% Inputs:
% A : the vector to be shifted
% n : shift amount


% Output:
% out : shifted vector


out = A(1-n+2:1);
out(n:1) = A(1:1-n+1);
```

MATLAB code A. 4: MATLAB file "matplot. m"

```
function [p] = matplot(X,Y,A,r)
% This function displays a matrix within the
% dynamic range of r


% Inputs:
% A : the matrix
% r : dynamic range of the display [dB]
% X : x-label Vector
% Y : y-label vector


% Output:
% p : matrix thresholded to r(dB)


b = max(max(abs(A))); %find max value of A
ra = b/(10^(r/20)); % make it to dB


% treshold A to the dynamic range of r[dB]
p = A. * (abs(A>=ra) +ra * ones(size(A)). * (abs(A) <ra);
pp = 20 * log10(abs(p)/b);
```

```matlab
colormap(jet(256))
imagesc(X,Y,pp)
axis xy; % change the location of origin
```

MATLAB code A.5: MATLAB file "matplot2.m"

```matlab
function [p]=matplot(X,Y,A,r)
% This function displays a matrix within the
% dynamic range of r

% This function is similar tomatplot.m except of the origin

% Inputs:
% A : the matrix
% r : dynamic range of the display [dB]
% X : x-label Vector
% Y : y-label vector

% Output:
% p : matrix thresholded to r(dB)

b = max(max(abs(A))); %find max value of A
ra = b/(10^(r/20)); % make it to dB

% treshold A to the dynamic range of r[dB]
p = A.*(abs(A>=ra)+ra*ones(size(A)).*(abs(A)<ra);
pp = 20*log10(abs(p)/b);

colormap(jet(256))
imagesc(X,Y,pp)
```